建筑工程建设与检测技术研究

黄健锋　李淑贤　王梦圆　著

吉林科学技术出版社

图书在版编目(CIP)数据

建筑工程建设与检测技术研究 / 黄健锋，李淑贤，王梦圆著．—— 长春 ：吉林科学技术出版社，2022.12

ISBN 978-7-5744-0097-9

Ⅰ．①建… Ⅱ．①黄… ②李… ③王… Ⅲ．①建筑工程—质量检验—研究 Ⅳ．①TU712

中国版本图书馆 CIP 数据核字(2022)第 244538 号

建筑工程建设与检测技术研究

著　　黄健锋　李淑贤　王梦圆
出版人　宛　霞
责任编辑　丁　硕
封面设计　张啸天
制　　版　济南越凡印务有限公司
幅面尺寸　170mm×240mm
开　　本　16
字　　数　363 千字
印　　张　21.5
印　　数　1–1500 册
版　　次　2023年8月第1版
印　　次　2023年8月第1次印刷

出　　版　吉林科学技术出版社
发　　行　吉林科学技术出版社
地　　址　长春市南关区福祉大路5788号出版大厦A座
邮　　编　130118
发行部电话/传真　0431-81629529　81629530　81629531
　　　　　　　　81629532　81629533　81629534
储运部电话　0431-86059116
编辑部电话　0431-81629510
印　　刷　廊坊市印艺阁数字科技有限公司

书　　号　ISBN 978-7-5744-0097-9
定　　价　75.00 元

前　言

建筑工程管理与质量检测具有涉及面广、实践性强、综合性强、影响因素多、技术性强、发展快的特点，作者们在编写过程中紧跟建筑行业的技术发展情况，坚持遵守现行规范的要求，并与工程实际相结合，强调"以实用为主，以够用为度，注重实践，强化训练，利于发展"的原则，设置了本书的内容。

本书由第一作者黄健锋（现就职于清远市建设工程质量检测站有限公司）编写了第十章至第十三章，共计10万字符；第二作者李淑贤（现就职于济宁市公房管理服务中心）编写了第一章至第五章，共计8万字符；第三作者王梦圆（现就职于天津医科大学后勤处维修科）编写了第六章至第九章，共计10万字符。内容包括建筑工程概述、建筑工程招标、投标管理、建筑工程造价管理、建筑工程成本控制、建筑工程施工现场管理、建筑工程进度管理、建筑工程资源管理、建筑工程施工组织管理、建筑工程安全管理、常用建筑材料检验与评定、桩基承载力检测技术、桩基完整性检测技术、结构混凝土检测，书中内容由浅入深，循序渐进，可供建筑工程管理人员与质量检测人员使用，也可作为高等院校相关专业师生的学习辅导用书。

在编写过程中，笔者参阅了大量的相关专著及论文，在此对相关文献的作者表示感谢。由于编写水平有限，本书中难免存在不妥之处，敬请各位专家、读者批评指正。

前言

目　录

第一章　建筑工程概述

第一节　建筑工程

一、建筑工程的含义及基本属性

建筑工程是指新建、改建或扩建房屋建筑所进行的规划、勘察、设计、施工、管理等各项技术工作和完成的工程实体。建筑工程可分为一般土建工程（包括基础、主体、屋面）、装饰装修工程（包括幕墙、墙面、地面、门窗）和水暖电安装工程。建筑工程的基本属性包括以下几点。

（一）综合性

一项建筑工程项目的建设，一般都要经过勘察、设计和施工等阶段，都需要运用地质勘察、工程测量、建筑力学、建筑结构、工程设计、建筑材料、建筑设备、建筑经济施工技术、施工组织等学科领域的知识以及电子计算机和力学测试等技术。

随着科学技术的进步和工程实践的发展，建筑工程这个学科也已发展成为内涵广泛、门类众多、结构复杂的综合体系。

（二）社会性

建筑工程是伴随人类社会的进步而发展起来的，所建造的建筑物和构筑物反映出不同历史时期社会、经济、文化、科学、技术和艺术发展的面貌。建筑工程在相当大的程度上，已成为社会政治和历史发展的外在特征和标志，成为社会历史发展的见证之一。

远古时代，人们就开始修筑简陋的房舍、道路，以满足简单的生活和生产需要。后来，人们为了适应战争、生产和生活以及宗教传播的需要，兴建了城池、运河、宫殿、寺庙。工业革命以后，特别是到了 20 世纪，一方面，社会向建筑工程提出了新的需求；另一方面，社会各个领域为建筑工程的发展创造了良好的条件。现代建筑工程不断地为人类社会创造崭新的物质环境，成为人类社会现代文明的重要组成部分。

（三）实践性

建筑工程是通过工程实践，总结成功的经验，尤其是吸取失败的教训发展起来的。从 17 世纪开始，伽利略和牛顿等先导将近代力学同建筑工程实践结合起来，逐渐形成材料力学、结构力学、流体力学、岩体力学等，作为建筑工程的基础理论的学科，这样建筑工程才逐渐从经验发展成为科学。在建筑工程的发展过程中，工程实践经验常先行于理论，工程事故常显示出未能预见的新因素，触发新理论的研究和发展。至今不少工程问题的处理，在很大程度上仍然依靠实践经验。

建筑工程技术的发展之所以主要凭借工程实践而不是凭借科学试验和理论研究，有两个原因：一是有些客观情况过于复杂，难以如实地进行室内实验或现场测试和理论分析。例如，地基基础、地下工程的受力和变形的状态及其随时间的变化，至今还需要参考工程经验进行分析判断；二是只有进行新的工程实践，才能揭示新的问题。例如，建造了高层建筑，建筑工程的抗风和抗震问题突出了，解决这方面问题的理论和技术才会应运而生。

（四）技术、经济和艺术的统一性

建筑工程是为人类需要服务的，人们总是力求最经济地通过各项技术活动建造一项工程设施，用来满足使用者的预定需要，从而达到理想的艺术效果。所以它必然是集一定历史时期社会经济、技术和文化艺术的产物，是技术、经济和艺术统一的结果。追求技术、经济和艺术的统一性，是建筑工程学科的出发点和最终归宿。

二、建筑工程的重要性

建筑工程内涵丰富、专业覆盖面广，是国家的基础产业和支柱产业。建筑工程对人类的生存、国民经济的发展、社会文明的进步起着举足轻重的作用，其重要性主要体现在建筑工程的基础性、带动性、综合性和恒久性。

（一）基础性

建筑工程是一个国家的基础产业和支柱产业，因为建筑工程与人类的生活、生产乃至生存息息相关、密不可分。只有建筑工程设施先行建设好，人们的生活、工作、学习和其他产业才有活动的空间，才有发展的基础和支持。多数行业的起步和发展，大都由建筑工程充当先行官。国民经济各行各业的发展都离不开建筑工程。

（二）带动性

建筑工程对国民经济发展的带动作用，主要表现在建筑工程的资金投入大，带动行业多，是挖掘和吸纳劳动力资源的重要平台之一。在漫长的人类社会发展史上，它显示了极强的生命力，这种强大的生命力源于人类生活乃至生产对它的依赖和与它的关联。我们很难找出一个与建筑工程毫无关系的行业，何况建筑工程自身又不断地用现代高科技来充实武装自己。这种与时俱进的发展和壮大，又进一步增强了它的生命力及其与各行各业的依存关系。近年来，随着我国城市化建设的持续深入和社会主义新农村建设的蓬勃开展，建筑工程的行业贡献率和对国民经济的拉动作用还将有持续增长的势头。

（三）综合性

现代科学技术的发展和时代的进步，不断为建筑工程技术注入新理念，提供新工具，造就新工艺，提出新要求。特别是现代工程材料的变革，力学理论的进步，计算机应用的推广，对建筑工程的发展、进步和更新起着极为重要的推动作用。时至今日，建筑工程面对的已经不仅仅是往昔传统意义上的砖瓦砂石堆砌，而是有较高科技含量的现代工程设施建设。建筑工程已经发展成为由新理论、新概念、新材料、新工艺、新方法、新技术、新结构、新设备等武装起来的、涉及行业多、内涵深邃的大型综合性工程。

（四）恒久性

建筑工程的恒久性体现在建筑工程的使用周期长、建筑工程的效益丰厚、建筑工程在防灾减灾中承担着积极的不可替代的作用。

三、现代建筑工程

现代建筑工程为第二次世界大战结束后至今的建筑工程。工业革命以后，特别是到了20世纪，一方面，社会向建筑工程提出了新的需求；另一方面，社会各个领域为建筑工程的发展创造了良好的条件，因而这个时期的建筑工程得到突飞猛进的发展。

现代建筑已经不仅仅是技术与艺术的结晶，而是与人、环境及自然有着密切联系的产物，如保持生态平衡的自然条件、无污染的“绿色建筑”、舒适方便的智能建筑、低耗能源的节能建筑、便于邻里交往的高层住宅建筑等，五层以上的摩天大楼，百米以上的大跨度建筑，各种新颖的建筑材料、结构和设备，以及形形色色的建筑外观，不断地改变着人们对建筑的印象。

现代建筑工程主要有以下几个特点。

（一）重视建筑环境质量

首先是建筑物室外的自然环境。如居住区必须有一定比例的面积作为绿化用地，种植树木、花卉、草坪及绿篱等，以净化空气、减少噪声，为人们提供一个安静休息及进行保健活动的场所。至于公共建筑，则更需要有个优美的自然环境，如疗养建筑、旅游建筑一般都选在有山、有水的山麓或海边，绿绿的树林，蓝蓝的海水，令人心旷神怡。即使是大城市闹市区，室外也有一定面积的绿化区。高级宾馆、饭店中还建有室内中庭，在几层楼高的大空间中，有绿化，有喷泉，有假山，景色宜人，犹如室外自然环境。

其次是建筑物室内的环境卫生。室内装饰材料，如塑料墙纸等，往往含有挥发性有机物的气体，还有建筑材料中所含的放射性衰减物质，如氡气等，对人体健康都有害。其他如厨房燃气及油烟等，也应引起人们的重视。

建筑物以外的环境，如城市中工厂或街道上车辆的噪声污染，由相邻建筑物的反光玻璃引起的影响视力的光污染等，也逐渐提到议事日程上来。

（二）平面或空间适应性强、灵活性大

现代生活对建筑功能的要求比以往要复杂很多，绚烂多彩的生活必须有新的建筑为其服务。于是，医院、影剧院、宾馆、写字楼、实验室等许多以前从未有过的建筑类型涌现出来，而且还有许多新的建筑类型正在随着社会的发展和科

技的进步而出现。

由于人们生活水平日益提高，并考虑到发展的需要，要求建筑物的平面或空间在使用功能上要具有充分的适应性及改变的灵活性。特别是公共建筑，除楼梯、电梯间等难以改变的之外，对其他住房总希望可以根据需要进行灵活分割。如住房的卧室、起居室，办公楼的办公室，宾馆、饭店的餐厅等。

从整体建筑来说，不满足于单一功能或主要功能，而要求能适应多功能的需要，成为多功能建筑，如有的体育馆不单是作为体育锻炼、运动竞赛之用，在增加某些设备或设施的情况下，就可作为文艺演出所用。

由多个不同使用功能的部分组合在一起的建筑称为综合体建筑，或称为建筑综合体。它有两种组合形式，一种是在一单体建筑内，各层使用功能不同，或在同一层内，各个房间使用功能不同，如国内外兴建的许多高层大厦或大型中心，集办公、公寓、贸易、商业、饮食、娱乐与体育健身于一体，屋顶有直升机场，地下有多层车库，真可谓大型的综合体建筑。还有一种组合形式，就是由不同功能的多幢建筑组合成一个综合建筑群体。

（三）新材料、新技术不断涌现

现代建筑所用材料，除传统的砖瓦灰砂石及钢材、混凝土等外，也在向“高新”方向发展。普通混凝土向轻骨料混凝土、加气混凝土和高性能混凝土发展，钢材向低合金、高强度方向发展。一批轻质高强度材料，如铝合金、建筑塑料、陶瓷、玻璃钢也得到迅速发展。

建筑设备的发展得到了空前的提高。日光灯、空调和一系列现代化电气设备被运用于建筑中，人们对建筑的室内外环境如声、光、热等也提出了新的要求。

新技术如预应力技术、复合构件技术、空间结构技术、节能技术、人工气候技术，以及近年来提出的智能建筑技术等，均为现代建筑提供了安全、舒适、经济、美观的条件。

建筑工程施工中出现了在工厂里成批生产房屋的各种构配件、组合体，再将它们运到建设场地进行拼装的方式。此外，各种先进的施工手段，如大型吊装设备、混凝土自动搅拌输送设备、现场预制模板、土石方工程中的定向爆破技术也得到很大发展。

（四）设计理论的精确化、科学化

建筑工程设计由人工手算、人工做建筑方案比较、人工制图到计算机辅助设计、计算机优化设计、计算机制图；结构理论分析由线性分析到非线性分析，由平面分析到空间分析，由单个分析到系统的综合整体分析，由静态分析到动态分析，由经验定值分析到随机分析乃至随机过程分析，由数值分析到模拟试验分析。此外，建筑工程相关理论，如可靠度理论、土力学和岩体力学理论、结构抗震理论、动态规划理论、网络理论等也得到迅速发展。

（五）高层建筑、大跨度建筑大量兴起，地下工程高速发展

城市人口过度集中，建筑用地有限，只能往高空及地下延伸发展，而且多层与单层、高层与多层相比，既可以节约用地，又可以减少市政设施，节约投资。再者，建筑结构技术及材料技术的发展为房屋建筑向上延伸、向下发展创造了有利条件。因此，50 多年来，在世界许多大城市，高层建筑、地下工程得到了广泛的推广和应用。

第二节　建筑工程项目管理

一、建筑工程项目管理的概念

建筑工程项目管理是指在一定约束条件下，以建筑工程项目为对象，以最优实现建筑工程项目目标为目的，以建筑工程项目经理负责制为基础，以建筑工程承包合同为纽带，为实现项目投资、进度、质量目标而进行的全过程、全方位的规划、组织、控制和协调的系统管理活动。

根据《建筑工程项目管理规范》(GB/T 50326—2017)的规定，建筑工程项目管理是一种专业化的活动，简称项目管理。企业应遵循策划、实施、检查、处置的动态管理原则，确定项目管理流程，建立项目管理制度，实施项目系统管理，持续改进管理绩效，提高相关方满意度，确保实现项目管理目标。

建筑工程项目管理的内涵是：自项目开始至项目完成，通过项目策划和项目控制，以使项目的费用目标、进度目标和质量目标得以实现。“自项目开始至项目完成”是指项目的实施期；“项目策划”指的是目标控制前的一系列筹划和准备工作；“费用目标”对业主而言是投资目标，对施工方而言是成本目标。项目决策期管理工作的主要任务是确定项目的定义，而项目实施期管理的主要任务是通过管理使项目的目标得以实现。

二、建筑工程项目管理的特点

(一)建筑工程项目管理是一种一次性管理

项目单件性特征，决定了项目管理的一次性特点。在项目管理过程中一旦出现错误将很难被纠正，损失严重，所以对项目建设中的每个环节都应进行严密管理，认真选择项目经理，配备项目人员和设置项目机构。

(二)建筑工程项目管理是一种全过程的综合性管理

建筑工程项目的生命周期各阶段既有明显的界限，又相互有机衔接，不可间断，这就决定了项目管理是对项目生命周期全过程的管理，包括对项目可行性研究、勘察设计、招标投标、施工等各阶段全过程的管理，在每个阶段中又包含进度、质量、成本、安全的管理。因此，项目管理是全过程的综合性管理。

（三）建筑工程项目管理是一种约束性强的控制管理

工程项目的一次性特征、明确的目标（成本低、进度快、质量好）、限定的时间和资源消耗、既定的功能要求和质量标准，决定了约束条件的约束强度比其他管理更高。因此，建筑工程项目管理是强约束管理。这些约束条件是项目管理的条件，也是不可逾越的限制条件。

项目管理的重要特点，在于项目管理者如何在一定时间内，在不超过这些条件的前提下，充分利用这些条件，去完成既定任务，达到预期目标。

三、建筑工程项目管理的类型

企业应识别项目需求和项目范围，根据自身项目管理能力、相关方约定及项目目标之间的内在联系，确定项目管理目标。在建筑工程项目的实施过程中，由于各阶段的任务和实施主体不同，建筑工程项目管理也分为了不同的类型。同时，由于建筑工程项目承包合同形式的不同，建筑工程项目管理的类型也不同。因此，从系统分析的角度看，建筑工程项目管理大致有以下几种类型。

（一）发包方（业主）的项目管理（建设监理）

业主的项目管理是全过程的，包括项目决策和实施阶段的各个环节，即从编制项目建议书开始，经可行性研究、设计和施工，直至项目竣工验收、投产使用的全过程管理。

工程项目的一次性特征决定了业主自行进行项目管理往往有很大的局限性。在项目管理方面，缺乏专业化的队伍，即使配备了管理班子，没有连续的工程任务也是不经济的。在计划经济体制下，每个建设单位都要配备专门的项目管理队伍，这不符合资源优化配置和动态管理的原则，而且也不利于工程建设经验的积累和应用。在市场经济体制下，工程业主完全可以从社会化的咨询服务单位获得项目管理方面的服务。监理单位可以受工程业主的委托，在工程项目实施阶段为业主提供全过程的监理服务；另外，监理单位还可将其服务范围扩展到工程项目前期的决策阶段，为工程业主进行科学决策提供咨询服务。

(二)工程总承包方的项目管理

在设计、施工总承包的情况下,业主在项目决策之后,通过招标择优选定总承包方全面负责工程项目的实施过程,直至最终交付使用功能和质量标准符合合同文件规定的工程项目。由此可见,总承包方的项目管理是贯穿于项目实施全过程的全面管理,既包括工程项目的设计阶段,也包括工程项目的施工安装阶段。总承包方为了实现其经营方针和目标,必须在合同条件的约束下,依靠自身的技术和管理优势或实力,通过优化设计及施工方案,在规定的时间内保质、保量地全面完成工程项目的承建任务。

(三)设计方的项目管理

设计方的项目管理是指设计方受业主委托承担工程项目的设计任务后,根据设计合同所界定的工作目标及责任义务,对建筑项目设计阶段的工作所进行的自我管理。设计方通过设计项目管理,对建筑项目在技术和经济上的实施进行全面而详尽的安排,引进先进技术和科研成果,形成设计图纸和说明书,以便实施,并在实施过程中进行监督和验收。

(四)施工方的项目管理

施工方通过投标获得工程施工承包合同,并以施工合同所界定的工程范围组织项目管理,简称为施工项目管理。施工项目管理的目标体系包括工程施工质量(Quality)、成本(Cost)、工期(Delivery)、安全和现场标准化(Safety),简称QCDS目标体系。显然,这一目标体系既和整个工程项目目标相联系,又有很强的施工企业项目管理的自主性特征。

四、建筑工程项目管理的目标和任务

(一)业主方项目管理的目标和任务

业主方项目管理服务于业主的利益,其项目管理的目标包括项目的投资目标、进度目标和质量目标。其中投资目标是指项目的总投资目标;进度目标是指项目动用的时间目标,即项目交付使用的时间目标,如办公楼可以启用、旅馆可以开业的时间目标等。

业主方的项目管理工作涉及项目实施阶段的全过程，即在设计前的准备阶段、设计阶段、施工阶段、动用前的准备阶段和保修阶段，分别进行如下工作：安全管理、投资控制、进度控制、质量控制、合同管理、信息管理、组织和协调。其中安全管理是项目管理中最重要的任务。

（二）工程总承包方项目管理的目标和任务

建筑项目工程总承包方作为项目建设的一个重要参与方，其项目管理主要服务于项目的整体利益和建筑项目工程总承包方本身的利益，其项目管理的目标应符合合同的要求，包括：工程建设的安全管理目标；项目的总投资目标和建筑项目工程总承包方的成本目标（前者是业主方的总投资目标，后者是建筑项目工程总承包方本身的成本目标）；建筑项目工程总承包方的进度目标；建筑项目工程总承包方的质量目标。

建筑项目工程总承包方项目管理的主要任务包括安全管理、项目的总投资控制和建筑项目工程总承包方的成本控制、进度控制、质量控制、合同管理、信息管理、与建筑项目工程总承包方有关的组织和协调等。

（三）设计方项目管理的目标和任务

设计方作为项目建设的一个参与方，其项目管理主要服务于项目的整体利益和设计方本身的利益。设计方的项目管理工作主要在设计阶段进行，但它也涉及设计前的准备阶段、施工阶段、动用前的准备阶段和保修阶段。其项目管理的目标包括设计的成本目标、设计的进度目标和设计的质量目标，以及项目的投资目标。项目的投资目标能否实现与设计工作密切相关。

设计方项目管理的任务包括与设计工作有关的安全管理、设计成本控制和与设计工作有关的工程造价控制、设计进度控制、设计质量控制、设计合同管理、设计信息管理、与设计工作有关的组织和协调。

（四）施工方项目管理的目标和任务

施工方作为项目建设的一个重要参与方，其项目管理不仅应服务于施工方本身的利益，也必须服务于项目的整体利益。

施工方项目管理的目标应符合合同的要求，它包括：施工的安全管理目标、施工的成本目标、施工的进度目标和施工的质量目标。

施工方项目管理的任务包括：施工安全管理、施工成本控制、施工进度控制、施工质量控制、施工合同管理、施工信息管理及与施工有关的组织和协调等。

五、建筑工程项目管理的主要内容

(一)合同管理

建筑工程合同是业主和参与项目各主体之间明确责任、权利和义务关系的具有法律效力的协议文件,也是运用市场经济体制组织项目实施的基本手段。从某种意义上讲,项目的实施过程就是建筑工程合同订立和履行的过程。一切合同所赋予的责任、权利履行之日,也就是建筑工程项目实施完成之时。建筑工程合同管理,主要是指对各类合同的依法订立过程和履行过程的管理,包括合同文本的选择,合同条件的协商、谈判,合同书的签署,合同履行、检查、变更及违约,纠纷的处理、索赔事宜的处理,总结评价等。

(二)组织协调

组织协调是工程项目管理职能之一,是实现项目目标必不可少的方法和手段。在项目实施过程中,项目的参与单位需要处理和调整众多复杂的业务,主要内容包括以下几点。

1.外部环境协调

与政府管理部门之间的协调,如规划、城建、市政、消防、人防、环保、城管部门的协调;资源供应方面的协调,如供水、供电、供热、电信、通信、运输和排水等方面的协调;生产要素方面的协调,如图纸、材料、设备、劳动力和资金方面的协调;社区环境方面的协调等。

2.项目参与单位之间的协调

主要有业主、监理单位、设计单位的协调。

3.项目参与单位内部的协调

指项目参与内部各部门、各层次之间及人员之间的协调。

(三)进度控制

进度控制包括方案的科学决策、计划的优化编制和实施有效控制三个方面的任务。方案的科学决策是实现进度控制的先决条件,它包括文案的可行性论证、综合评估和优化决策。只有提出优化的方案,才能编制出优化的计划。计划的优化编制包括科学确定项目的工序及其链接关系、持续时间、优化编制网络计划和实施措施,是实现进度控制的重要基础。实施有效控制包括同步跟踪、信息反馈、动态调整和优化控制,是实现进度控制的根本保证。

(四)投资(费用)控制

投资控制包括编制投资计划、审核投资支出、分析投资变化情况、减少原因和采取投资控制措施五项任务。前两项是对投资的静态控制,后三项是对投资的动态控制。

(五)质量控制

质量控制包括制订各项工作的质量要求及质量事故预防措施、各个方面的质量监督与验收制度,以及各个阶段的质量事故处理和控制措施三个方面的任务。制订的质量要求要具有科学性,质量事故预防措施要具备有效性。质量监督和验收包含对设计质量、施工质量及材料设备质量的监督和验收,要严格执行检查制度和加强分析。质量事故处理与控制要求对每一个阶段均严格管理和控制,采取细致而有效的质量事故预防和处理措施,以确保质量目标的实现。

(六)风险管理

随着工程项目规模的大型化和工艺技术的复杂化,项目管理者所面临的风险越来越多。工程建设客观现实地告诉人们,要保证工程建设项目的投资效益,就必须对项目风险进行科学管理。风险管理是一个度量和确定项目风险,制订、选择和管理风险处理方案的过程。其目的是通过风险分析建筑项目决策的不定性,以便决策更加科学,以及在项目实施阶段,保证目标控制的顺利进行,更好地实现对项目质量、进度和投资目标的控制。

(七)信息管理

信息管理是工程项目管理的基础工作,是实现项目目标控制的保证。只有不断提高信息管理水平,才能更好地承担起项目管理的任务。工程项目的信息管理主要是对有关工程项目的各类信息的收集、储存、加工整理、传递与使用等一系列工作的总称。信息管理的主要任务是及时、准确地向项目管理各级领导、各参加单位及各类人员提供所需的综合程度不同的信息,以便在项目进展的全过程中，动态地进行项目规划，迅速正确地进行各种决策，并及时检查决策执行结果，反映工程实施中暴露的各类问题，为项目总目标服务。

信息管理工作的好坏将会直接影响项目管理的成败。在我国工程建设的长期实践中，由于缺乏信息、难以及时取得信息，所得到的信息不准确或信息的综合程度不能满足项目管理的要求，信息存储分散等原因，造成项目决策、控制、执行和检查的困难，以致影响项目总目标实现的情况屡见不鲜，应该引起广大项目管理人员的重视。

（八）环境保护

工程建设可以改造环境、为人类造福，优秀的设计作品还可以美化社会景观，带来观赏价值。但一个工程项目的实施过程和结果，同时也存在着影响甚至危害环境的种种因素。因此，应在工程建设中强化环保意识，切实有效地把环境保护和杜绝破坏自然环境、破坏生态平衡、污染空气和水、破坏周围建筑物和地下管网等现象的发生作为项目管理的重要任务之一。

项目管理者必须充分研究和掌握国家和地区有关环保的法规和规定，对于环保方面有要求的建筑工程项目，在项目可行性研究和决策阶段，必须提出环境影响报告及对策措施，并评估措施的可行性和有效性，严格按建设程序向环保管理部门报批。在项目实施阶段，做到主体工程与环保措施工程同步设计、同步施工、同步投入运用在工程施工承发包中，必须把依法做好环保工作列为重要的合同内容。

第二章 建筑工程招标、投标管理

第一节 施工招标

一、施工招标方式

招标投标方式是市场经济条件下采购的基本方式，决定着招标投标的竞争程度，也是防止不正当交易的重要手段。目前，世界各国和相关国际组织的有关法律、规则都规定了公开招标、邀请招标和邀请议标三种招标方式。我国颁发的《中华人民共和国招标投标法》只规定了公开招标和邀请招标两种招标方式，也就是说，在我国的施工项目招标中，邀请议标不是一种法定的招标方式。但邀请议标在国际施工招标中，却是一种经常采用的招标方式，因此在介绍招标方式时，也一并介绍。

（一）公开招标

由招标单位在建设工程交易中心发布信息，同时也可通过报刊、电视、电台广播等方式，公开发布资格预审通告或招标通告，进行无限竞争性招标。

公开招标有两种方式：

(1)采用资格预审方式时，发布资格预审通告。只有通过资格预审合格的施工单位，才能参加投标。

(2)采用资格后审方式时，发布招标通告。在开标后，进行资格审查。

（二）邀请招标

由招标单位向具有投标资格的三个及三个以上施工公司发送投标邀请书，进行竞争性招标。

(三)邀请议标(谈判招标)

邀请议标是一种非竞争性招标或称为指定性招标，即工程公司对工程项目较小、工期紧、专业性强或具有一定保密性的工程实行向具有投标资格并被认为是最合适的一家施工企业(最多两家)直接进行合同谈判，合同谈判成功即签订施工分包合同。

二、施工招标程序

施工招标是一种法律行为，因此必须遵循一定的法制程序进行。

按照《中华人民共和国招标投标法》《工程建设施工招标投标管理办法》(以下简称《管理办法》)、《建设工程施工招标文件范本》的规定，施工招标程序如下。

(一)施工招标的前提条件和发包范围

1.前提条件

(1)招标人已经依法成立。

(2)初步设计及概算应履行审批手续的，已经批准。

(3)招标范围、招标方式和招标组织形式等应当履行核准手续，已经核准。

(4)有相应资金或资金来源已经落实。

(5)有招标所需的设计图纸及技术资料。

2.发包范围

施工招标的工程范围，可以是全部工程施工招标、单项工程施工招标、单位工程招标、特殊专业工程招标。但按照《管理办法》不得对单位工程中的分部、分项工程进行招标。

(二)施工招标程序

建设工程施工招标，由于采用的招标方式不同，故招标程序亦有繁简程度的差别，但是都要经过招标准备阶段、招投标阶段和中标签约阶段。

三、招标准备阶段工作和报审文件准备

(一)建设工程项目报建

(1)按照《工程建设项目报建管理办法》的规定,凡具备条件的建设工程项目,必须向建设行业主管部门报建备案。

(2)报建范围:各类房屋建筑(包括新建、改建、扩建、翻修、大修等)、土木工程、装修等建设工程。

(3)建设工程项目报建的内容:工程名称、建设地点、投资规模、资金来源、当年投资额、工程规模、结构类型、发包方式、计划开竣工日期、工程筹建情况等。

(4)办理工程报建时应交验的文件资料:

①立项批准文件或年度投资计划;

②固定资产投资许可证;

③建设工程规划许可证;

④资金证明。

(二)审查建设单位资质

建设单位办理招标时,应具备如下条件:

(1)是法人或依法成立的其他组织;

(2)有与招标工程相适应的经济、技术管理人员;

(3)有组织编制招标文件的能力;

(4)有审查投标单位资质的能力;

(5)有组织开标、评标、定标的能力。

如建设单位不具备上述能力时,可以委托具有相应资质的中介机构代理招标,双方签订委托代理招标协议后,报招标管理机构备案。

(三)招标申请

招标单位填写“建设工程施工招标申请表”,其内容包括:工程名称、建设地点、招标建设规模、结构类型、招标范围、招标方式、要求施工企业资质等级、施工前期准备情况(土地征用、拆迁情况、勘察设计情况、施工现场条件等)、招标

机构组织情况等。报招标管理机构审批，待批准同意后，方可进行编制资审文件、招标文件。

（四）资格预审文件、招标文件的编制与送审

资格预审文件包括：

（1）投标单位的组织机构；

（2）近 3 年完成工程的情况；

（3）目前正在履行的合同情况；

（4）过去 2 年经审计过的财务报表；

（5）过去 2 年的资金平衡表和负债表；

（6）下一年度财务预测报告；

（7）施工机械设备情况；

（8）各种奖励或处罚；

（9）与本合同资格预审有关的其他资料。

招标文件包括：

（1）投标须知前附表和投标须知；

（2）合同条件；

（3）合同协议条款；

（4）合同格式；

（5）技术规范；

（6）图纸；

（7）投标文件参考格式；

（8）投标书及投标附录；

（9）工程量清单与报价表；

（10）辅助资料表；

（11）资格审查表（采用资格预审方式招标时，不用此表）。

上述文件编制完毕，须报送招标管理机构审查，经审查同意后，方可公开刊登资格预审通告或招标通告。按规定日期、时间、地点发放资格预审文件或招标文件。

四、招、投标阶段的工作

(一)资格预审

公开招标通过资格预审,确定出符合招标要求合格的投标申请单位短名单,报招标管理机构审查批准后,向所有资格预审合格的投标申请单位发送资格预审合格通知书。当投标申请单位接到该通知书后,应以书面确认,按规定的时间、地点领取招标文件、图纸及有关文件资料,并在投标截止日之前递交投标文件。

(二)勘查现场

招标单位组织投标单位进行勘查现场的目的是使投标单位了解工程场地和周围环境情况。一般安排在投标预备会前1~2天举行。

(三)投标预备会

招标单位组织并主持召开投标预备会是在招标管理机构监督下举行的,其目的是为了澄清和解答投标单位对招标文件和勘查现场中所提出的疑问。此会应安排在发出招标文件7~28天内进行。会后,由招标单位整理会议记录和解答疑问内容,报招标管理机构核准同意后,以书面形式尽快发送给投标单位,以便准确地编制投标文件。

(四)工程标底价格的报审

按照《工程建设施工招标投标管理办法》和《建设工程施工招标文件范本》规定,工程施工招标必须编制标底。

1.工程标底价格的编制依据

(1)招标文件的商务条款。

(2)工程施工图纸、工程量计算规则。

(3)施工现场地质、水文、地上情况的有关资料。

(4)施工计划或施工方案。

(5)现行工程预算定额、工期定额、工程项目计价类别及取费标准、国家与地方有关价格调整文件规定等。

(6)招标时建筑安装材料及设备的市场价格。

2.标底价格的计价方法

根据我国现行的工程造价计算方法,又考虑到与国际惯例接轨,所以在工程量表上的配价可以采用以下两种方法:

(1)工料单价:工程量表的单价,按照现行预算定额的工、料、机消耗标准及预算价格确定。其他直接费、间接费、利润、材料计划内调价、材料差价、税金等现行的计算方法计取列入其他相应标底价格计算表中。

(2)综合单价:工程量表的单价综合了直接费、间接费、工程取费、有关文件规定的调价、材料差价、利润税金、风险等一切费用。

工程量表的配价方法可以采取工料单价或综合单价,应在招标文件中明确。

3.几个有关编制标底的问题说明

(1)标底价格由成本、利润、税金组成。一般应控制在估算限额以内。

(2)标底的结构、科目、格式、内容应与招标文件中的工程量表相一致,以便在评标时,能与标底相对照进行评审。

(3)标底应在现场考察和投标预备会后进行编制。

(4)施工分包合同标底属于工程公司机密,只分发给公司规定的有关部门人员。

(5)施工分包合同标底只能在开标时对外公开。

(6)一个施工分包合同只能编制一个标底。

(7)标底价格在开标前要报招标管理机构审定。未经审定的标底价格,一律无效。

五、中标签约阶段的工作

(一)开标

开标是在投标截止后,按照规定的时间、地点由招标单位主持,招标管理单位监督并邀请公证部门对开标全过程进行公证和投标单位法定代表人或授权代理人在场的情况下,按照法定程序举行开标会议。

(1)请各投标单位对其投标文件的密封完整性予以确认签字。

(2)宣布评标原则与方法。

(3)按照投标单位报送文件时间的先后次序,逆向进行启封开标。

当众宣读有效投函的投标单位名称、投标报价、工期、质量、主要材料用量、投标保证金、优惠条件以及招标单位认为有必要的内容,并在唱标的过程中,认真做好记录,并请投标单位代表人签字确认。

对开标前提交的合格“撤回通知书”和过期送达的投标文件,不予启封。

(二)评标

评标是确定中标单位的关键工作,是一项技术性很强的工作,是一件临时性工作,因此,要依据评标工作的这些特点来组建评标机构,以完成寻找施工伙伴的任务。

1.评标组织

(1)根据招标的工程情况、结构类型、繁简程度来确定评标机构——评标委员会。

(2)评标机构的成员组成。

由建设单位及技术、经济专家组成。其中技术专家和经济专家的合计人数必须大于2/3。

(3)建设单位法定代表人或授权代理人担任评标负责人。

(4)评标委员会的组成人数应为5人以上的奇数。

(5)评标机构是在招标管理机构监督下设立的评标临时机构。

2.评标的原则

(1)公正、公平、科学合理。

(2)提倡竞争优选。

(3)反对不正当竞争。

3.评标程序

评标可按“初审”和“终审”顺序进行。初审包括符合性评审、技术性评审和商务性评审,当采用合理低标价法进行评标时才进行终审定标。其他评标方法均以初审定标。

(1)初审(即三审)。

①投标文件符合性评审。包括商务符合性鉴定和技术符合性鉴定。投标文件实质上响应招标文件的所有条款条件,无显著的差异或保留。

②技术性评审。包括方案可行性评估;劳务、材料、机械设备、质量控制措施评估,以及对施工现场周围环境、污染的保护措施的评估。

③商务性评审。包括投标报价校核;审查全部报价数据计算的正确性;分析报价构成的合理性,并与标底价格进行对比分析。

(2)终审。

终审仅适用于合理低标价的评标方法。其他方法可不进行终审,而由初审结果即可定标。

通过初审后,筛选出若干个具备授标资格的投标单位,对他们进行终审,即对筛选出具备授标资格的投标单位进行澄清或答辩,以进一步评审,择优选择中标单位。

4.评标方法

(1)百分法。

百分法是将评审各项指标分别在百分之内所占比例和评标标准在招标文件内规定。开标后按评标程序、评分标准,由评委对投标单位的标书进行评分,最后以总得分最高的投标单位为中标单位。由于工程类别不同,应用百分法时,对评审项目分类和评分构成各有差异。现举例供参考。

江苏省靖江市招标办规定:对一般工业与民用建筑工程的评标百分法的构成:

①造价 52 分。其中报价 50 分;计算质量 2 分。

②三大材用量(钢材、木材、水泥)18 分。

③质量、安全 16 分。其中质量 13 分;安全 3 分。

④施工组织设计 12 分。

⑤企业信誉 2 分。

(2)评议法。

通过对投标单位的能力、业绩、财务状况、信誉、投标价格、工期、质量、施工方案或施工组织设计等内容进行定性分析和比较,进行评议后,选择投标单位中各项指标较为优良者为中标单位。也可以用表决的方法确定中标单位。这种评标方法不能量化评审指标。

(3)合理低标价法。

按照评标程序,经初审后,以合理低标价作为中标的主要条件时,必须经过终审,进行澄清或答辩,证明是实现低标价的措施有力可行的报价。但不保证最低的投标价中标。

5.评标报告

招标单位根据评标委员会评审情况,提出中标单位推荐名单,报招标管理机构审查,待批准后,即可确定中标单位。

（三）中标

招标单位向中标单位发送“中标通知书”。中标单位按规定提交履约担保,按期参加合同谈判,签订施工承包合同。

（四）合同签订

建设单位（或工程公司）与中标投标单位在规定的期限内,签订施工合同。该合同签订之前,应到建设行政管理部门或授权单位进行合同审查。

如中标单位拒绝提交履约担保和签订合同时,招标单位报请招标管理机构批准同意后,取消其中标资格,并按规定没收其投标保证金。

如建设单位拒绝与中标单位签订合同时,除双倍返还投标保证金外,还需赔偿中标单位有关损失。

招标工作结束后,招标单位应将开标、评标过程中有关纪要、资料、评标报告、中标单位的投标文件准备一份副本,报招标管理机构备案。

六、合同的分类

工程施工合同按计价方式分类,主要有三种：

（一）总价合同

总价合同是合同总价不变的施工合同。采用这类合同,对业主或工程公司来说工作比较简单,评标时易于按低价定标。按合同规定的进度方式付款。在施工管理中可以集中精力控制质量与进度。

总价合同有三种形式。

1.固定总价合同

投标单位在取得工程详细设计资料后,报一个合同总价,在图纸及工程量、质量要求不变的情况下,其合同总价固定不变。投标报价时,要考虑承担工程的全部风险因素,因此一般报价较高。

这类合同形式一般适用于工期较短（一年以内）、技术要求不太复杂、风险不大、变更不多的工程项目。

2.调值总价合同

这种合同除了和固定总价合同一样外，还在合同中规定了由于通货膨胀引起的工料成本增加到某一规定的限度时，合同总价可作相应调整。即通货膨胀风险由业主来承担，因此，合同中应写明调值条款。一般工期在一年以上的工程采用这种合同方式。

3.估计工程量总价合同

根据设计资料列出工程量清单和相应费率为基础，计算出合同总价，据此签订合同。当设计修改而引起的工程量增加时，可按新增工程量与合同已确定的费率来调整合同价格。这种报价合同方式对业主很有利，因为可以了解施工公司报价的计算方法和定额标准，在谈判中进行压价，同时又不承担任何风险。

（二）单价合同

1.估计工程量单价合同

施工公司报价时，按照招标文件中所提供的工程量表，只填写相应的单价，据此计算出合同总价。业主每月按完成工程量支付工程款。

估计工程量单价合同，应在合同中规定单价调整的条款。如果一个单项工程当实际工程量与招标文件中的工程量表相比差某一百分数时，应由合同双方讨论对单价进行调整。

2.纯单价合同

招标时只有工程项目一览表，没有准确的工程量，施工公司在投标时只列出各工程项目的单价。业主按施工公司实际完成的工程量付款。

3.单价与包干混合式合同

在工程施工项目中，有的工程可以计算工程量的，按单价报价计算；有的工程不容易标明工程量的，应采用包干的形式。在工程施工中，业主分别按单价合同和总价合同的形式，支付工程款。

（三）成本加酬金合同（成本补偿合同或称成本加费用合同）

这是一种在工程内容及其技术经济和设计指标尚未完全确定，而又急于开工的工程或是一种崭新工程和施工风险很大的工程中采用的施工合同方式。

在采用这种施工合同方式时，工程成本费用可以按实报销或业主与施工公司事先商定，估算出一个工程成本，在此基础上，按不同的方法，业主向施工公司支付一定的酬金（包括行政管理费、利润等）。其方式有三种：

1.成本加固定百分比酬金合同

合同双方约定工程成本中的直接费用实报实销,然后按直接费的某一百分比提取酬金。

即 $$C=C_d(1+P)$$ 式2－1

式中:C——工程总价;

C_d——实际发生的直接费;

P——某一固定百分数。

此法简单易行。但不利于鼓励施工公司降低成本,缩短工期的积极性。

2.成本加固定酬金合同

根据合同双方约定的工程估算成本来确定一笔固定的酬金,其中估算成本仅作为确定酬金之用,而工程成本按实报实销的原则处理。

即 $$C=C_d+F$$ 式2－2

式中:F——固定酬金。

此法可以鼓励施工公司缩短工期,尽快拿到酬金。

3.成本加浮动酬金合同

这种合同是双方确定一个估算直接成本和一个固定的酬金,然后,将实际发生的直接成本与估算直接成本相比较。若实际成本低于估算成本时,就奖励某一固定的或节约成本的某一百分比的酬金。若实际成本高于估算成本时,就罚某一固定的或增加成本的某一百分比的酬金。这种有奖有罚的施工合同方式又称为“成本加奖罚金合同”。

当招标时,工程设计图纸和技术规范的准备不够充分,不能准确计算工程量,而确定工程合同总价时,可以采用这种合同方式。

第二节　施工招标文件的编制

施工招标文件是指工程公司在进行施工招标前，要把拟建的工程项目的施工情况和技术经济条件形成具有法律效力的一整套书面材料，以供施工公司进行投标时阅读，以便了解拟建的工程情况，作为投标报价时的依据和将来签订施工分包合同的基础。因此，招标文件的编制质量水平高低，将成为招标工作成败的关键。

一、施工招标文件的编制原则

施工招标文件的编制必须做到系统、准确，使投标人一目了然。编制的原则如下：

1.遵守国家法律、法规的原则

招标文件是招标与投标双方签订施工分包合同的基础，按合同法的规定，凡违反法律、法规和国家有关规定的合同均属无效合同。因此招标文件必须符合国家的经济法、合同法、招标投标法的规定。

2.维护招标者与投标者双方利益的原则

招标文件的编制应公正、合理地处理工程公司与施工公司双方的利益关系。如果在招标文件中，过多地将施工风险推向施工公司，势必造成报价费用的提高，最终还是用户增加工程费用的支出。

3.真实地反映工程项目施工情况的原则

客观、真实地反映工程项目施工情况的目的是使施工公司在投标时，能建立在可靠的基础上，减少签订合同和履行合同时的争议。

4.招标文件各部分内容统一的原则

如投标人须知、合同条件、工程量表以及名词术语等内容，力求统一，避免矛盾。使招标工作能顺利进行。

二、施工招标文件及其内容

施工招标文件的编制内容，由于招标方式不同，其内容是有差别的。编制时应按建设部《建设工程施工招标文件范本》(1997 年第一版)的规定执行。现以邀请招标方式为例,进行说明。

(一)邀请招标文件

1.投标邀请书

2.投标须知前附表和投标须知

3.合同条件

4.合同协议条款

5.合同格式

6.技术规范

7.图纸

8.投标文件参考格式

(1)投标书及投标书附录。

(2)工程量清单与报价表。

(3)辅助资料表。

(二)招标文件部分内容编制说明

在邀请招标程序文件中这部分内容共 14 项具体编写规定,现择几项示范性的内容加以说明。

1.投标价格计算依据

在招标文件中应明确投标价格计算依据,主要有以下几项:

(1)工程计价类别;

(2)执行的定额标准及取费标准;

(3)执行的人工、材料、机械设备政策性调整文件等;

(4)材料、设备计价方法及采购、运输、保管的责任;

(5)工程量清单。

2.投标保证金

招标文件中应明确投标保证金数额,一般投标保证金数额不超过投标总价的 2%。最高为八十万元人民币。投标保证金的有效期应超过投标有效期的 30 天。

3.履约担保与工程款支付担保

中标人应按规定向招标人提交履约担保,招标人应同时向中标人提交工程款支付担保。履约担保可采用银行保函或履约担保书。

(1)银行出具的保函为合同价格的5%。

(2)具有独立法人资格的经济实体出具的履约担保书为合同价格的10%。

(3)招标人应向中标人提供工程款支付担保。

4.投标有效期

投标有效期是指从投标截止日起到公布中标之日为止的期间。

投标有效期的确定应视工程情况而定,结构不太复杂的中小型工程的投标有效期可定为28天以内;结构复杂的大型工程投标有效期可定为56天以内。

5.工程量清单

招标单位按国家颁布的统一工程项目划分,统一计量单位和统一的工程量计算规则,根据施工图纸计算工程量,提供给投标单位作为投标报价的基础。结算拨付工程款时以实际工程量为依据。

(三)合同条件

工程公司在招标文件中提出的施工合同条件,作为将来签订施工分包合同的基础条件。

(1)综合说明书:包括工程内容、发包范围、计划竣工日期、技术要求、验收标准、可供使用的现场水、电、道路等条件。

(2)工程特殊要求以及对投标者的相应要求。包括计划安排、施工组织措施、人力机具安排等。

(3)必要的设计图纸、资料和设计说明书。

(4)分包合同的主要条款:包括工程范围、双方的责任、权利和义务、工程价款、支付条件、结算方法、设备、材料供应方法、进度要求、质量控制、检查与验收、索赔及罚款、设计变更、不可抗力因素等。

(5)工程量表:工程量应以设计文件为依据提出。并且按项目工作分解结构(WBS)进行分类统计,以便使投标标价与标底能一一对应,有利于评标时进行对比。

(6)必要的参考资料:如工程水文地质勘察报告、工程所在地的气象资料、地方有关费用规定的标准等。

第三节　施工投标

施工投标是经过招标单位对投标单位资格审查，认定具备投标资格的施工公司，按照招标文件的规定内容，在规定的时间内，向招标单位报送投标文件，并争取中标的法律行为。

一、施工公司的投标决策

施工公司按照招标文件规定，对招标项目内容和具体要求进行认真的研究和分析，确定是否进行投标，作出决策。

二、施工招标、投标程序

1.报名参加投标

根据《工程建设施工招标投标管理办法》的规定，向招标单位报名参加投标时应提交下列文件。

(1)施工公司的营业执照和资质证书。

(2)企业简历。

(3)自有资金情况。

(4)全员职工人数：包括技术人员、经济管理人员、技术工人数量与平均技术等级和自有施工机械设备一览表。

(5)近三年承建的主要工程业绩。

(6)现有主要施工任务，包括在建和尚未开工工程一览表。

(7)经营管理情况及承包同类工程经历等。

2.编制资格预审书

资格预审书是招标单位在施工公司投标之前，对其技术能力、管理水平、财务状况等方面进行全面审查，是施工企业能否进行投标报价和争取中标拿到施工任务的第一步。因此应按照招标单位发售的资格预审要求的内容，逐项认真准确地填写，并且每项都应具有证明文件。按招标单位要求的时间、地点准时报送。

资格预审文件内容如下：

(1)投标单位组织与机构。

(2)近 3 年完成工程的情况。

(3)目前正在履行的合同情况。

(4)过去 2 年经审计过的财务报表。

(5)过去 2 年的资金平衡表和负债表。

(6)下一年度财务预测报告。

(7)施工机械设备情况。

(8)各种奖励或处罚。

(9)与本合同资格预审有关的其他资料。

3.领取或购买招标文件

经招标单位对报名参加投标的施工公司的资格预审合格者，可以领取或购买招标文件。一般情况下，领取招标文件时须交纳投标保证金。如投标单位领到招标文件后放弃投标时，此保证金被没收。当投标单位中标或落标时，此投标保证金将被发还。

4.调查投标项目的工程施工环境

工程施工环境包括自然环境、经济与社会环境。在投标报价前要尽量调查清楚。

对招标文件中不够清晰的条款和概念模糊的词语，要在招标单位举行的投标预备会上搞清楚，以免投标报价失误。

5.确定投标策略

确定投标策略的目的，在于依靠施工公司自身的实力，探索达到中标的最大可能性，并用最小的代价获得最大的经济效益。

投标中常见的投标策略如下：

(1)靠经营与技术管理水平高中标。

(2)靠缩短工期保证工程质量中标。

(3)靠低“利”中标。

(4)靠低报价；着眼于索赔中标。

6.编制施工计划，制定施工方案

编制投标文件的核心工作是计算标价，而标价计算又与施工计划(施工组织设计)密切相关，所以在编制标价前，首先应确定计划工期，编好施工计划。

一般情况下，计划工期要小于合同工期。主要编制工作如下：

(1)核实工程量

核实招标文件中已给定的工程量。如发现有漏项或数量有重大出入时,应找招标单位确认。特别是固定价承包时,更为重要。

(2)制定施工方案

施工方案是投标报价中,技术标书的重要组成部分,是评标考虑的主要因素之一,所以编制施工方案要由主要技术负责人主持,尽力采用成熟的施工技术"工法"。制定施工方案应考虑的主要方面:

①施工方法;

②施工进度;

③施工机械;

④施工工人数目;

⑤施工质量与安全措施。

7.编制投标文件

施工公司在深入细致地熟悉招标文件,进行工程现场和社会环境考察的基础上,组织人员根据招标文件的要求和具体规定,编制投标文件。

(1)投标文件的内容

根据《工程建设施工招标投标管理办法》规定,投标文件应包括下列内容:

①投标文件的综合说明;

②按照工程量清单计算标价和建筑材料需用量;

③施工方案和选用的主要施工机械;

④保证质量、进度、施工安全的主要技术组织措施;

⑤计划开工、竣工日期,工程总进度;

⑥对招标文件中合同主要条款的确认。

(2)报价

投标文件中,报价是决定施工公司投标成功的关键之一。国内工程标价计算有三种方法,即按概算编制、按预算编制和按工程投标造价费用编制。现以按预算编制方法计算标价为例,进行说明如下:

按照《化工建设建筑安装工程费用定额》(化建发[1994]711号)的规定:

建筑安装工程费由直接工程费、间接费、计划利润和税金构成。

①直接工程费由直接费、其他直接费和现场经费三项费用构成。

②间接费由企业管理费、财务费用和其他费用三项费用构成。

③计划利润:系指按规定应计入建筑安装工程造价的利润,依据不同投资

来源或工程类别实施差别利率。

④税金：系指国家税法规定应计入建筑安装工程造价内的营业税、城市维护建设税及教育费附加。

⑤建筑安装工程费的计算基数。

a.其他直接费、现场经费、间接费

土建工程：其他直接费、现场经费以直接费为基数计算；间接费以直接工程费为基数计算。

安装工程：均以人工费为基数计算。

b.计划利润

按照建设部、国家体改委、国务院经贸办颁布的《关于发布全民所有制建筑安装企业转换经营机制实施办法的通知》中，有关“对工程项目的不同投资来源或工程类别，实行在计划利润基础上的差别利润率”的规定，建筑安装工程的计划利润率，可按不同的投资来源或工程类别，分别制定差别利润率。

土建工程：以直接工程费与间接费之和为基数计算。

安装工程：以人工费为基数计算。

c.税金

按直接工程费、间接费、计划利润三项费用之和为基数计算。

施工报价单位应将以上各项费用汇总得出报价。

但在实际投标报价时，要根据企业发展战略和投标环境，审时度势来确定投标报价。

8.报送投标文件

施工公司将投标文件备齐并由负责人签名盖章后，装订成册，装入密封袋中，在规定的期限内报送到招标单位指定的地点。

9.参加开标会、中标签约

施工公司投标后，按规定的日期参加开标会。《建设工程招标投标暂行规定》中明确规定：“投标单位不参加开标会的，其标书为废标”。

《建设工程招标投标管理办法》规定：确定中标单位后，招标单位应于7日内发出中标通知书。中标的施工公司应在招标单位规定的时间内与之谈判，若谈判成功即签订施工合同。

第四节　施工分包合同管理

工程公司与施工公司签订的施工分包合同是进行施工分包合同管理的依据。工程公司负责此项工作的机构是项目施工工程管理组。

一、文件资料管理

(1)施工分包合同签订之前,接收保管与分发投标文件、评标资料及签订的施工分包合同资料。

(2)施工分包合同签订之后,接收、分发、处理、保管与施工公司、相关单位来往的有关施工分包合同事宜的文件、信函、资料等。

二、合同执行中的监督管理

(1)根据合同规定,通知并催促施工公司进入现场,落实施工开工各项条件。

(2)协调解决与施工公司、用户之间的有关施工问题。

(3)监督保证工程质量与施工进度措施的落实。

(4)组织各施工公司之间的施工工序交接。

三、合同变更管理

核实与处理有关合同变更问题。包括项目变更、用户变更或施工公司引起的变更。核实和处理对施工进度和工程价款的影响。

四、合同执行中的综合管理

(1)审查施工公司对工程进度付款的申请,负责进度付款管理。

(2)组织工程交工验收。

(3)工程验收后,检查合同双方均已完成合同责任和义务,提出支付施工公司保留金的文件及附件，编制保留金付款报告。

(4)按规定收集竣工验收需要的资料，并协助有关方面做好施工分包合同实施的总结报告。

第三章　建筑工程造价管理

第一节　建筑工程项目造价概述

一、建筑工程项目造价的基本概念

（一）我国现行投资构成和工程造价的构成

建设项目总投资包括固定资产投资和流动资产投资两部分，工程造价由设备及工器具购置费用、建筑安装工程费用、工程建设其他费用、预备费、建设期贷款利息、固定资产投资方向调节税构成。

（二）建筑工程项目造价的含义

工程造价的全称就是工程的建造价格。工程泛指一切建设工程，包括施工工程项目。

工程造价有两种含义，但都离不开市场经济的大前提。

第一种含义：工程造价是指建设一项工程预期开支或实际开支的全部固定资产投资费用。显然，这一含义是从投资者——业主的角度来定义的。投资者在投资活动中所支付的全部费用形成了固定资产和无形资产，所有这些开支就构成了工程造价。从这个意义上说，工程造价就是工程投资费用，建设项目工程造价就是建设项目固定资产投资。

第二种含义：工程造价是指工程价格，即为建成一项工程，预计或实际在土地市场、设备市场、技术劳务市场及承包市场等交易活动中所形成的建筑安装工程的价格和建设工程总造价。显然，工程造价的第二种含义是以社会主义商品经济和市场经济为前提的。它是以工程这种特定的商品形式作为交易对象，通过招投标、承发包或其他交易方式，在进行多次性预估的基础上，最终由市场形成的价格。

通常把工程造价的第二种含义只认定为工程承发包价格。应该肯定，承发包价格是工程造价中一种重要的，也是最典型的价格形式。它是在建筑市场通过招投标，由需求主体投资者和供给主体建筑商共同认可的价格。鉴于建筑安装工程价格在项目固定资产中占有50%～60%的份额，又是工程建设中最活跃的部分；鉴于建筑企业是建设工程的实施者及其重要的市场主体地位，工程承发包价格被界定为工程价格的第二种含义，很有现实意义。但是，如上所述，这样界定对工程造价的含义理解较狭窄。

所谓工程造价的两种含义是以不同角度把握同一事物的本质。对于建设工程的投资者来说，面对市场经济条件下的工程造价就是项目投资，是“购买”项目要付出的价格；同时也是投资者在作为市场供给主体时“出售”项目时定价的基础。对于承包商、供应商和规划、设计等机构来说，工程造价是其作为市场供给主体出售商品和劳务的价格的总和，或是特指范围的工程造价，如建筑工程项目造价。

建筑工程项目造价，即建筑施工产品价格，是建筑施工产品价值的货币表现。在建筑市场，建筑施工企业所生产的产品作为商品既有使用价值又有价值，和一般商品一样，其价值由C＋V＋m构成。所不同的只是由于这种商品所具有的技术经济特点，使它的交易方式、计价方式、价格的构成因素，以至付款方式都存在许多特点。

二、建筑工程项目造价的特点

由于建筑工程项目建设的特点，建筑工程项目造价有以下特点。

1.建筑工程项目造价的大额性

能够发挥投资效用的任一项建筑工程项目，不仅实物形体庞大，而且造价高昂。动辄数百万、数千万、数亿、数十亿，特大的建筑工程项目造价可达百亿、千亿元人民币。建筑工程项目造价的大额性使它关系到有关各方面的重大经济利益，同时也会对宏观经济产生重大影响。这就决定了建筑工程项目造价的特殊地位，也说明了造价管理的重要意义。

2.建筑工程项目造价的个别性、差异性

任一建筑工程项目都有特定的用途、功能、规模。因此，对每一个建筑工程项目结构、造型、空间分割、设备配置和内外装饰都有具体的要求。所以工程内容和实物形态都具有个别性、差异性。建筑工程项目的个别性、差异性决定了建筑工程项目造价的个别性差异。同时，每一个建筑工程项目所处时期、地区、地段都不相同，使得这一特点得到强化。

3.建筑工程项目造价的动态性

任一建筑工程项目从决策到竣工交付使用，都有一个较长的建设期间，而且由于不可控因素的影响，在预计工期内，许多影响建筑工程项目造价的动态因素会发生变化，如设计变更、建材涨价、工资提高等，这些变化必然会影响到造价的变动。所以，建筑工程项目造价在整个建设期中处于不确定状态，直至竣工决算后才能最终确定建筑工程项目的实际造价。

4.建筑工程项目造价的层次性

造价的层次性取决于建筑工程项目的层次性。一个建筑工程项目往往含有多个能够独立发挥设计效果的单项工程（车间、写字楼、住宅楼等），一个单项工程又是由能够各自发挥专业效能的多个单位工程（土建工程、电气安装工程等）组成。与此相适应，建筑工程项目造价有 3 个层次：建筑工程项目总造价、单项工程造价和单位工程造价。如果专业分工更细，单位工程（如土建工程）的组成部分——分部分项工程也可以成为交易对象，如大型土石方工程、基础工程、装饰工程等，这样，建筑工程项目造价的层次就增加为分部工程和分项工程而成为 5 个层次。即使从建筑工程项目造价的计算和建筑工程项目管理的角度看，建筑工程项目造价的层次性也是非常突出的。

5.建筑工程项目造价的兼容性

造价的兼容性首先表现在它具有两种含义，其次表现在造价构成因素的广泛性和复杂性。在建筑工程项目造价中，首先是成本因素非常复杂，其中为获得建设工程用地支出的费用、项目可行性研究和规划设计费用、与政府一定时期政策（特别是产业政策和税收政策）相关的费用占有相当的份额。其次，盈利的构成也较为复杂，资金成本较大。

三、建筑工程项目造价的职能

建筑工程项目造价既是价格职能的反映，又是价格职能在建筑工程项目这一领域的特殊表现。建筑工程项目造价的职能除一般商品价格职能之外，还有自己特殊的职能。

1.预测职能

建筑工程项目造价的大额性和多变性,无论是投资者还是建筑承包商都要对拟建项目进行预先测算。投资者预先测算建筑工程项目造价不仅作为项目决策依据,同时也是筹集资金、控制造价的依据。承包商对建筑工程项目造价的预先测算,既为投标决策提供依据,也为投标报价和成本管理提供依据。

2.控制职能

建筑工程项目造价的控制职能表现在两方面,一方面是它对投资的控制,即在投资的各个阶段,根据对造价的多次性预估,对造价进行全过程、多层次的控制;另一方面,是对以承包商为代表的商品和劳务供应企业的成本控制。在价格一定的情况下,企业实际成本开支决定着企业的盈利水平。成本越高,盈利越低,成本高于价格就危及企业的生存。所以,企业要以建筑工程项目造价来控制成本,利用建筑工程项目造价提供的信息资料作为控制成本的依据。

3.评价职能

建筑工程项目造价是评价总投资和分项投资合理性和投资效益的主要依据之一。为评价项目的还贷能力、获利能力和宏观经济效益等,都离不开建筑工程项目造价资料。建筑工程项目造价也是评价施工企业管理水平和经营成果的重要依据。在前面的章节中,我们已经知道施工企业是利润中心,考核指标就是一定时期内创造的利润,而利润则是企业获得的实际造价抵减实际支付的成本费用后的余额。

4.调控职能

项目建设直接关系到经济增长,也直接关系到国家重要资源分配和资金流向,尤其是大型建筑工程项目对国计民生都产生重大影响。所以,国家对建设规模、结构进行宏观调控是在任何条件下都不可缺少的,对政府投资项目进行直接调控和管理也是非常必要的。这些都要用建筑工程项目造价作为经济杠杆,对项目建设中的物质消耗水平、建设规模、投资方向等进行调控和管理。

建筑工程项目造价所有上述特殊功能,是由建筑工程项目自身特点决定的,但在不同的经济体制下这些职能的实现情况很不相同。在单一计划经济的体制下,建筑工程项目造价的表价职能受到削弱,表现为价格大大低于价值,价值在交换中得不到完全实现,造价的其他职能也得不到正常发挥。只有在社会主义市场经济体制下,才为建筑工程项目造价职能的充分发挥提供了极大的可能。这是因为无论是购买者还是出售者,在市场上都处于平等竞争的地位,他们都不可能单独地影响市场价格,更没有能力单方面决定价格。价格是按市场供需变化和价值规律运动的，需求大于供给，价格上扬；供给大于需求，价格下跌。作为买方的投资者和作为卖方的施工企业，是在市场竞争中根据价格变动，根据自己对市场走向的判断来调节自己的经济活动。这种不断调节使价格总是趋向价值基础，形成价格围绕价值上下波动的基本运动形态。

建筑工程项目价格职能的充分实现，在国民经济的发展中能起到多方面的良好作用。

四、建筑工程项目造价的计价特征

建筑工程项目造价的特点，决定了建筑工程项目造价的计价特征。了解这些特征，对建筑工程项目造价的确定与控制是非常必要的。

（一）单件性计价特征

产品的个体差别决定每项工程都必须单独计算造价。

（二）多次性计价特征

建筑工程项目建设周期长、规模大、造价高，因此按建设程序要分阶段进行，相应地也要在不同阶段多次性计价，以保证建筑工程项目造价确定与控制的科学性。多次性计价是个逐步深化、逐步接近实际造价的过程。

1.投资估算

在编制项目建议书和可行性研究阶段，对投资需要量进行估算是一项不可缺少的组成内容。投资估算是指在项目建议书和可行性研究阶段对拟建项目所需投资，通过编制估算文件预先测算和确定的过程。也可表示估算出的建设项目的投资额，或称估算造价。就一个建筑工程项目来说，如果项目建议书和可行性研究分不同阶段，例如，分规划阶段、项目建议书阶段、可行性研究阶段、评审阶段，相应的投资估算也分为 4 个阶段。投资估算是决策、筹资和控制造价的主要依据。

2.概算造价

概算造价是指在初步设计阶段，根据设计意图，通过编制建筑工程项目概算文件预先测算和确定的建筑工程项目造价。概算造价较投资估算准确性有所提高，但它受估算造价的控制。概算造价的层次性十分明显，分建筑工程项目概算总造价、各个单项工程概算综合造价、各单位工程概算造价。

3.修正概算造价

修正概算造价是指在采用三阶段设计的技术设计阶段，根据技术设计的要求，通过编制修正概算文件预先测算和确定的建筑工程项目造价。它对初步设计概算进行修正调整，比概算造价准确，但受概算造价控制。

4.预算造价

预算造价是指在施工图设计阶段，根据施工图样编制预算文件，预先测算和确定的建筑工程项目造价。它比概算造价或修正概算造价更为详尽和准确，但同样要受前一阶段所确定的建筑工程项目造价的控制。

5.合同价

合同价是指在工程招投标阶段通过签订建筑安装工程承包合同确定的价格。合同价属于市场价格的性质，它是由承发包双方，即商品和劳务买卖双方根据市场行情共同议定和认可的成交价格，但它并不等同于实际建筑工程项目造价。按计价方法不同，建筑工程项目承包合同有许多类型，不同类型合同的合同价内涵也有所不同。按现行有关规定的 3 种合同价形式是：固定合同价、可调合同价和工程成本加酬金确定合同价。

6.结算价

结算价是指在合同实施阶段，在建筑工程项目结算时按合同调价范围和调价方法，对实际发生的工程量增减、设备和材料价差等进行调整后计算和确定的价格。结算价是该结算建筑工程项目的实际价格。

7.实际造价

实际造价是指竣工决算阶段，通过为建设项目编制竣工决算，最终确定的实际建筑工程项目造价。

以上说明，多次性计价是一个由粗到细、由浅入深、由概略到精确的计价过程，也是一个复杂而重要的管理系统。

（三）组合性特征

建筑工程项目造价的计算是分部组合而成的。这一特征和建筑工程项目的组合性有关。一个建筑工程项目是一个工程综合体，这个综合体可以分解为许多有内在联系的独立和不能独立的工程。从计价和建筑工程项目管理的角度，分部分项工程还可以分解。可以看出，建筑工程项目的这种组合性决定了计价的过程是一个逐步形成的过程。这一特征在计算概算造价和预算造价时尤为明显，所以也反映到合同价和结算价。其计算过程和计算顺序是：分部分项工程造价—单位工程造价—单项工程造价—建筑工程项目总造价。

(四)计价方法的多样性特征

适应多次性计价有各不相同的计价依据,以及对造价的不同精确度要求,计价方法有多样性特征。计算和确定概、预算造价有两种基本方法,即单价法和实物法。计算和确定投资估算的方法有设备系数法、生产能力指数估算法等。不同的方法利弊不同,适用条件也不同,所以计价时要加以选择。

(五)依据的复杂性特征

由于影响造价的因素多、计价依据复杂、种类繁多,主要可分为7类。

(1)计算设备和工程量依据:包括项目建议书、可行性研究报告、设计文件等。

(2)计算人工、材料、机械等实物消耗量依据:包括投资估算指标、概算定额、预算定额等。

(3)计算工程单价的价格依据:包括人工单价、材料单价、材料运杂费、机械台班费等。

(4)计算设备单价依据:包括设备原价、设备运杂费、进口设备关税等。

(5)计算其他直接费、现场经费、间接费和建筑工程项目建设其他费用依据:主要是相关的费用定额和指标。

(6)政府规定的税、费。

(7)物价指数和工程造价指数。

依据的复杂性不仅使计算过程复杂,而且要求计价人员熟悉各类依据,并加以正确利用。

第二节 建筑工程项目造价的组成及计价程序

一、建筑工程项目造价的内容

建筑工程项目造价的内容包括以下几项：

(1)各类房屋建筑建筑工程项目和列入房屋建筑建筑工程项目预算的供水、供暖、卫生、通风、煤气等设备费用及其装饰、油饰工程的费用，列入建筑工程项目预算的各种管道、电力、电信和电缆导线敷设工程的费用。

(2)设备基础、支柱、工作台、烟囱、水塔、水池、灰塔等建筑工程项目及各种炉窑的砌筑工程和金属结构工程的费用。

(3)为施工而进行的场地平整，工程和水文地质勘察，原有建筑物和障碍物的拆除以及施工临时用水、电、气、路和完工后的场地清理、环境绿化、美化等工作的费用。

(4)矿井开凿，井巷延伸，露天矿剥离，石油、天然气钻井，修建铁路、公路、桥梁、水库、堤坝、灌渠及防洪等工程的费用。

二、建筑工程项目造价的组成与计算

(一)直接费

直接费由直接工程费和措施费组成。

1.直接工程费

直接工程费是指施工过程中耗费的构成工程实体的各项费用，包括人工费、材料费、施工机械使用费。

(1)人工费是指直接从事建筑安装工程施工的生产工人开支的各项费用。内容包括以下几项。

①基本工资：是指发放给生产工人的基本工资。

②工资性补贴：是指按规定标准发放的物价补贴，煤、燃气补贴，交通补贴，住房补贴，流动施工津贴等。

③生产工人辅助工资:是指生产工人年有效施工天数以外非作业天数的工资,包括职工学习、培训期间的工资,调动工作、探亲、休假期间的工资,因气候影响的停工工资,女工哺乳期间的工资,病假在6个月以内的工资及产、婚、丧假期的工资。

④职工福利费:是指按规定标准计提的职工福利费。

⑤生产工人劳动保护费:是指按规定标准发放的劳动保护用品的购置费及修理费,徒工服装补贴,防暑降温费,在有碍身体健康环境中施工的保健费用等。

人工费的计算公式为

$$\text{人工费}=\Sigma(\text{人工消耗量}\times\text{日工资单价}\,G) \qquad \text{式 3—1}$$

在上式中,日工资单价 G 的计算公式为

$$G=\sum_{i=1}^{s}G_i \qquad \text{式 3—2}$$

在上式中:

$$G_1(\text{日基本工资})=\frac{\text{生产工人平均月工资}}{\text{年平均每月法定工作日}} \qquad \text{式 3—3}$$

$$G_2(\text{日工资性补贴})=\frac{\sum\text{年发放标准}}{\text{全年日历日}-\text{法定工作日}}+\frac{\sum\text{月发放标准}}{\text{年平均每月法定工作日}}+\text{每工作日发放标准} \qquad \text{式 3—4}$$

$$G_3(\text{日生产工人辅助工资})=\frac{\text{全年无效工作日}\times(G_1+G_2)}{\text{全年日历日}-\text{法定假日}} \qquad \text{式 3—5}$$

$$G_4(\text{日职工福利费})=(G_1+G_2+G_3)\times\text{福利费计提比例}(\%) \qquad \text{式 3—6}$$

$$G_5(\text{日生产工人劳动保护费})=\frac{\text{生产工人年平均支出劳动保护费}}{\text{全年日历日}-\text{法定假日}} \qquad \text{式 3—7}$$

(2)材料费是指施工过程中耗费的构成工程实体的原材料、辅助材料、构配件、零件、半成品的费用。内容包括以下几项。

①材料原价(或供应价格)。

②材料运杂费:是指材料自来源地运至工地仓库或指定堆放地点所发生的全部费用。

③运输损耗费:是指材料在运输装卸过程中不可避免的损耗。

④采购及保管费:是指为组织采购、供应和保管材料过程中所需要的各项费用,包括采购费、仓储费、工地保管费、仓储损耗。

⑤检验试验费:是指对建筑材料、构件和建筑安装物进行一般鉴定、检查所

发生的费用，包括自设试验室进行试验所耗用的材料和化学药品等费用。不包括新结构、新材料的试验费和建设单位对具有出厂合格证明的材料进行检验，对构件做破坏性试验及其他特殊要求检验试验的费用。

材料费的计算公式为

材料费＝Σ（材料消耗量×材料基价）＋检验试验费　　式 3－8

在上式中：

材料基价＝[（供应价格＋运杂费）×（1＋运输损耗率）]×（1＋采购保管费率）　　式 3－9

检验试验费＝Σ（单位材料量检验试验费×材料消耗量）　　式 3－10

（3）施工机械使用费是指施工机械作业所发生的机械使用费以及机械安拆费和场外运费。施工机械使用费的计算公式为

施工机械使用费＝Σ（施工机械台班消耗量×机械台班单价）　　式 3－11

在上式中：

机械台班单价＝台班折旧费＋台班大修理费＋台班经常修理费＋台班安拆费及场外运费＋台班人工费＋台班燃料动力费＋台班养路费及车船使用税　　式 3－12

在上式中的机械台班单价应由下列 7 项费用组成：

①折旧费：是指施工机械在规定的使用年限内，陆续收回其原值及购置资金的时间价值。其计算公式为

$$\text{台班折旧费}=\frac{\text{机械预算价格}\times(1-\text{残值率})}{\text{耐用总台班数}}\quad\text{式 3－13}$$

在上式中：

耐用总台班数＝折旧年限×年工作台班　　式 3－14

②大修理费：指施工机械按规定的大修理间隔台班进行必要的大修理，以恢复其正常功能所需的费用。其计算公式为

$$\text{台办大修理费}=\frac{\text{一次大修理费}\times\text{大修次数}}{\text{耐用总台班数}}\quad\text{式 3－15}$$

③经常修理费：指施工机械除大修理以外的各级保养和临时故障排除所需的费用。包括为保障机械正常运转所需替换设备与随机配备工具附具的摊销和维护费用，机械运转中日常保养所需润滑与擦拭的材料费用及机械停滞期间的维护和保养费用等。

④安拆费及场外运费：安拆费指施工机械在现场进行安装与拆卸所需的人

工、材料、机械和试运转费用及机械辅助设施的折旧、搭设、拆除等费用;场外运费指施工机械整体或分体自停放地点运至施工现场或由一施工地点运至另一施工地点的运输、装卸、辅助材料及架线等费用。

⑤人工费:指机上司机(司炉)和其他操作人员的工作日人工费及上述人员在施工机械规定的年工作台班以外的人工费。

⑥燃料动力费:指施工机械在运转作业中所消耗的固体燃料(煤、木柴)、液体燃料(汽油、柴油)及水、电等。

⑦养路费及车船使用税:指施工机械按照国家规定和有关部门规定应缴纳的养路费、车船使用税、保险费及年检费等。

2.措施费

措施费是指为完成工程项目施工,发生于该工程施工前和施工过程中非工程实体项目的费用。内容包括以下几项。

(1)环境保护费是指施工现场为达到环保部门要求所需要的各项费用。其计算公式为

$$\text{环境保护费}=\text{直接工程费}\times\text{环境保护费费率} \quad \text{式 3—16}$$

在上式中:

$$\text{环境保护费费率}=\frac{\text{本项费用年度平均支出}}{\text{建安产值}\times\text{直接工程费占总造价比例}} \quad \text{式 3—17}$$

(2)文明施工费是指施工现场文明施工所需要的各项费用。其计算公式为

$$\text{文明施工费}=\text{直接工程费}\times\text{文明施工费费率} \quad \text{式 3—18}$$

在上式中:

$$\text{文明施工费费率}=\frac{\text{本项费用年度平均支出}}{\text{全年建安产值}\times\text{直接工程费占总造价比例}} \quad \text{式 3—19}$$

(3)安全施工费是指施工现场安全施工所需要的各项费用。

其计算公式为

$$\text{安全施工费}=\text{直接工程费}\times\text{安全施工费费率} \quad \text{式 3—20}$$

在上式中:

$$\text{安全施工费费率}=\frac{\text{本项费用年度平均支出}}{\text{全年建安产值}\times\text{直接工程费占总造价比例}} \quad \text{式 3—21}$$

(4)临时设施费是指施工企业为进行建筑工程施工所必须搭设的生活和生产用的临时建筑物、构筑物和其他临时设施费用等。

临时设施包括:临时宿舍、文化福利及公用事业房屋与构筑物,仓库、办公

室、加工厂及规定范围内道路、水、电、管线等临时设施和小型临时设施。

临时设施费用包括：临时设施的搭设、维修、拆除费或摊销费。

临时设施费的计算公式为

临时设施费＝(周转使用临建费＋一次性使用临建费)×(1＋其他临时设施所占比例)　　式3－22

在上式中：

$$\text{周转使用临建费}=\sum\left[\frac{\text{临时面积}\times\text{每平方米造价}}{\text{使用年限}\times 365\times\text{利用率}}\times\text{工期(天)}\right]+\text{一次性拆除费}$$

式3－23

$$\text{一次性使用临建费}=\sum\text{临建面积}\times\text{每平方米造价}\times(1-\text{残值率})+\text{一次性拆除费}$$

式3－24

其他临时设施在临时设施费中所占比例，可由各地区造价管理部门依据典型施工企业的成本资料经分析后综合测定。

(5)夜间施工费是指因夜间施工所发生的夜班补助费、夜间施工降效、夜间施工照明设备摊销及照明用电等费用。其计算公式为

$$\text{夜间施工费}=(1-\frac{\text{合同工期}}{\text{定额工期}})\times\frac{\text{直接工程费中的人工费合计}}{\text{平均日工资单价}}\times\text{每工日夜间施工费开支}$$

式3－25

(6)二次搬运费是指因施工场地狭小等特殊情况而发生的二次搬运费用。其计算公式为

二次搬运＝直接工程费×二次搬运费费率　　式3－26

在上式中：

$$\text{二次搬运费费率费}=\frac{\text{年平均二次搬运费开支额}}{\text{全年建安产值}\times\text{直接工程费占总造价的比例}}$$

式3－27

(7)大型机械设备进出场及安拆费是指机械整体或分体自停放场地运至施工现场或由一个施工地点运至另一个施工地点，所发生的机械进出场运输及转移费用、机械在施工现场进行安装、拆卸所需的人工费、材料费、机械费、试运转费和安装所需的辅助设施的费用。

(8)混凝土、钢筋混凝土模板及支架费是指混凝土施工过程中需要的各种钢模板、木模板、支架等的支、拆、运输费用及模板、支架的摊销(或租赁)费用。其计算公式为

模板及支架费＝模板摊销量×模板价格＋支、拆、运输费　　式 3－28

在上式中：

$$模板摊销量=一次使用量\times(1+施工损耗)\times\left[\frac{(周转次数-1)\times补损率}{周转次数}-\frac{(1-补损率)\times50\%}{周转次数}\right]$$　　式 3－29

租赁费＝模板使用量×使用日期×租赁价格＋支、拆、运输费　　式 3－30

(9)脚手架费是指施工需要的各种脚手架搭、拆、运输费用及脚手架的摊销(或租赁)费用。其计算公式为

脚手架费＝脚手架摊销量×脚手架价格＋搭、拆、运输费　　式 3－31

在上式中：

$$脚手架摊销量=\frac{单位一次使用量\times(1-残值率)}{耐用期}\times一次使用期$$

式 3－32

租赁费＝脚手架每日租金×搭设周期＋搭、拆、运输费　　式 3－33

(10)已完工程及设备保护费是指竣工验收前，对已完工程及设备进行保护所需费用。其计算公式为：

已完工程及设备保护费＝成品保护所需机械费＋材料费＋人工费

式 3－34

(11)施工排水、降水费是指为确保工程在正常条件下施工，采取各种排水、降水措施所发生的各种费用。其计算公式为

施工排水、降水费＝Σ排水、降水机械台班费×排水、降水周期＋排水、降水使用材料费、人工费　　式 3－35

(二)间接费

间接费由规费、企业管理费组成。

1.规费

规费是指政府和有关权力部门规定必须缴纳的费用(简称规费)。包括以下内容：

(1)工程排污费是指施工现场按规定缴纳的工程排污费。

(2)工程定额测定费是指按规定支付工程造价(定额)管理部门的定额测定费。

(3)社会保障费，包括养老保险费、失业保险费、医疗保险费。

其中：养老保险费是指企业按规定标准为职工缴纳的基本养老保险费；失业保险费是指企业按照国家规定标准为职工缴纳的失业保险费；医疗保险费是指企业按照国家规定标准为职工缴纳的基本医疗保险费。

(4)住房公积金是指企业按规定标准为职工缴纳的住房公积金。

(5)危险作业意外伤害保险是指按照建筑相关法规规定，企业为从事危险作业的建筑安装施工人员支付的意外伤害保险费。

规费的计算公式为

规费＝计算基数×规费费率　　式3－36

规费的计算可采用以"直接费""人工费和机械费合计"或"人工费"为计算基数，投标人在投标报价时，规费一般按国家及有关部门规定的计算公式及费率标准执行。

2.企业管理费

企业管理费是指建筑安装企业组织施工生产和经营管理所需费用。内容包括以下几项。

(1)管理人员工资是指管理人员的基本工资、工资性补贴、职工福利费、劳动保护费等。

(2)办公费是指企业管理办公用的文具、纸张、账表、印刷品、邮电、书报、会议、水电、烧水和集体取暖(包括现场临时宿舍取暖)用煤等费用。

(3)差旅交通费是指职工因公出差、调动工作的差旅费、住勤补助费，市内交通费和误餐补助费，职工探亲路费，劳动力招募费，职工离退休、退职一次性路费，工伤人员就医路费，工地转移费以及管理部门使用的交通工具的油料、燃料、养路费及牌照费。

(4)固定资产使用费是指管理和试验部门及附属生产单位使用的属于固定资产的房屋、设备仪器等的折旧、大修、维修或租赁费。

(5)工具用具使用费是指管理使用的不属于固定资产的生产工具、器具、家具、交通工具和检验、试验、测绘、消防用具等的购置、维修和摊销费。

(6)劳动保险费是指由企业支付离退休职工的易地安家补助费、职工退职金、6个月以上的病假人员工资、职工死亡丧葬补助费、抚恤费、按规定支付给离休干部的各项经费。

(7)工会经费是指企业按职工工资总额计提的工会经费。

(8)职工教育经费是指企业为职工学习先进技术和提高文化水平，按职工工资总额计提的费用。

(9)财产保险费是指施工管理用财产、车辆保险。

(10)财务费是指企业为筹集资金而发生的各种费用。

(11)税金是指企业按规定缴纳的房产税、车船使用税、土地使用税、印花税等。

(12)其他包括技术转让费、技术开发费、业务招待费、绿化费、广告费、公证费、法律顾问费、审计费、咨询费等。

企业管理费的计算主要有两种方法:公式计算法和费用分析法。

(1)公式计算法。利用公式计算企业管理费的方法比较简单,也是投标人经常采用的一种计算方法,其计算公式为

企业管理费=计算基数×企业管理费费率　　式3-37

在上式中,企业管理费费率的计算因计算基数不同,分为以下三种:

①以直接费为计算基数,其计算公式为

企业管理费费率=生产工人年平均管理费年有效施工天数×人工单价×人工费占直接费比率　　式3-38

②以人工费和机械费合计为计算基数,其计算公式为

企业管理费费率=生产工人年平均管理费年有效施工天数×(人工单价+每一工日机械使用费)×100%　　式3-39

③以人工费为计算基数,其计算公式为

企业管理费费率=生产工人年平均管理费年有效施工天数×人工单价×100%　　式3-40

(2)费用分析法。用费用分析法计算企业管理费就是根据企业管理费的构成,结合具体的工程项目确定各项费用的发生额,其计算公式为

企业管理费=管理人员工资+办公费+差旅交通费+固定资产使用费+工具用具使用费+劳动保险费+工会经费+职工教育经费+财产保险费+财务费+税金+其他　　式3-41

(三)利润

利润是指施工企业完成所承包工程获得的盈利。按照不同的计价程序,利润的形成也有所不同。在编制概算和预算时,依据不同投资来源、工程类别实行差别利润率。随着市场经济的进一步发展,企业决定利润率水平的自主权将会更大。在投标报价时,企业可以根据工程的难易程度、市场竞争情况和自身的经营管理水平自行确定合理的利润率。

(四)税金

税金是指国家税法规定的应计入建筑安装工程造价内的营业税、城市维护建设税及教育费附加等。

营业税的税额为营业额的3%。其中,营业额是指从事建筑、安装、修缮、装饰及其他工程作业收取的全部收入,还包括建筑、修缮、装饰工程所用原材料及其他物资和动力的价款,当安装设备的价值作为安装工程产值时,亦包括所安装设备的价款。但建筑业的总承包人将工程分包或转包给他人的,其营业额中不包括付给分包人或转包人的价款。

城市维护建设税的纳税人所在地为市区的,按营业税的7%征收;所在地为县镇的,按营业税的5%征收;所在地为农村的,按营业税的1%征收。

教育费附加为营业税的3%。

三、建筑工程项目造价与建筑工程项目成本

(一)造价与成本的区别

1.概念性质的不同

这是造价与成本的根本区别。造价是建筑产品的价格,是价值的货币表现,其构成是C+V+m;成本是建筑产品施工生产过程中的物质资料耗费和劳动报酬耗费的货币支出,其构成是C+K。

2.概念定义的角度不同

成本概念是从施工企业或项目经理部来定义的,主要为施工企业所关心,在市场决定产品价格的前提下,施工企业更关心的是如何降低成本,以争取尽可能大的利润空间;造价却具有双重含义,除了在施工企业眼中是建筑产品的价格之外,同时也是投资人的投入资金,是业主为获得建筑产品而支付的代价,故而投资人或业主甚至比施工企业更关心造价。

(二)造价与成本的联系

1.两者均是决定建筑工程项目利润的要素

简单看来,造价与成本的差额就是利润。作为施工企业来说,当然想在降低成本的同时,尽量提高承包合同价。企业只有同时搞好造价管理和成本管理

工作，才有可能盈利。片面地强调其中之一而忽视另一个，企业都不可能实现预期的利润。

2.两者的构成上有相同之处

通过上面的学习，我们已经看出，造价和成本构成中均有 C+F。可以认为，造价的构成项目涵盖了成本的构成项目。这就决定了对于施工企业来说，造价的确定、计量、控制与成本的预测、核算、控制是密不可分的。

第三节　建筑工程项目工程量清单计价

一、工程量清单计价的特点

工程量清单计价方法是一种区别于定额计价方法的新型计价模式，以招标人提供的工程量清单为平台，投标人根据自身的技术、财务、管理、设备等能力进行投标报价，招标人根据具体的评标细则进行优选。工程量清单计价方法是在建设市场建立、发展和完善过程中的必然产物，是市场定价体系的具体表现形式。

于2008年12月1日施行的《建设工程工程量清单计价规范》(GB50500—2008)适用于建设工程工程量清单计价，并规定：全部使用国有资金投资或国有资金投资为主的工程建设项目，必须采用工程量清单计价；非国有资金投资的工程建设项目，可采用工程量清单计价。

在工程量清单计价方法的招标方式下，由招标人根据统一的工程量清单项目设置规则和工程量清单计量规则编制工程量清单，鼓励投标人自主报价，招标人根据其报价，结合质量、工期等因素综合评定，选择最佳的投标企业中标。在这种模式下，标底不再成为评标的主要依据，甚至可以不编标底，从而在工程价格的形成过程中摆脱了长期以来的计划管理色彩，而由市场参与双方主体自主定价，符合价格形成的基本原理。

工程量清单计价真实反映工程实际，为把定价自主权交给市场参与方提供了可能。在工程招标投标过程中，投标人在投标报价时必须考虑工程本身的内容、范围、技术特点要求以及招标文件的有关规定、工程现场情况等因素，同时还必须充分考虑到许多其他方面的因素，如投标人自己制定的工程总进度计划、施工方案、分包计划、资源安排计划等。这些因素对投标报价有着直接而重大的影响，而且对每一项招标工程来讲都具有其特殊性的一面，所以应该允许投标人针对这些方面灵活机动地调整报价，以使报价能够比较准确地与工程实际相吻合。采用工程量清单计价能把投标定价自主权真正交给招标人和投标人，投标人才会对自己的报价承担相应的风险与责任，从而建立起真正的风险制约和竞争机制，避免合同实施过程中推诿和扯皮现象的发生，为工程管理提供方便。

二、工程量清单的组成

工程量清单是一套注有拟建工程各实物工程名称、性质、特征、单位、数量及措施项目、税费等相关表格组成的文件。工程量清单是招标文件的组成部分，是施工招标、投标的重要依据，一经中标且签订施工合同，工程量清单即成为施工合同的组成部分。工程量清单是工程量清单计价的基础，除了在施工招标、投标阶段作为编制招标控制价、投标报价的依据，还是施工阶段计算工程量、支付工程款、调整合同价款、办理竣工结算以及工程索赔等的依据。

根据《建设工程工程量清单计价规范》的规定（GB50500—2008），工程量清单应由分部分项工程量清单、措施项目清单、其他项目清单、规费项目清单、税金项目清单组成。

1.分部分项工程量清单

分部分项工程量清单的内容包括项目编码、项目名称、项目特征、计量单位和工程量。

分部分项工程量清单为不可调整的闭口清单。投标人对招标文件提供的分部分项工程量清单必须逐一计价，对清单所列内容不允许作任何更改变动。投标人如果认为清单内容有不妥或遗漏，只能通过质疑的方式由招标人作统一的修改更正，并将修正后的工程量清单发往所有投标人。

投标报价时，分部分项工程量清单采用综合单价计价。

2.措施项目清单

措施项目清单为可调整清单，即投标人根据拟建工程的实际情况并结合施工组织设计，对招标文件中所列措施项目可作适当的变更和增减，该清单一经报出，即被认为是包括了所有应该发生的措施项目的全部费用。如果报出的清单中没有列项，而施工中又必须发生的项目，招标人有权认为其已经综合在分部分项工程量清单的综合单价中，投标人不得以任何借口提出索赔与调整。

投标报价时，措施项目清单中的安全文明施工费应按照国家或省级、行业建设主管部门的规定计价，不得作为竞争性费用。措施项目清单中的其他项目由投标人自主报价。可以计算工程量的措施项目，应按分部分项工程量清单的方式采用综合单价计价；其余的措施项目可以以“项”为单位的方式计价，应包括除规费、税金外的全部费用。

3.其他项目清单

其他项目清单按暂列金额、暂估价(包括材料暂估价、专业工程暂估价)、计日工、总承包服务费等内容列项,还可根据工程实际情况补充项目。

投标人报价时,暂列金额、专业工程暂估价均应按招标人列出的金额填写;材料暂估价应按招标人列出的单价计入综合单价;计日工按招标人列出的项目和数量,投标人自主确定综合单价并计算计日工费用;总承包服务费根据招标文件中列出的内容和提出的要求由投标人自主报价。

4.规费项目清单

规费项目清单按工程排污费、工程定额测定费、社会保障费(包括养老保险费、失业保险费、医疗保险费)、住房公积金、危险作业意外伤害保险等内容列项。投标报价时,规费应按国家或省级、行业建设主管部门的规定计算,不得作为竞争性费用。

5.税金项目清单

税金项目清单按营业税、城市维护建设税、教育费附加等内容列项。投标报价时,税金应按国家或省级、行业建设主管部门的规定计算,不得作为竞争性费用。

三、工程量清单计价的程序

工程量清单计价的基本过程可以描述为:在统一的工程量清单项目设置的基础上,制定工程量清单计量规则,根据具体工程的施工图样计算出各个清单项目的工程量,再根据各种渠道所获得的工程造价信息和经验数据计算得到工程造价。

工程量清单计价的过程可以分为两个阶段:首先是招标人编制工程量清单,之后是投标人利用工程量清单来编制投标报价。投标人应按招标人提供的工程量清单填报价格,填写的项目编码、项目名称、项目特征、计量单位、工程量必须与招标人提供的一致。

投标报价的依据主要有:《建设工程工程量清单计价规范》(GB50500—2008);国家或省级、行业建设主管部门颁发的计价办法;企业定额、国家或省级、行业建设主管部门颁发的计价定额;招标文件、工程量清单及其补充通知、答疑纪要;建设工程设计文件及相关资料;施工现场情况、工程特点及拟定的投标施工组织设计或施工方案;与建设项目相关的标准、规范等技术资料;市场价格信息或工程造价管理机构发布的工程造价信息等。

产生投标报价的程序如下所述。

1.分部分项工程费

分部分项工程费＝Σ分部分项工程量×相应分部分项工程单价　　式3－42

在式中,分部分项工程单价由人工费、材料费、机械费、管理费、利润等组成,并考虑风险费用。

2.措施项目费

措施项目费＝Σ各措施项目费　　式3－43

3.其他项目费

其他项目费＝招标人部分金额＋投标人部分金额　　式3－44

4.单位工程报价

单位工程报价＝分部分项工程费＋措施项目费＋其他项目费＋规费＋税金　　式3－45

5.单项工程报价

单项工程报价＝Σ单位工程报价　　式3－46

6.建设项目总报价

建设项目总报价＝Σ单项工程报价　　式3－47

第四节 建筑工程项目造价管理

一、建筑工程项目造价管理的含义

建筑工程项目造价有两种含义,建筑工程项目造价管理也有两种管理。一是建筑工程项目投资管理,二是建筑工程项目价格管理。建筑工程项目造价计价依据的管理和建筑工程项目造价专业队伍建设的管理是为这两种管理服务的。

作为建筑工程项目的投资费用管理,它属于投资管理范畴。更明确地说,它属于工程建设投资管理范畴。这种管理侧重于投资费用的管理,而不是侧重工程建设的技术方面。建筑工程项目投资费用管理的含义是,为了实现投资的预期目标,在拟定的规划、设计方案的条件下,预测、计算、确定和监控建筑工程项目造价及其变动的系统活动。这一含义既涵盖了微观项目投资费用的管理,也涵盖了宏观层次投资费用的管理。

作为建筑工程项目造价第二种含义的管理,即建筑工程项目价格管理,属于价格管理范畴。在社会主义市场经济条件下,价格管理分两个层次。在微观层次上,是生产企业在掌握市场价格信息的基础上,为实现管理目标而进行的成本控制、计价、订价和竞价的系统活动。它反映了微观主体按支配价格运动的经济规律,对商品价格进行能动的计划、预测、监控和调整,并接受价格对生产的调节。在宏观层次上,是政府根据社会经济发展的要求,利用法律手段、经济手段和行政手段对价格进行管理和调控,以及通过市场管理规范市场主体价格行为的系统活动。这种双重角色的双重管理职能,是建筑工程项目造价管理的一大特色。区分两种管理职能,进而制定不同的管理目标,采用不同的管理方法是必然的发展趋势。

二、建筑工程项目造价管理的目标和任务

1.建筑工程项目造价管理的目标

建筑工程项目造价管理的目标是:按照经济规律的要求,根据社会主义市

场经济的发展形势,利用科学管理方法和先进管理手段,合理地确定造价和有效地控制造价,以提高投资效益和建筑安装企业经营效果。

2.建筑工程项目造价管理的任务

建筑工程项目造价管理的任务是:加强建筑工程项目造价的全过程动态管理,强化建筑工程项目造价的约束机制,维护有关各方面的经济效益,规范价格行为,促进微观效益和宏观效益。

三、建筑工程项目造价管理的基本内容

建筑工程项目造价管理的基本内容就是合理确定和有效地控制建筑工程项目造价。

(一)建筑工程项目造价的合理确定

所谓建筑工程项目造价的合理确定,就是在建设各个程序的各个阶段,合理确定投资估算、概算造价、预算造价、承包合同价、结算价、竣工决算价。

(1)在项目建议书阶段,按照有关规定编制的初步投资估算,经有关部门批准,作为拟建项目列入国家中长期计划和开展前期工作的控制造价。

(2)在可行性研究阶段,按照有关规定编制的投资估算,经有关部门批准,即为该项目的控制造价。

(3)在初步设计阶段,按照有关规定编制的初步设计总概算,经有关部门批准,即作为拟建项目工程造价的最高限额。

(4)在施工图设计阶段,按规定编制施工图预算,用以核实施工图阶段预算造价是否超过批准的初步设计概算。

(5)对以施工图预算为基础实施招标的工程,承包合同价也是以经济合同形式确定的建筑工程项目造价。

(6)在工程实施阶段要按照承包方实际完成的工程量,以合同价为基础,同时考虑因物价变动所引起的造价变更以及设计中难以预计的而在施工阶段实际发生的工程和费用,合理确定结算价。

(7)在竣工验收阶段,全面汇集在工程建设过程中实际花费的全部费用,编制竣工决算,如实体现该建筑工程项目的实际造价。

(二)建筑工程项目造价的有效控制

所谓建筑工程项目造价的有效控制，就是在优化建设方案、设计方案的基础上，在建设程序的各个阶段，采用一定的方法和措施把建筑工程项目造价的发生控制在合理的范围和核定的造价限额以内。具体说，要采用投资估算价控制设计方案的选择和初步设计概预算造价；用概预算造价控制技术设计和修正概算造价；用概算造价或修正概算造价控制施工图设计和预算造价。以求合理使用人力、物力和财力，取得较好的投资效益。控制造价在这里强调的是控制项目投资。

有效控制建筑工程项目造价应体现以下三个原则：

1.以设计阶段为重点的建设全过程造价控制

建筑工程项目造价控制贯穿于项目建设全过程，但是必须重点突出。很显然，建筑工程项目造价控制的关键在于施工前的投资决策和设计阶段，而在项目作出投资决策后，控制建筑工程项目造价的关键在于设计。据西方一些国家分析，设计费一般只相当于建设工程全部寿命费用的1%以下，但正是这少于1%的费用对建筑工程项目造价的影响度占75%以上。由此可见，设计质量对整个项目建设的效益是至关重要的。

长期以来，我国普遍忽视建筑工程项目前期工作阶段的造价控制，而往往把控制建筑工程项目造价的主要精力放在施工阶段——审核施工图预算、结算建设工程价款，算细账。这样做尽管也有效果，但毕竟是“亡羊补牢”，事倍功半。要有效地控制建设工程造价，就要坚决地把控制重点转到建设前期阶段上来，当前尤其应抓住设计这个关键阶段，以取得事半功倍的效果。

2.主动控制，以取得令人满意的结果

一般说来，造价工程师的基本任务是对建设项目的建设工期、建筑工程项目造价和工程质量进行有效的控制，为此，应根据业主的要求及建设的客观条件进行综合研究，实事求是地确定一套切合实际的衡量准则。只要造价控制的方案符合这套衡量准则，取得令人满意的结果，就可以说造价控制达到了预期的目标。

自20世纪70年代初开始，人们将系统论和控制论研究成果用于项目管理后，将“控制”立足于事先主动地采取决策措施，以尽可能地减少以至避免目标值与实际值的偏离，这是主动的、积极的控制方法，因此被称为主动控制。也就是说，我们的建筑工程项目造价控制，不仅要反映投资决策，反映设计、发包和施工,被动地控制建筑工程项目造价,更要能动地影响投资决策,影响设计、发包和施工,主动地控制建筑工程项目造价。

建筑工程项目造价的确定和控制之间,存在相互依存、相互制约的辩证关系。首先,建筑工程项目造价的确定是建筑工程项目造价控制的基础和载体。没有造价的确定,就没有造价的控制;没有造价的合理确定,也就没有造价的有效控制。其次,造价的控制寓于建筑工程项目造价确定的全过程,造价的确定过程也就是造价的控制过程,只有通过逐项控制、层层控制才能最终合理确定造价。最后,确定造价和控制造价的最终目的是统一的。即合理使用建设资金,提高投资效益,遵守价格运动规律和市场运行机制,维护有关各方合理的经济利益。可见两者是相辅相成的。

3.技术与经济相结合是控制建筑工程项目造价最有效的手段

要有效地控制建筑工程项目造价,应从组织、技术、经济等多方面采取措施。从组织上采取的措施,包括明确项目组织结构,明确造价控制者及其任务,明确管理职能分工;从技术上采取措施,包括重视设计多方案选择,严格审查监督初步设计、技术设计、施工图设计、施工组织设计,深入技术领域研究节约投资的可能;从经济上采取措施,包括动态地比较造价的计划值和实际值,严格审核各项费用支出,采取对节约投资的有力奖励措施等。

应该看到,技术与经济相结合是控制建筑工程项目造价最有效的手段。在项目建设过程中,把技术与经济有机结合,通过技术比较、经济分析和效果评价,正确处理技术先进与经济合理两者之间的对立统一关系,力求在技术先进条件下的经济合理,在经济合理基础上的技术先进,把控制建筑工程项目造价观念渗透到各项设计和施工技术措施之中。

(三)建筑工程项目造价管理的工作要素

建筑工程项目造价管理围绕合理确定和有效控制建筑工程项目造价这个基本内容,采取全过程全方位管理,其具体的工作要素大致归纳为以下各点。

(1)可行性研究阶段对建设方案认真优选,编好、定好投资估算,考虑风险,充分估计投资。

(2)择优选定工程承建单位、咨询(监理)单位、设计单位,做好相应的招标工作。

(3)合理选定工程的建设标准、设计标准,贯彻国家的建设方针。

(4)积极、合理地采用新技术、新工艺、新材料,优化设计方案,编好、定好概算，充分估计投资。

(5)择优采购设备、建筑材料，抓好相应的招标工作。

(6)择优选定建筑安装施工单位、调试单位，做好相应的招标工作。

(7)认真控制施工图设计，推行“限额设计”。

(8)协调好与各有关方面的关系，合理处理配套工作(包括征地、拆迁、城建等)中的经济关系。

(9)严格按概算对造价实行控制。

(10)用好、管好建设资金，保证资金合理、有效地使用，减少资金利息支出和损失。

(11)严格合同管理，做好工程索赔价款结算工作。

(12)强化项目法人责任制，落实项目法人对建筑工程项目造价管理的主体地位，在项目法人组织内建立与造价紧密结合的经济责任制。

(13)专业化、社会化咨询(监理)机构要为项目法人积极做好建筑工程项目造价提供全过程、全方位的咨询服务，遵守职业道德，确保服务质量。

(14)各造价管理部门要强化服务意识，强化基础工作(定额、指标、价格、工程量、造价等信息资料)的建设，为建设建筑工程项目造价的合理确定提供动态的可靠依据。

(15)完善造价工程师执业资格考试、注册及继续教育制度，促进工程造价管理人员素质和工作水平的提高。

四、造价工程师执业资格制度

造价工程师执业资格制度是工程造价管理的一项基本制度。1996 年 8 月，国家人事部、建设部联合发布了《造价工程师执业资格制度暂行规定》，明确国家在工程造价领域实施造价工程师执业资格制度。凡从事工程建设活动的建设、设计、施工、工程造价咨询、工程造价管理等单位和部门，必须在计价、评估、审查(核)、控制及管理等岗位配备有造价工程师执业资格的专业技术人员。

注册造价工程师，是指通过全国造价工程师执业资格统一考试或者资格认定、资格互认，取得中华人民共和国造价工程师执业资格，并经注册取得中华人民共和国造价工程师注册证书和执业印章，成为从事工程造价活动的专业人员。未取得注册证书和执业印章的人员，不得以注册造价工程师的名义从事工程造价活动。

(一)注册造价工程师的执业范围

2008 年 3 月 1 日起施行的《注册造价工程师管理办法》规定,注册造价工程师的执业范围如下。

(1)建设项目建议书、可行性研究投资估算的编制和审核,项目经济评价,工程概、预、结算及竣工结(决)算的编制和审核。

(2)工程量清单、标底(或者控制价)、投标报价的编制和审核,工程合同价款的签订及变更、调整,工程款支付与工程索赔费用的计算。

(3)建设项目管理过程中设计方案的优化、限额设计等工程造价分析与控制,工程保险理赔的核查。

(4)工程经济纠纷的鉴定。

(二)注册造价工程师的权利

注册造价工程师享有下列权利。

(1)使用注册造价工程师名称。

(2)依法独立执行工程造价业务。

(3)在本人执业活动中形成的工程造价成果文件上签字并加盖执业印章。

(4)发起设立工程造价咨询企业。

(5)保管和使用本人的注册证书和执业印章。

(6)参加继续教育。

(三)注册造价工程师的义务

注册造价工程师应当履行下列义务。

(1)遵守法律、法规、有关管理规定,恪守职业道德。

(2)保证执业活动成果的质量。

(3)接受继续教育,提高执业水平。

(4)执行工程造价计价标准和计价方法。

(5)与当事人有利害关系的,应当主动回避。

(6)保守在执业中知悉的国家秘密和他人的商业、技术秘密。

(四)注册造价工程师的技能结构

注册造价工程师是建设领域工程造价的管理者,它的执业范围和担负的重要任务，要求它必须具有现代管理人员的技能结构，即技术技能、人际技能和概念技能。技术技能是指能使用由经验、教育及训练上获得的知识、方法、技能及设备来完成特定任务的能力；人际技能是指与人共事的能力和判断力；概念技能是指了解整个组织及自己在组织中的地位的能力，使自己不仅能按本身所属的群体目标行事，而且能按整个组织的目标行事。

第四章　建筑工程成本控制

第一节　建筑工程项目成本控制概述

一、工程项目成本控制的含义和目的

建筑施工企业是通过招投标竞争获得施工项目承包权，经过谈判最终与项目发包人签订施工合同。合同一旦签订就确定了施工项目的合同价款。承包人的经济利益只能在项目完成过程中通过成本控制来实现。另外，施工项目是一次性的活动，在施工期间项目成本能否降低，经济效益目标能否实现都取决于承包者对项目的管理。因此，确保项目一次成功，获取相应的经济利益，就必须加强项目实施阶段的成本控制。

（一）工程项目成本控制的含义

工程项目成本控制是指在成本形成过程中，按照合同规定的条件和事先制订的成本计划，对所发生的各项费用和支出，按照一定的原则进行指导、监督、调节和限制，对即将发生和已经发生的偏差进行分析研究，并及时采取有效措施控制纠正，以保证实现或超出规定的成本目标。

（二）工程项目成本控制的目的

工程项目成本控制的目的是实现“项目管理目标责任书”中的责任目标。项目经理部通过优化施工方案和管理措施，确保在计划成本范围内完成质量符合规定标准的施工任务，以保证预期利润目标的实现。简而言之，工程项目成本控制就是降低项目成本、提高经济效益。

二、建筑工程项目成本控制的原则

(一)政策性原则

政策性原则是指成本控制必须严格遵守国家的方针、政策、法律、法规。维护财经纪律。要正确处理好国家、集体和个人三者之间关系;当前利益和长远利益之间关系;成本和质量之间关系。因此,在进行成本控制时应遵守着眼长远利益,服从国家集体利益,质量第一的原则。政策性原则是成本控制的重要原则,施工单位负责人和成本管理员必须严格把守,绝不能用降低工程质量的方法来降低成本,更不能偷工减料,《建设工程质量管理条例》中对违反质量的行为做出了相应处罚规定。

(二)效益性原则

效益是指经济效益和社会效益两个方面。成本控制的目的是为了降低成本、提高企业的经济效益和社会效益。质量提高,保修费用随之降低,工期提前,可提高社会效益,因此,每个企业在成本控制中,必须科学地处理进度、成本和质量三者关系。

(三)全面性原则

全面性原则是指在成本控制中要对成本进行全面控制,全面性原则有两个含义:一是指全员参与成本控制,成本是一个综合性指标,涉及工程项目建设的各个部门、施工队组以及全体职工,因此,要求所有人都要关心成本,按计划进行成本管理;二是全过程的成本控制,施工项目是指自工程施工投标开始到保修期满为止的全过程中完成的项目。其中,要经过施工准备、施工过程、竣工验收、交付使用等各阶段,每一个阶段都会产生成本,因此,要在全过程各阶段制订成本计划并按计划严格控制。

(四)责、权、利相结合

在确定项目经理和制订岗位责任制时,就决定了从项目经理到每一个管理者和操作者,都有自己所承担的责任,而且被授予了相应的权利、给予了一定的利益，这就体现了责、权、利相结合的原则。“责”是指完成成本控制指标的责任，“权”是指责任承担者为了完成成本控制目标所必须具备的权限；“利”是指根据成本控制目标完成的情况，给予责任承担者相应的奖惩。在成本控制中，有“责”就必须有“权”，否则就完不成分担的责任，起不到控制的作用；有“责”还必须有“利”，否则就缺乏推动履行责任的动力。总之，在项目的成本控制过程中，必须贯彻“责、权、利”相结合的原则。调动管理者的积极性和主动性，使成本控制工作做得更好。

（五）目标分解控制原则

建筑施工企业的项目经理对成本管理负完全责任，在经理领导下，将成本计划目标加以分解，逐一落实到各部门和各施工队及个人，进行层层控制，分级负责，形成一个成本控制网，在施工中不断检查执行结果，发现偏差，分析原因，并及时采取纠正措施。

（六）例外管理原则

例外管理是指企业管理人员对于成本控制标准以内问题，不必逐项过问，而应集中力量注意脱离标准差异较大的“例外”事项。这种例外管理原则是管理中较常用的一种方法，具有一定的科学性。建筑施工项目管理工作十分复杂，管理人员如果一一过问，必将分散精力，事倍功半，效果不佳。因此，在成本控制中应注意集中力量抓住“例外”事项，解决主要矛盾。

在项目施工过程中，例外事项一般有以下四种情况：

(1)成本差异金额较大的事项。如工资、奖金往往超支甚多。

(2)某些项目经常在成本控制线上下波动的事项。间接费中的办公费、差旅费等往往超支较多，难以控制，但是如果加大力度控制，又可不超支或超支较少。

(3)影响企业决策的事项。本地区工程不多，各施工企业竞争激烈，为了得到工程施工承包权，各施工企业都尽量压低标价，大大地影响企业的收入。

(4)性质严重的事项。如严重质量事故，是指施工企业发生重大经济损失。

三、工程项目成本控制的对象和内容

(一)工程项目成本控制的对象

1.以工程项目成本形成过程作为成本控制的对象

施工项目形成的过程就是成本形成的过程,一个施工项目周期包括投标阶段,施工准备阶段,施工阶段,竣工、交工和保修阶段。项目经理部应对各阶段全过程进行全面的控制。各阶段的控制内容如下:

(1)施工投标阶段。应根据建设项目概况和招标文件,对项目成本进行预测控制,提出投标决策的意见。

(2)施工准备阶段。应结合设计图样的自审、会审和其他资料,编制合理的施工组织设计方案。根据施工组织设计方案编制一个经济上合理、技术上先进的施工管理大纲,依据大纲编制成本计划,并且对目标成本进行风险分析,对成本进行事前控制。

(3)施工阶段。应根据施工预算、施工定额和费用开支标准等对实际发生的费用进行控制;还要依据企业制定的《劳务工作管理规定》《机械设备租赁管理办法》《工程项目成本核算管理标准》等制度进行制度控制;由于业主或设计的变更,对变更后的成本调整进行控制。

(4)竣工、交工和保修阶段。对竣工验收过程中所发生的费用和保修期内的保修费和维修费进行控制。

2.以施工项目的职能部门、施工队组作为成本控制的对象

项目成本由直接费和间接费组成。直接费是指过程项目实体的费用;间接费是指企业为组织和管理施工项目而分摊到该项目上的经营管理费。这些费用每天都会发生,而且都发生在项目经理部各部门、各施工队和各班组。项目成本控制的具体内容是控制每天所发生的各种费用或损失。因此,项目经理部应把各部门,各施工队、组作为成本控制的对象,对他们进行指导、监督、检查和考核。

3.以分部分项工程作为成本控制的对象

根据项目目标分解,一个单位工程划分为若干分部工程,每个分部工程又包含许多分项工程。因此,施工项目还必须把分项工程和分部工程作为成本控制的对象。编制分项分部工程施工预算,作为成本控制的依据。

(二)工程项目成本控制的内容

工程项目成本控制的内容一般包括成本预测、成本决策、成本计划,成本控制、成本核算、成本分析、成本考核七个环节。

(1)成本预测。成本预测是成本管理中实现成本管理的重要手段。项目经理必须认真做好成本预测工作,以便于在日后的施工活动中对成本指标加以有效地控制,努力实现制订的成本目标。

(2)成本决策。项目经理部根据成本预测情况,经过科学的分析、认真的研究,决策出建筑施工项目的最终成本。

(3)成本计划。成本计划以货币化的形式编制项目施工在计划工期内的费用、成本水平、降低成本的措施与方案。成本计划的编制要符合实际并留有一定的余地。成本计划一经批准,其各项指标就可以作为成本控制、成本分析和成本考核的依据。

(4)成本控制。成本控制是加强成本管理和实现成本计划的重要手段。科学的成本计划,如果不加强控制力度,那么难以实现,难以保证成本目标的实现。施工项目的成本控制应贯穿于整个过程。

(5)成本核算。成本核算是对施工项目所发生的费用支出和工程成本形成的核算。项目经理部应认真组织成本核算工作。成本核算提供的费用资料是成本分析、成本考核和成本评价以及成本预测和决策的重要依据。

(6)成本分析。成本分析是对施工项目实际成本进行分析、评价,为以后的成本预测和降低成本指明努力方向。成本分析要贯穿于项目施工的全过程。

(7)成本考核。成本考核是对成本计划执行情况的总结和评价。建筑施工项目经理部根据现代化管理的要求,建立健全成本考核制度,定期对各部门完成的成本计划指标进行考核、评比,并把成本管理经济责任制和经济利益结合起来。通过成本考核有效地调动职工的积极性,为降低施工项目成本,提高经济效益,做出自己的贡献。

四、工程项目成本控制的程序

《建设工程项目管理规范》(GB/T 50326—2017)规定了成本控制的基本程序。

(1)企业进行项目成本预测。

(2)项目经理部编制成本计划。

(3)项目经理部实施成本计划。

(4)项目经理部进行成本核算。

(5)项目经理部进行成本分析并编制月度及项目的成本报告。

(6)编制成本资料并规定存档。

第二节 工程项目成本计划

一、工程项目成本计划的作用

工程项目成本计划是项目成本管理的重要环节,正确编制项目成本计划对项目成功具有重要的作用。

(1)工程项目成本计划是对项目实际成本进行控制、分析和考核的重要依据。成本控制的最终目的是降低成本,要降低成本就必须通过成本计划工作确定施工项目的成本控制的目标,成本计划的最终成果可作为对工程实际成本进行事前预计、事中检查和事后考核评价的重要依据。建筑施工项目成本计划一经确定,就应层层落实到各部门和各施工班组,并应定期对已完工程实际成本与计划成本进行分析比较,找出存在的偏差,并分析产生偏差的原因,及时采取措施适时调整成本计划,以保证施工项目成本控制的各项目标得以实现。

(2)工程项目成本计划是施工单位编制核算其他有关经营计划的基础。项目具有整体性,每个项目都是一个完整的体系,有自己一整套的计划。例如资源计划、进度计划、成本计划、资金流动计划和质量计划等。在整个计划体系中,成本计划与其他各计划密切相连。它们既有独立性又相互依存、相互制约。例如,编制企业流动资金计划必须有成本计划作为依据,成本计划的编制又必须以施工方案、物价和价格计划等为基础,同时还必须结合进度计划和质量计划。因此,正确编制建筑施工项目成本计划是综合平衡企业经营计划的重要保障。

(3)工程项目成本计划的编制可以动员全体职工深入开展增产节约、降低成本的活动。成本计划是全体职工共同奋斗的目标。为了保障成本目标的实现,必须依靠全体人员,尤其是广大施工人员,他们身处施工第一线,最了解施工成本的运营情况。因此,要把成本计划层层落实到部门、到人,达到人人都了解成本计划,把成本计划作为施工目标,利用评比和奖惩制度调动广大职工的积极性,开展增产节约、降低成本活动,努力完成项目成本控制目标。

二、工程项目成本计划编制的要求

(1)根据国家的方针、政策、公司的要求,从实际出发,使计划编制既积极先进,又留有余地。

(2)要贯彻勤俭办企业的方针、厉行节约、反对铺张浪费。

(3)编制施工项目成本计划必须以先进的技术经济措施为依据。

三、工程项目成本计划的编制方法

(一)中标价调整法

中标价调整法是施工项目成本计划编制常用的一种方法,具体如下。

(1)根据已有的投标、中标和概预算资料,确定中标合同价与施工图概预算价款的总价差额。

(2)根据技术组织措施计划确定技术组织措施带来的项目节约数。

(3)对实际成本可能明显超出或低于定额的主要分部、分项工程,按实际状况估算出实际成本与定额水平之间的差。

(4)充分考虑项目实施中各种风险发生的可能性及造成的影响程度,综合考虑各种因素对成本加以调整,得出一个综合影响系数。

(5)最终计算建筑工程施工项目的目标成本降低额和降低率。

目标成本降低额与总价差额①、项目节约数②、实际成本与定额水平之差③、中标价④、综合影响系数有关⑤。具体计算方法如下:

目标成本降低额=[①+②±③]×[④+⑤]　　式4－1

目标成本降低率=(目标成本降低额/项目预算成本)×100%　　式4－2

(二)概预算法

施工图预算是指根据施工图样中的工程实物量,进行工料分析,并套以施工工料耗费定额,计算工料耗费量,进行工料汇总,然后统一以货币形式反映其施工生产耗费水平。各职能部门以工程施工图预算的工料分析作为成本计划的依据,根据实际水平和要求,由各职能部门分别计算各项成本,最终做出整个项目的成本计划。

1.项目成本目标分解

建筑工程项目目标分解的方法主要有按成本组成分解、按子项目分解、按时间分解三种。

(1)按成本组成分解的成本计划,如图 4－1 所示。

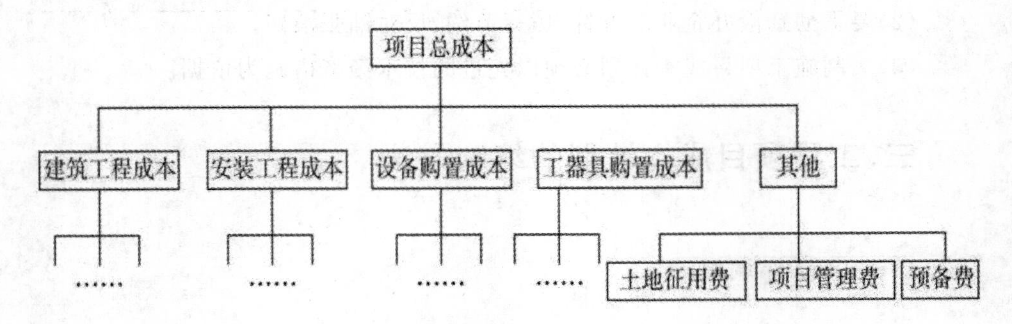

图 4－1　按成本组成分解成本目标

(2)按子项目分解的成本目标,如图 4－2 所示。

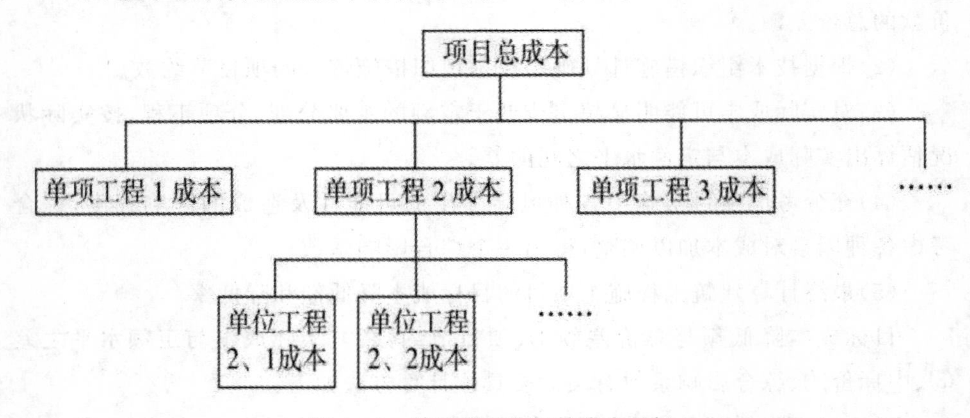

图 4－2　按子项目分解的成本目标

(3)按时间进度分解的成本计划。建筑工程具有周期长的特点,施工又是分阶段进行的,资金的使用与时间有密切联系。为了合理使用项目资金,尽量减少资金占用和利息支出,就必须把项目成本计划与进度计划联系在一起。一般可以在进度计划的基础上利用时标网络图编制成本计划。

在成本计划的编制中,三种方法不是完全独立的,往往是把几种方法结合起来编制成本计划才更具有可行性,例如把按成本组成分解和按子项目分解结合起来,可以扬长避短,有助于检查各单项工程和各单位工程的成本组成是否完整,有无重复计算或漏项等,并可以检查各项支出是否明确。

2.实际计算

(1)人工费的计划成本。人工费的计划成本计算式为

人工费的计划成本=计划用工量×实际水平的工资率　　式4—3

其中　计划用工量=$\sum$(某项工程量×工日定额)　　式4—4

工日定额可根据实际水平,考虑先进性,适当提高定额。

(2)材料费的计划成本。材料费的计划成本计算式为

材料费的计划成本=$\sum$(主要材料的计划用量×实际价格)+$\sum$(装饰材料的计划用量×实际价格)+$\sum$(周转材料的使用量×日期×租赁单价)+$\sum$(构件的计划用量×实际价格)+其他材料成本　　式4—5

(3)机械使用费的计划成本。机械使用费的计划成本计算式为

机械使用费计划成本=$\sum$(施工机械的计划台班数×规定的台班单价)　　式4—6

或　机械使用费计划成本=$\sum$(施工机械计划使用台班数×机械租赁数)+机械施工用电的电费　　式4—7

(4)其他直接费的计划成本。由施工生产部门和材料部门共同编制。计算时,应注意既不要与工料基本费重复,也不要漏项。

(5)间接费的计划成本。由财务成本核算人员计算。一般根据计划职工平均人数和已有的成本资料及降低成本措施,按人均支出数进行预测。

四、成本计划的编制成果

1.成本计划的编制成果

成本计划的编制成果主要有:

(1)成本计划表。

(2)成本模型。成本—时间表和曲线,即成本的强度计划曲线。它表示各时间段上工程成本的计划完成情况。累计成本—时间表和曲线,即S曲线或香蕉线,它又被称为项目的成本模型。

(3)相关的其他计划。例如,资金的支付计划、工程款收入计划、现金流量计划和融资计划等。

2.成本计划表

成本计划可以通过各种成本计划表的形式,将成本降低任务落实到整个项目的施工过程,并借以在项目实施过程中实现对建筑施工项目成本的控制。常用的成本计划表有建筑施工项目成本计划总表、降低成本技术组织措施计划表、降低项目成本计划表。

(1)建筑施工项目成本计划总表。建筑施工项目成本计划总表全面反映项目在计划工期内工程施工的预算成本、计划成本、计划成本降低额和计划成本降低率。如果施工项目经理在同一地区同时具有两个及两个以上的施工项目,则应先分别编制各项目的成本计划表,然后加以汇总成为项目计划总表。成本降低能否实现,主要取决于施工过程所采取的技术措施。因此,计划成本降低额要根据降低成本技术组织措施计划表、降低项目成本计划表和间接费用计划表来填写。

(2)降低成本技术组织措施计划表。降低成本技术组织措施计划是降低成本的依据,它是反映各项节约措施及经济效益的文件。降低成本技术组织计划,一般由项目经理部有关人员参照计划年度前预计的施工任务和降低成本任务,结合本单位技术组织措施,预测经济效益来编制的。编制降低成本技术组织措施计划的目的,是为了在不断采用新工艺、新技术的基础上,提高施工技术水平和管理水平,保证施工项目降低成本任务的完成。技术组织措施计划表主要包括三个内容。

①计划其采取的技术组织措施的项目和内容。

②该项措施涉及的对象。

③经济效益的计算及对各项费用的成本降低额。

(3)降低项目成本计划表。降低项目成本计划是根据企业下达的该项目降低成本任务和该项目经理部自己确定的降低成本指标而编制的。此计划一般由项目经理部有关人员编制,编制的依据是项目总包和分包的分工,项目中的各有关部门提供的降低成本资料及技术组织措施计划。编制时,要注意参照企业内、外以往有关同类计划的实际执行情况。

3.成本模型

通过在网络进度计划分析的基础上,将计划成本分解落实到网络上的各项工程活动,并将计划成本在相应的工程活动的持续时间上平均分配,就可以获得“成本—时间”计划成本,把这种成本计划称为项目成本模型,一般有“成本—时间曲线”,即成本的强度计划曲线和“累计成本—时间曲线”,即 S 曲线或香蕉线。

(1)成本—时间曲线。表示各时间段上工程成本的计划完成情况。

其作图方法：

①首先，做出分部工程的横道图。

②确定各工作的计划成本。

③做成本—工期直方图。

④计算各期期末的计划成本累计值，并绘制曲线。

(2)累计成本—时间表和曲线，即S曲线或香蕉线。通过对建筑工程项目成本目标按时间进行分析，在网络计划的基础上可编制成本计划。把时间和成本的关系用S曲线表示出来。项目实施过程中，可根据该曲线图形进行资金筹措和利用。

(3)相关的其他计划。如资金的支付计划、工程款收入计划、现金流量计划和融资计划等。

①资金的支付计划。建筑施工项目成本计划是按照进度计划确定的成本消耗情况。但是，建筑承包商对工程资金的支取并不与工程进度完全同步。承包商可能超前支出，如购买建筑材料时，先付一笔定金，到货后付清余款；也可能滞后，如在材料供应一段时间后付清材料款等。因此，工程资金的支付计划要按照施工生产活动过程中实际可能发生的支出时间及数额编制。资金支付计划包括：人工费支付计划；材料费支付计划；设备费支付计划；分包工程款支付计划；现场管理费支付计划；其他费用支付计划，如保险费、利息等。

②工程款收入计划。承包商的工程款收入计划即为业主的工程款支付计划。它与两个因素有关，一是工程进度，即按照成本计划确定的工程完成的状况；二是合同确定的付款方式。付款方式通常有：工程预付款方式、按工程进度付款、按形象进度分阶段付款和其他方式(承包商垫资，工程结束后支付或由工程本身的收益支付等)。在工程中，常采用的是按形象进度付款方式，按形象进度分阶段支付的工程收入款和资金支付情况。

第三节　工程项目成本控制方法及偏差分析

一、工程项目成本控制的方法

成本控制的方法有很多种，每一阶段所采用的方法不同，先简单介绍几种常用的成本控制的方法。

（一）曲线法

曲线法又称赢值法，是一种测量费用实际情况的方法。它通过进度计划比较实际完成工程与原计划应完成的工程，从而确定实际费用与计划费用是否存在偏差。用曲线法进行成本分析具有形象、直观的优点，用它作定性分析可得到令人满意的结果。

某工程的三种成本参数曲线，如图 4－3 所示。图中，曲线 a 表示已完工程实际成本。已完工程实际成本是指在某一给定时间内完成的工程内容所实际发生的成本。曲线 b 表示已完工程计划成本。已完工程计划成本是指在某一给定时间内实际完成的工程内容的计划成本。曲线 p 表示拟完工程计划成本。拟完工程计划成本是指根据进度计划在某一给定时间内所应完成的工程内容的计划成本。

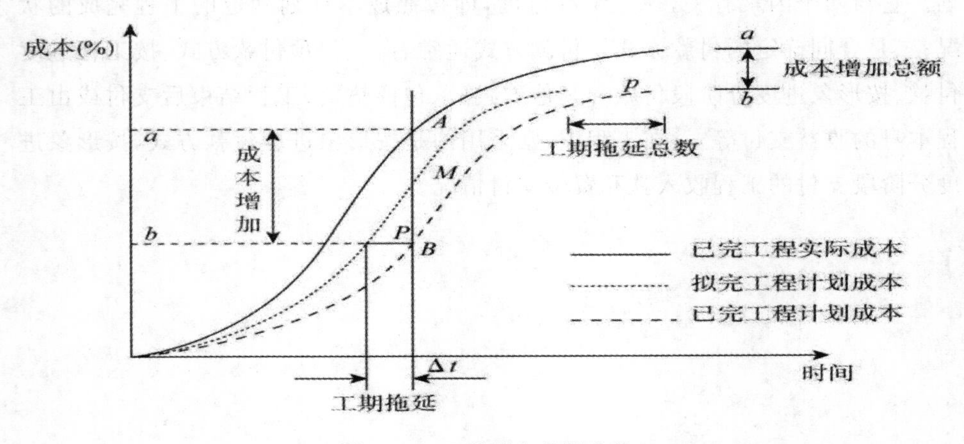

图 4－3　三种成本参数曲线

从图中可见，在某一时间进行检查，已完工程计划成本为 b，但已完工程实际成本为 a，成本增加了 $a-b$。工程完成日期为 t_b，计划工期为 t_p，工期拖延了 Δt。经过偏差分析，找出影响费用偏差的原因，并对后续工作进行合理的成本预测，估计出总的成本增量和工期拖延总数。

（二）成本分析法

成本分析的指标很多，要根据具体对象综合地分析进度、工期、成本、质量、效率等参数，得出所必需的进度偏差、成本偏差。常用的偏差表示有：

(1)成本偏差。成本偏差的计算公式为

成本偏差 1＝已完工程实际成本－拟完工程计划成本　　　式 4－8

成本偏差 2＝已完工程实际成本－已完工程计划成本　　　式 4－9

由于在实际工程施工过程中，有许多影响因素发生，造成实际进度与计划进度不能同步，所以成本偏差 1 没有实际意义，只用成本偏差 2 表示成本偏差。由于进度与成本之间有密不可分的关系，所以还要引入进度偏差的概念。

(2)进度偏差。进度偏差的计算公式为

进度偏差＝拟完工程计划成本－已完工程计划成本　　　式 4－10

进度偏差为正值表示工期拖延，进度偏差为负值表示工期提前。

(3)局部偏差和累计偏差。局部偏差有两个含义，一个含义是指对于整个项目而言，各单项工程、单位工程以及分部分项工程的成本偏差；另一个含义是指对于项目实施的时间而言，某一控制周期内所发生的成本偏差。

累计偏差是指各局部偏差综合分析累计所得的偏差。其结果能显示出整个工程成本偏差的规律性，对成本控制具有一定的指导意义。

(4)绝对偏差和相对偏差。绝对偏差是指成本计划值与实际值比较所得到的差额。绝对偏差的结果很直观，有助于成本管理人员了解成本偏差的绝对数额，并以此为依据，制订成本支出计划和资金筹措计划。但绝对偏差具有一定的局限性，因此引入相对偏差的概念。

相对偏差＝绝对偏差/费用计划值＝费用计划值－费用实际值/费用计划值　　　式 4－11

(5)偏差程度。成本偏差程度计算公式为

成本偏差程度＝成本实际值/成本计划值　　　式 4－12

进度偏差程度＝拟完工程计划成本/已完工程计划成本　　　式 4－13

（三）横道图法

横道图法是用不同的横道标识已完工程计划成本、拟完工程计划成本和已完工程实际成本，横道的长度与其金额成正比关系。这种表示方法具有形象、直观、一目了然的优点，它能够准确表达出成本的绝对偏差，而且能直接表达出成本偏差的严重性。但是它反映出的信息量较少。

（四）表格法

表格法是将项目编号、名称、各项成本参数、成本偏差参数综合绘入一张表格中，直接在表格中进行比较，让管理者综合地了解并处理这些数据。

表格法的优点：

(1)灵活，适应性强。可根据实际需要自己设计表格、适当增减项目。

(2)信息量大。可反映偏差分析所需资料、有利于成本管理人员及时正确地控制成本。

(3)表格处理可借助于计算机，便于微机化管理，节省人力，提高工作效率。

二、偏差原因分析

偏差分析的目的是要找出引起偏差的原因，从而有针对性地采取措施，减少或避免相同原因的再次发生。在偏差分析时，常采用的有因果分析法（树枝图法）和因素替换法。

1.因果分析法

用因果分析法对建筑施工项目成本偏差进行分析时，首先要明确项目成本偏差的结果，再找出主要的影响因素也就是大原因，从而找出大原因背后的中原因，中原因后的小原因及更小原因。把原因进行归档、总结，最后找出主要原因并做显著记号，作为制订降低成本措施的依据。成本偏差的大原因主要有物价变动、设计原因、业主原因、施工原因和某些客观原因五大方面，每一方面又有具体的原因。

2.因素替换法

因素替换法可以用来测算和检验有关影响因素对项目成本作用力的大小，从而找出产生实际成本偏离计划成本根源。其具体做法是：当项目成本受几项因素影响时，先假定一个因素变动，其他因素不变，计算出该因素的影响效应；

然后，依次再替换第二个、第三个、……因素，从而确定每一个因素的影响额。

三、降低成本的措施

通过成本分析确定了项目成本偏差的原因，就必须采取有针对性的纠偏措施。常用的措施有组织措施，即从成本控制的管理方法上采取措施；经济措施，即加强成本计划的编制与实施；技术措施，即从施工方案角度应多做几个施工方案并进行技术经济比较；合同措施，加强索赔管理，加强日常合同管理。

工程施工中，主要从项目生产要素的各个方面考虑降低成本的措施。

(1)加强施工管理，提高施工组织水平。正确选择施工方案，合理布置施工现场；采用先进的施工方法和施工工艺，不断提高工业化、现代化水平，组织均衡生产，搞好现场调度和协作配合；认真、细致地做好竣工收尾工作，加快工程进度，缩短工期。

(2)加强技术管理，提高工程质量。研究推广新产品、新技术、新工艺、新结构类型、新材料及新的施工机械设备，制订并认真贯彻降低项目成本技术组织措施，提高经济效益；加强施工过程的技术质量检验制度，提高工程质量，避免因质量问题需返工、加固、修缮所带来的成本损失。

(3)加强劳动工资管理，提高劳动生产率。改善劳动组织，根据进度及工程量合理使用劳动力，减少窝工浪费；执行劳动定额，实行合理的工资和奖励制度；加强操作工人的技术教育和业务培训工作，提高工人的文化素质和操作熟练程度；加强劳动纪律，提高工作效率，压缩非生产用工和辅助用工，严格控制非生产人员比例。

(4)加强机械设备管理，提高机械使用率。根据工程特点和机械性能，合理选用机械设备，搞好机械设备的保养和维修，提高机械的完好率、利用率和使用效率，从而加快施工进度、增加产量、降低机械使用率。

(5)加强材料管理，节约材料费用。认真做好材料的采购、运输、储存和使用工作，减少各环节的损耗；合理堆置现场材料，组织分批进场，避免和减少二次搬运；严格材料进场验收和限额领料制度；制订并贯彻节约材料的技术措施，合理使用材料，搞好节约代用、修旧利废和废料回收，综合利用一切资源。

(6)加强成本管理，节约管理成本。建立精干的管理组织机构，减少管理层次，压缩非生产人员，实现定额管理，制定分项分部门的定额指标，有计划地控制各项成本开支。

(7)积极采用降低成本的新管理技术。利用系统工程、工业工程、全面质量管理、价值工程等。其中,价值工程是寻找降低成本的有效途径。

四、未完工程成本的预测

项目施工过程中定期进行成本检测,将实际成本与计划成本进行比较,若发现偏差,通过以上方法对成本偏差原因进行分析,找出主要影响因素。因此,人们要考虑到各项影响因素对后续工程有无影响,影响程度如何,后续工作成本会发生哪些变化,未完工程成本模型有何变化,必须做成本预测,以便于提前做好资金准备,相应调整资金计划,避免由于资金缺乏,造成工期拖延或停工。

1.预测未完成本注意的事项

(1)各成本参数、偏差参数及其他有关数据,是成本预测的基础。

(2)各种偏差发生的频率及其影响程度。在预测时必须将有关条件分清主次加以简化。

(3)各种客观原因的变化趋势。

(4)进度偏差的影响。成本偏差一般都伴有一定程度的进度偏差,应将两者有机结合。

2.预测未完成本的方法

(1)时间序列分析预测方法。

(2)线性回归预测法。

(3)期望偏差预测法。

(4)偏差因素分析预测法。

五、工程项目质量成本的控制

1.工程项目质量成本的概念

《质量管理体系基础和术语》(GB/T 19000—2016)把质量成本定义为:“为了确保和保证满意的质量而发生的费用及没有达到满意的质量所造成的损失。”也可以理解为:在项目质量控制中,为了保证和提高施工项目质量所支付的一切成本,以及未达到项目质量标准而产生的一切损失成本之和。施工质量成本占产品总成本的比例因项目不同而不尽相同,最少的仅占1%～2%,最高的可达10%左右。由于质量成本占的比例有限,要想通过降低质量成本影响总成本而取得更大的利润，作用是有限的。但是，通过开展质量成本控制工作，可以看到施工项目质量与管理问题的薄弱环节，提醒管理者采取措施，提高经济效益。

2.工程项目成本质量的构成

工程项目质量成本包括内部故障质量成本、外部故障质量成本、工程鉴别成本和工程预防成本四项。

(1)内部故障质量成本。内部故障质量成本是指在建筑施工项目竣工前，由于项目自身缺陷而造成的损失，以及处理缺陷所发生的成本之和。如废品损失费、返工损失费、停工损失费和事故分析处理费等。

(2)外部故障质量成本。外部故障质量成本是指工程交工后，因项目质量缺陷而发生的一切费用。如申诉受理费、回访保修费和施工索赔费等。

(3)工程鉴别成本。工程鉴别成本是指为了确保施工项目质量达到项目质量标准要求，对工程项目自身及材料、构件和设备进行质量鉴定所需要的一切费用。如材料检测费、工序检验费、竣工检查费、机械设备试验和维修费等。

(4)工程预防成本。工程预防成本是指为了确保施工项目质量而采取预防措施所产生的费用，即为使故障质量成本和鉴别成本减到最低限度所需要的一切成本。如项目质量规划费、新材料或新工艺评审费和工序能力控制费，以及研究费、质量情报费和质量教育培训费等。

3.建筑施工项目质量成本分析

一般情况下，如果增加预防成本，就可以提高项目质量和降低不合格品率，并减少内部故障损失和外部故障损失；反之，若减少预防成本，将使项目质量下降和不合格品率上升；这样势必增加鉴别成本、内部故障质量成本和外部故障质量成本，并使项目质量总成本急剧增加。但是，预防成本并不是越高越好，当项目质量已达到一定标准量，若再进一步提高其质量，承建单位将会付出高昂代价。也就是，项目质量提高引起的内部和外部故障质量成本的减少弥补不了所增加的预防成本，项目质量总成本反而增加，这时增加的预防成本已属得不偿失。

由此可知，项目施工质量成本分析，就是对其组成项目在质量成本中应占比例进行分析，并寻求一最佳比例构成；即当内部故障质量成本、外部故障质量成本、工程鉴别成本和预防成本之和最低时所构成的施工质量成本。通过施工质量成本分析，也可以找出影响项目成本的关键因素，从而提出改进项目质量和降低项目成本的途径。

4.工程项目质量成本计划

工程项目质量成本计划是指为了达到合同规定的质量标准,而对适宜的质量成本的策划与安排。它是质量成本控制的标准质量成本计划编制的依据,质量成本理论上应是故障成本和预防成本之和最低时的值,即成本最佳值。编制质量成本计划时,还应考虑本企业或本项目的实际管理能力、生产能力和管理水平,参考本企业质量管理和质量成本管理的历史资料综合编制。质量成本计划编制程序如下。

(1)收集资料进行预测预控,确定目标成本。

(2)确定质量成本控制总额。

(3)将质量成本率按目标成本分解到具体目标上。

(4)编制质量成本计划。

(5)把目标成本和改进措施落实分解到各部门、各单位、各班组。

第五章　建筑工程施工现场管理

第一节　施工现场技术管理

一、施工现场技术管理

1.定义

施工现场技术管理就是对现场各项技术活动、技术工作以及与技术相关的各种生产要素进行计划、实施、总结和评价的系统管理活动。搞好技术管理工作,有利于提高企业技术水平,充分发挥现有设备能力,提高劳动生产率,降低生产成本,提高企业管理效益,增强施工企业的竞争力。

2.施工技术管理组织机构

施工活动必须充分发挥施工企业技术和管理的整体优势,因此,施工企业应建立以总工程师为首的技术管理组织机构。

二、施工现场技术管理制度

1.技术标准及技术规范

项目施工过程中,应严格遵守、贯彻国家和地方颁发的技术标准和技术规范以及各种原材料、半成品、成品的技术标准和相应的检验标准。认真执行公司有关技术管理规定,认真按设计图纸进行施工,严禁违规违章。

2.施工图认读及会审

项目部接到图纸后,应组织技术人员、现场施工人员等认读图纸,明确各专业的相互关系和对设计单位的要求,做好自审记录,并按会审图纸管理规定,办妥会审登记手续。

3.组织设计或方案

施工项目开工前必须编制施工组织设计,并按有关规定分级编审施工组织设计文件,并应在施工过程中认真组织贯彻执行。

4.施工技术交底

施工前,必须认真做好技术交底工作,使项目部施工人员熟悉和了解设计及技术要求、施工工艺和应注意的事项以及管理人员的职责要求;交底以书面及口头同时进行,并做好记录及交底人、被交底人签字。

5.施工中的测量、检验和质量管理

(1)施工中组织专人负责放线、标高控制,并有专人负责复核记录归档。

(2)测量仪器应有专人使用和管理,并定期检验,严禁使用失准仪器。

(3)原材料、半成品、成品进场要提供供应厂家生产及销售资质文件、出厂合格证、化验单及检验报告等,并由主管技术人员及质安员验收核实后方能使用。

(4)严格按照国家规定、技术规范、技术要求,对需复检、复验项目予以复检、复验,并如实填写结果。

(5)正确执行计量法令、标准和规范,如施工组织设计、计划、技术资料、公文、标准及各种施工设计文件等。

6.设计变更及材料代用

施工图纸的修改、设计变更或建设单位的修改通知需经各方签证后,方可作为施工及结算的依据。

7.施工日志

施工现场应指定专人填写当日有关施工活动的综合记录,主要内容包括当日气候、气温、水电供应;施工情况、治安情况;材料供应及机具情况;施工、技术、项目变更内容。

8.技术资料档案管理

(1)施工现场技术资料应由专人负责收集整理,并应与施工进度同步收集整理,其记载内容应与实际相符,做到准确、齐全、整洁。

(2)有关人员必须在资料指定位置上签名、盖章,并注明日期,手续齐全的资料方可作为有效资料收集整理。

(3)应严格执行有关城市建设档案管理条例和相关保密规定,及时进行工程施工档案的收集和管理。

三、施工技术管理的基础工作

1.建立技术责任制

技术责任制是指将施工单位的全部技术管理工作分别落实到具体岗位(或个人)和具体的职能部门,使其职责明确,并制度化。

建立各级技术负责制,必须正确划分各级技术管理权限,明确各级技术领导的职责。施工单位内部的技术管理实行公司和工程项目部两级管理。公司工程管理部设技术管理室、科研室、试验室、计量室,在总工程师领导下进行技术、科研、试验、计量和测量管理工作。工程项目部设工程技术股,在项目经理和主任工程师领导下进行施工技术工作。总工程师、主任工程师是技术行政职务,是同级行政领导成员,分别在总经理、项目部经理的领导下全面负责技术工作,对本单位的技术问题,如施工方案、各项技术措施、质量事故处理、科技开发和改造等重大问题有决定权。

2.贯彻技术标准和技术规程

(1)技术标准:

①建筑安装工程施工及验收规范;

②建筑安装工程质量检验及评定标准;

③建筑安装材料、半成品的技术标准及相应的检验标准。

(2)技术规程:

①施工工艺规程;

②施工操作规程;

③设备维护和检修规程;

④安全操作规程。

技术标准和技术规程一经颁发,就必须严格执行。但是技术标准和技术规程不是一成不变的,随着技术和经济发展,要适时地对它们进行修订。

3.施工技术管理制度

施工技术管理制度包括如下几项:

①图纸学习和会审制度;

②施工项目管理规划制度;

③技术交底制度;

④施工项目材料、设备检验制度;

⑤工程质量检查验收制度；

⑥技术组织措施计划制度；

⑦工程施工技术资料管理制度；

⑧其他技术管理制度。

4.建立健全技术原始记录

技术原始记录包括材料、构配件、建筑安装工程质量检验记录、质量、安全事故分析和处理记录、设计变更记录和施工日志等。技术原始记录是评定产品质量、技术活动质量及产品交付使用后制定维修、加固或改建方案的重要技术依据。

5.建立工程技术档案

工程技术档案是记录和反映本单位施工、技术、科研等活动，具有保存价值，并且按一定的归档制度，作为真实的历史记录集中保管起来的技术文件材料。建筑企业的技术档案是指有计划地、系统地积累具有一定价值的建筑技术经济资料，它来源于企业的生产和科研活动，反过来又为生产和科研服务。

建筑企业技术档案的内容可分两大类：一类是为工程交工验收而准备的技术资料，作为评定工程质量和使用、维护、改造、扩建的技术依据之一；另一类是企业自身要求保留的技术资料，如施工组织设计、施工经验总结、科学研究资料、重大质量安全事故的分析与处理措施、有关技术管理工作经验总结等，作为继续进行生产、科研以及对外进行技术交流的重要依据。

四、施工技术管理的业务工作

1.技术交底与图纸会审

技术交底是施工单位技术管理的一项重要制度，它是指开工前，由上级技术负责人就施工中有关技术问题向执行者进行交代的工作。其目的是使施工的人员对工程及其技术要求做到心中有数，以便科学地组织施工和按合理的工序、工艺进行作业。要做好技术交底工作，必须明确技术交底的内容，并搞好技术交底的分工。

技术交底的内容如下。

(1)图纸交底，目的是使施工人员了解施工工程的设计特点、做法要求、抗震处理、使用功能等，以便掌握设计关键，认真按图施工。

(2)施工组织设计交底，要将施工组织设计的全部内容向施工人员交代，以便掌握工程的特点、施工部署、任务划分、施工方法、施工进度、各项管理措施、平面布置等，用先进的技术手段和科学的组织手段完成施工任务。

(3)设计变更和洽商交底，将设计变更的结果向施工人员和管理人员做统一的说明，便于统一口径，避免差错。

(4)分项工程技术交底主要包括施工工艺，技术安全措施，规范要求，质量标准，新结构、新工艺、新材料工程的特殊要求等。

图纸会审是指开工前由设计部门、监理单位和施工企业三方面对全套施工图纸共同进行的检查与核对。图纸会审的目的是领会设计意图，明确技术要求，熟悉图纸内容，并及早消除图纸中的技术错误，提高工程质量。图纸会审的主要内容有：①建筑结构与各专业图纸是否有矛盾，结构图与建筑图尺寸是否一致，是否符合制图标准；主要尺寸、标高、轴线、孔洞、预埋件等是否有错误。②设计地震烈度是否符合当地要求，防火、消防是否满足要求。③设计假定与施工现场实际情况是否相符。④材料来源有无保证，能否替换；施工图中所要求的新技术、新结构、新材料、新工艺应用有无问题。⑤施工安全、环境卫生有无保证。⑥某些结构的强度和稳定性对安全施工有无影响。

2.编制施工组织设计

在施工前，对拟建工程对象从人力、资金、施工方法、材料、机械五方面在时间、空间上做科学合理的安排，使施工能安全生产、文明施工，从而达到优质、低耗地完成建筑产品，这种用来指导施工的技术经济文件称为施工组织设计。

施工技术组织措施的内容包括：加快施工进度的措施；保证提高工程质量的措施；节约原材料、动力、燃料的措施；充分利用地方材料，综合利用废渣、废料的措施；推广新技术、新结构、新工艺、新材料、新设备的措施；改进施工机械的组织管理，提高机械的完好率和利用率的措施；改进施工工艺和操作技术，提高劳动生产率的措施；合理改善劳动组织，节约劳动力的措施；保证安全施工的措施；发动群众提合理化建议的措施；各项技术、经济指标的控制数字。

3.材料检验

材料检验是指对进场的原材料用必要的检测仪器设备进行检验。因为建筑材料质量的好坏直接影响建筑产品的优劣，所以企业建立健全材料试验及检验，严把质量关，才能确保工程质量。

凡施工用的原材料，如水泥、钢材、砖、焊条等，都应有出厂合格证明或检验单；对混凝土、砂浆、防水胶结材料及耐酸、耐腐、绝缘、保温等配合的材料或半成品，均要有配合比设计及按规定制定试块检验；对预制构件，预制厂要有出厂合格证明,工地可做抽样检查;对新材料、新的结构构件、代用材料等,要有技术鉴定合格证明,才能使用。

施工企业要加强对材料及构配件试验检验工作的领导,建立试验、检验机构,配备试验人员,充实试验、检验仪器设备,提高试验与检验的质量。钢筋、水泥、砖、焊条等结构用材料,除应有出厂证明外,还必须根据规范和设计要求进行检验。

4.施工过程的质量检查和工程质量验收

为了保证工程质量,在施工过程中,除根据国家规定的《建筑安装工程质量检验评定标准》逐项检查操作质量外,还必须根据建筑安装工程的特点,对以下几方面进行检查和验收。

(1)施工操作质量检查:有些质量问题是由于操作不当导致,因此必须实施施工操作过程中的质量检查,发现质量问题及时纠正。

(2)工序质量交接检查:工序质量交接检查是指前一道工序质量经检查签证后方能移交给下一道工序。

(3)隐蔽工程检查验收:隐蔽工程检查与验收是指对本道工序操作完成后将被下道工序所掩埋、包裹而无法再检查的工程项目,在隐蔽前所进行的检查与验收,如钢筋混凝土中的钢筋,基础工程中的地基土质和基础尺寸、标高等。

(4)分项工程预先检查验收:一般是在某一分项工程完工后,由施工队自己检查验收。但对主体结构、重点、特殊项目及推行新结构、新技术、新材料的分项工程,在完工后应由监理、建设、设计和施工共同检查验收,并签证验收记录,纳入工程技术档案。

(5)工程交工验收:在所有建设项目和单位工程规定内容全部竣工后,进行一次综合性检查验收,评定质量等级。交工验收工作由建设单位组织,监理单位、设计单位和施工单位参加。

(6)产品保护质量检查:产品保护质量检查即对产品采取“护、包、盖、封”。护,是指提前保护;包,是指进行包裹,以防损伤或污染;盖,是指表面覆盖,防止堵塞、损伤;封,是指局部封闭,如楼梯口等。

5.技术复核与技术核定

技术复核是指在施工过程中对重要部位的施工,依据有关标准和设计的要求进行复查、核对工作。技术复核的目的是避免在施工中发生重大差错,保证工程质量。技术复核一般在分项工程正式施工前进行。复核的内容视工程情况而定,一般包括:建筑物坐标,标高和轴线,基础和设备基础,模板,钢筋混凝土和砖砌体，大样图，主要管道和电气等。

技术核定是指在施工前和施工过程中，必须修改原设计文件时应遵循的权限和程序。当施工过程中发现图纸仍有差错，或因施工条件变化需进行材料代换、构件代换以及因采用新技术、新材料、新工艺及合理化建议等原因需变更设计时，应由施工单位提出设计修改文件。

五、任务实施

（一）明确施工现场技术管理的任务和原则

1.施工技术管理的任务

建筑企业技术管理的基本任务是：正确贯彻执行国家的各项技术政策、标准和规定，科学地组织各项技术工作，建立正常的生产技术秩序，充分发挥技术人员和技术装备的作用，不断改进原有技术和采用先进技术，保证工程质量，降低工程成本，推动企业技术进步，提高经济效益。

2.技术管理工作应遵循的原则

（1）按科学技术的规律办事，尊重科学技术原理，尊重科学技术本身的发展规律，用科学的态度和方法进行技术管理。

（2）讲究技术工作的经济效益。技术和经济是辩证统一的，先进的技术应带来良好的经济效益，良好的经济效益又依靠先进技术。因此，在技术管理中应该把技术工作与经济效益联系起来，全面地分析、核算，比较各种技术方案的经济效果。有时，新技术、新工艺和新设备在研制和推广初期，可能经济效果欠佳，但是，从长远来看，可能具有较大的经济效益，应该通过技术经济分析，择优决策。

（3）认真贯彻国家的技术政策和建筑技术政策纲要，执行各项技术标准、规范和规程，并在实际工作中，从实际出发，不断完善和修订各种标准、规范和规程，改进技术管理工作。

（二）编写施工现场技术管理的内容

工程施工是一项复杂的分工种操作的综合过程，技术管理所包括的内容比较多，其主要内容有以下两个方面。

1.经常性的技术管理工作

(1)施工图的审查与会审。

(2)编制施工组织设计。

(3)组织技术交底。

(4)工程变更和洽商。

(5)制定技术措施和技术标准。

(6)建立技术岗位责任制。

(7)进行技术、材料和半成品的试验与检测。

(8)贯彻技术规范和规程。

(9)进行技术情报、技术交流和技术档案收集整理工作。

(10)监督与执行施工技术措施,处理技术问题等。

2.开发性的技术管理工作

(1)根据施工的需要,制定新的技术措施。

(2)进行技术革新。

(3)开展新技术、新结构、新材料、新工艺和新设备的试验研究及开发。

(4)制定科学研究和挖潜、改造规划。

(5)组织技术培训等。

第二节　施工现场机械设备、料具管理

一、施工现场机械设备管理

1.定义

施工机械设备管理是按照机械设备的特点，在项目施工生产活动中，为了解决好人、机械设备和施工生产对象的关系，使之充分发挥机械设备的优势，获得最佳的经济效益，而进行的组织、计划、指挥、监督和调节等工作。

2.施工现场机械设备管理制度

(1)机械设备的使用应贯彻"管理结合、人机固定"的原则。按设备性能合理安排、正确使用，充分发挥设备效能，保证安全生产。

(2)各级机械设备管理人员、操作人员应严格执行上级部门、本单位制定的各项机械设备管理规定，遵守安全操作规程，经常检查安全设施、安全规程的执行情况以及劳动保护用品的使用情况，发现问题及时指出，并加以解决。

(3)坚持持证上岗，严禁无操作证者上机作业，持实习证者不准单独顶班作业。

(4)不是本人负责的设备，未经领导同意，不得随意上机操作。

(5)现场设备(含临时停放设备)均应有防雨、防晒、防水、防盗、防破坏措施，并实行专人负责管理。

(6)机械设备的安装应严格遵守安装要求，遵守操作规程。安装场地应坚实平整。起重类机械严禁超载使用，确保设备及人身安全。

(7)设备安装完毕后，应进行运行安全检查及性能试验，经试运转合格、专业职能人员检验签认后方可投入使用。

3.机械设备安全措施

(1)各种施工机械应制定使用过程中的定期检测方案，并如实填写施工机械安装、使用、检测、自检记录。

(2)在机械设备进场前，应结合现场情况，做好安装、调试等部署规划，并绘制出现场机械设备平面布置图。

(3)机械设备安装前要进行一次全面的维修、保养、检修，达到安全要求后再进行安装,并按计划实施日常保养、维修。

(4)机械设备操作人员的配备应保持相对稳定,严格执行定人、定机、定岗位,不得随意调动、顶班。

(5)操作人员严格执行例保制度,凡不按规定执行者均按违章处理。

(6)大型设备应由建设局及相关劳动部门检验认可,才能租赁、安装、使用。

(7)各种机械设备在移动、清理、保养、维修时,必须切断电源,并设专人监护,在设备使用间隙或停电后,必须及时切断电源,挂停用标志牌。

(8)凡因违章、违纪而发生机械人身伤亡事故者,都要查明事故原因及责任,按照“三不放过”的原则,严肃处理。

4.安全教育制度

(1)机械设备安全操作使用知识,必须纳入“三级教育”内容。

(2)机械设备操作人员必须经过专门的安全技术教育、培训,并经考试合格后,方能持证上岗,上岗人员必须定期接受再教育。

(3)安全教育要分工种、分岗位进行。教育内容包括:安全法规、本岗位职责、现场其他标准、安全技术、安全知识、安全制度、操作规程、事故案例、注意事项等,并有教育记录,归档备查。

(4)执行班级每日班前讲话制度,并结合施工季节、施工环境、施工进度、施工部位及易发生事故的地点等,做好有针对性的分部分项案例技术交底工作。

(5)各项培训记录、考核试卷、标准答案、考核人员成绩汇总表,均应归档备查。

5.施工现场机械设备使用管理

(1)为了合理使用机械设备,重复发挥机械效率,安全完成施工生产任务,提高经济效益,机械设备使用要求做到管用结合,合理使用,施工部门与设备部门应密切配合。

(2)制定施工组织设计方案,合理选用机械,从施工进度、施工工艺、工程量等方面做到合理装备,不要大机小用。结合施工进度,利用施工间隙,安排好机械的维护保养,避免失修失保和不修不保,应使机械保持良好状况,以便能随时投入使用。

(3)严格按机械设备说明书的要求和安全操作规程使用机械。操作人员做到“四懂三会”,即懂结构、懂原理、懂性能、懂用途和会操作、会维护保养、会处理一般故障。

(4)正确选用机械设备润滑油,必须严格按照说明书规定的品种、数量、润滑点、周期加注或更换，做到“五定”，即定人、定时、定点、定量、定质。

(5)协调配合，为机械施工作业创造条件，提高机械使用效果，必须做到按规定间隔期对机械进行保养，使之始终处于良好状况。合理组织施工，增加作业时间，提高时间利用率。提高技术水平和熟练程度，配备适当的维修人员排除故障。

6.机械设备维修保养

(1)机械维修保养的指导思想是以预防为主，根据各种机械的规律、结构以及各种条件和磨损规律制定强制性的制度。机械的维修保养，按作业时间的不同，可分为定期保养和特殊保养两类：定期保养有日常保养和分级保养；特殊保养有跑合保养、换季保养、停用保养和封存保养等。

(2)分级保养一般按机械的运行时数来划分熬夜级别内容，而特殊保养一般是根据需要临时安排或列入短期计划进行的，也可结合定期保养进行，如停用保养、换季保养等。

(3)日常保养是操作人员在上下班和交接班时间进行保养作业，其内容为清洁、润滑、调整、紧固、防腐。重点是润滑系统、冷却系统、过滤系统、转向及行走系统、制动及安全装置等部位的检查调整。日常保养项目和部位较少，且大多数在机器外部，但都是易损及要害部位。日常保养是确保机械正常运行的基本条件和基础工作。

(4)一级保养除进行日常保养的各作业项目外，还包括：

①清洗各种滤清器；

②查看各处油面、水面和注油点，若有不足时，应及时添加；

③清除油箱、火花塞等污垢；

④清除漏水、漏油、漏电现象；

⑤调整皮带传动和链传动的松紧度；

⑥检查和调整各种离合器、制动器、安全保护装置和操纵机构等，保持其灵敏有效；

⑦检查钢丝绳有无断丝，其连接及固定是否安全可靠；

⑧检查各系统的传动装置是否出现松动、变形、裂纹、发热、异响、运转异常等，发现后及时修复、排除。

(5)在一般情况下，日常保养和一级保养由机械操纵人员负责进行，而维修人员负责二级以上的保养工作。

二、建筑现场料具管理

1.施工现场料具管理制度

(1)材料验收登记制度。工地材料员对进场、进库的各种材料、工具、构件等办理验收手续,检验其出厂合格证(或检验报告),并填写规格、数量。施工现场应建立材料进场登记记录,包含日期、材料名称、规格型号、单位、数量、供货单位、检验状态、收料人等。对不符合质量、数量或规格要求的料具,材料员除拒绝验收外,还应建立相应记录。

(2)限额领料和退料制度。施工现场应明确限额领料的材料范围,规定剩余材料限时退回。领、退料均必须办理相关手续,注明用料单位工程和班组、材料名称、规格、数量及时间、批准人等。材料领发后,材料员应按保管和使用要求对班组进行跟踪检查和监督。现场限额领料登记应包含日期、材料名称、规格数量、单位、定额(领用)数量、节超记录、使用班组、领料人等。

2.施工现场材料管理规定

(1)施工现场外临时存放材料,需经有关部门批准,并应按规定办理临时占地手续。材料要码放整齐,符合要求,不得妨碍交通和影响市容,堆放散料时应进行围挡,围挡高度不得低于0.5m。

(2)贵重物品,易燃、易爆和有毒物品,应及时入库,专库专管,增加明显标志,并建立严格的管理规定和领、退料手续。

(3)材料场应有良好的排水措施,做到雨后无积水,防止雨水浸泡和雨后地基沉降,造成材料的损失。

(4)材料现场应划分责任区,分工负责以保持材料场的整齐洁净。

(5)材料进、出施工现场,要遵守门卫的查验制度。进场要登记,出场有手续。

(6)材料出场必须由材料员出具材料调拨单,门卫核实后方准出场。调拨单交门卫一联保存备查。

三、任务实施

(一)分析施工现场机械设备、料具管理的内容

(二)编制施工现场机械设备、料具管理任务

为规范项目机械设备及料具运用和管理,建立健全机械设备及料具管理机构和管理制度,以经济效益为中心,提高机械设备管理水平,特制定以下管理实施计划。

1.施工机械设备管理的任务

(1)根据“技术上先进,经济上合理,施工上适用、安全可靠”的原则选购机械设备,为项目提供优良的技术设备。

(2)推广先进的管理方法和制度,加强保养维修工作,减轻机械设备磨损,保证机械设备始终处于良好的技术状态。

(3)根据项目施工需要,做好机械设备的供应、平衡、调剂、调度等工作,同时教育机务职工正确使用,确保安全,主动服务,方便施工。

(4)做好日常管理工作,包括机械设备验收、登记、保管工作,运转记录,统计报表,技术档案工作;备品配件和节能工作;技术安全工作等。

(5)做好机械设备的改造和更新工作,提高机械设备的现代化水平。

(6)做好机械设备的经济核算工作。

(7)做好机务职工的技术培训工作。

2.施工现场料具管理任务

(1)做好施工现场物资管理规划,设计好总平面图,做好预算,提出现场料具管理目标。

(2)按施工进度计划组织料具分批进场,既要保证需要,又要防止过多占用储存场地,更不能形成大批工程剩余。

(3)按照各种料具的品种、规格、质量、数量要求,对进场料具进行严格检查、验收,并按规定办理验收手续。

(4)按施工总平面图要求存放料具,既要方便施工,又要保证道路畅通,在安全可靠的前提下,尽量减少二次搬运。

(5)按照各种物资的自然属性进行合理码放和储存,采取有效的措施进行

保护，数量上不减少，质量上不降低使用价值；要明确保管责任。

(6)按操作者所承担的任务对领料数量进行严格控制。

(7)按规范要求和施工使用要求，对操作者手中料具进行检查，监督班组合理使用，厉行节约。

(8)用实物量指标对消耗料具进行记录、计算、分析和考核，以反映实际消耗水平，改进料具管理。

第三节　施工现场安全生产管理

一、安全生产的概念

安全生产，是指在生产经营活动中，为避免造成人员伤害和财产损失的事故而采取相应的事故预防和控制措施，以保证从业人员的人身安全，保证生产经营活动得以顺利进行的相关活动。

二、安全控制的方针与目标

1.安全控制的方针

安全控制的目的是安全生产，因此安全控制的方针也应符合安全生产的方针，即“安全第一，预防为主”。

“安全第一”是把人身的安全放在首位，生产必须保证人身安全，充分体现了“以人为本”的理念。

“预防为主”是实现“安全第一”的最重要手段，采取正确的措施和方法进行安全控制，从而减少甚至消除事故隐患，尽量把事故消灭在萌芽状态，这是安全控制最重要的思想。

2.安全控制的目标

安全控制的目标是减少和消除生产过程中的事故，保证人员健康安全和财产免受损失，具体包括：

(1)减少或消除人的不安全行为的目标；

(2)减少或消除设备、材料的不安全状态的目标；

(3)改善生产环境和保护自然环境的目标；

(4)安全管理的目标。

三、施工现场安全管理制度

为了进一步提高施工现场安全生产工作的管理水平，保障职工的生命安全和施工作业的顺利进行,特制定以下制度。

(1)贯彻执行“安全第一,预防为主”的方针,坚持管生产必须管安全的原则。

(2)开工前,在施工组织设计(或施工方案)中,必须有详细的施工平面布置图,运输道路、临时用电线路布置等工作的安排,均要符合安全要求。

(3)现场四周应有与外界隔离的围护设置,入口处应设置施工现场平面布置图,安全生产记录牌、工程概况牌等有关安全的设备。

(4)现场排水要有全面规划,排水沟应经常清理疏通,保持流畅。

(5)道路运输平坦,并保持畅通。

(6)现场材料必须按现场布图规定的地点分类堆放整齐、稳固。作业中留置的木材、钢管等剩余材料应及时清理。

(7)施工现场的安全施工,如安全网、护杆及各种限制保险装置等,必须齐全有效,不得擅自拆除或移动。

(8)施工现场的配电、保护装置以及避雷保护、用电安全措施等,要严格按照规定进行。

(9)用火用电和易爆物品的安全管理、现场消防设施和消防责任制度等应按消防要求周密考虑和落实。

(10)现场临时搭设的仓库、宿舍、食堂、工棚等都要符合安全、防火的要求。

四、施工项目安全管理措施

1.施工项目安全管理组织措施

(1)建立施工项目安全组织系统——项目安全管理委员会。

(2)建立与施工项目安全组织系统相配套的各专业、部门、生产岗位的安全责任系统。

(3)建立安全生产责任制。安全生产责任制是指企业对项目经理部各级领导、各个部门和各类人员所规定的在他们各自职责范围内对安全生产应负责任的制度。安全生产责任制应根据“管生产必须管安全”“安全生产人人有责”的原则,明确各级领导、各职能部门和各类人员在施工生产活动中应负的安全责任,其内容应充分体现责、权、利相统一的原则。

2.施工安全技术工作措施

施工安全技术工作措施是指为防止工伤事故和职业病的危害,从技术上采取的措施。

施工阶段安全控制要点如下。

(1)基础施工阶段:挖土机械作业安全,边坡防护安全,降水设备与临时用电安全,防水施工时的防火、防毒,人工挖扩孔桩安全。

(2)结构施工阶段:临时用电安全,内外架及洞口防护,作业面交叉施工,大模板和现场堆料防倒塌,机械设备的使用安全。

(3)装修阶段:室内多工种、多工序的立体交叉施工安全防护,外墙面装饰防坠落,做防水油漆的防火、防毒,临电、照明及电动工具的使用安全。

(4)季节性施工:雨季防触电、防雷击、防沉陷坍塌、防台风,高温季节防中暑、防中毒、防疲劳作业,冬季施工防冻、防滑、防火、防煤气中毒、防大风雪和防大雾。

3.安全教育

安全教育主要包括安全生产思想、安全知识、安全技能和法制教育四个方面的内容。

(1)安全生产思想教育:主要包括思想认识的教育和劳动纪律的教育。

(2)安全知识教育:企业所有员工都应具备的安全基本知识。

(3)安全技能教育:结合本工种专业特点,实现安全操作、安全防护所必须具备的基本技能知识要求。

(4)法制教育:采取各种有效形式,对员工进行安全生产法律法规、行政法规和规章制度方面的教育,从而提高全体员工学法、知法、懂法、守法的自觉性,以达到安全生产的目的。

4.安全检查与验收

(1)安全检查的内容:主要是查思想、查制度、查机械设备、查安全设施、查安全教育培训、查操作行为、查劳保用品使用、查伤亡事故的处理等。

(2)安全检查的方法。

①看:主要查看管理记录、持证上岗、现场标识、交接验收资料,“三宝”使用情况,“洞口”“临边”防护情况以及设备防护装置等。

②量:主要是用尺进行实测实量。例如,测量脚手架各种杆件间距、塔吊轨道距离、电气开关箱安装高度、在建工程邻近高压线距离等。

③测:用仪器、仪表实地进行测量,例如,用水平仪测量轨道纵、横向倾斜度,用地阻仪遥测地阻等。

④现场操作:由司机对各种限位装置,如塔吊的力矩限制器、行走限位、龙

门架的超高限位装置、翻斗车制动装置等进行实际动作，检验其灵敏程度。

(3)施工安全验收。验收程序如下：

①脚手架杆件、扣件、安全网、安全帽、安全带以及其他个人防护用品，应有出厂证明或验收合格的凭据，由项目经理、技术负责人和施工队长共同审验。

②各类脚手架、堆料架、井字架、龙门架和支搭的安全网、立网由项目经理或技术负责人申报支搭方案并牵头，会同工程和安全主管部门进行检查验收。

③临时电气工程设施由安全主管部门牵头，会同电气工程师、项目经理、方案制定人和安全员进行检查验收。

④起重机械、施工用电梯由安装单位和使用工地的负责人牵头，会同有关部门检查验收。

⑤工地使用的中小型机械设备由工地技术负责人和工长牵头，进行检查验收。

⑥所有验收必须办理书面确认手续，否则无效。

五、任务实施

(一)明确现场安全生产管理的重要性

通过对作业现场进行有效的监控管理，可及时发现、纠正和消除人的不安全行为、物的不安全状态和环境的不安全条件，减少或防止各类生产安全事故的发生；可促进全员参与改善作业环境，提高员工安全生产素质；可直观地展示企业管理水平和良好形象。其重要性主要体现在以下几方面：

(1)各种生产要素都要通过生产现场转化为生产力，所有这些都要通过对生产现场的有效管理才能实现。

(2)企业安全生产管理的主战场在生产作业现场。大约有90%的事故发生在生产现场。

(3)安全生产不只是安全部门和安全管理人员的责任，必须依靠现场所有的人来共同完成。

(4)提高企业安全绩效必须通过生产作业过程的优化和有效控制才能实现。

(二)编制施工现场安全生产管理内容

1.人员现场管理

美国安全工程专家海因里希提出了 1∶29∶300 的伤亡事故发生的规律，即每 300 起生产安全事件中，会发生 1 起重伤或死亡事故，29 起轻伤事故，300 起无伤害事故，其中，80％甚至更高比率的事故是由于人员违章导致的。因此，人员现场安全生产管理的重点是作业人员合理组织和人机优化配置、作业时间合理安排及作业人员安全行为的约束和管理。

(1)根据作业性质要求，合理安排适宜的作业班组或人员去实施。

(2)根据劳动强度和人的生理等特点，合理安排工作时间，防止疲劳作业。

(3)现场管理人员严格执章，大胆管理，及时发现、制止、纠正和处理作业人员的违章违纪等一切不安全行为。

(4)改变作业人员被动管理的模式，引导和鼓励开展 SC 小组活动或其他形式的团队安全活动。

2.设施设备现场管理

加强管、用、养、修，保持设施设备完好状态，这是现场安全生产管理的重要内容。企业应建立完善设备安全管理制度。员工应按规程正确使用设备设施，做好日常运行和故障记录，做到管理有序，操作规范，会使用、会维护、会检查、会排除故障。按规定做好设备的维护保养和检查、检测工作，特别是要加强安全装置的检查管理，确保设备处于完好状态。

3.作业方法现场管理

(1)要选择、确定正确合理的工艺、方法，包括对工艺流程的安排，对作业环境条件、装备和工艺参数的选择。

(2)要在实际作业中分析、发现作业方法存在的不足或问题，尽量简化作业方法和动作，使作业方法更安全有效。

(3)要确保作业人员理解和掌握工艺方法、安全操作规程并严格落实。

4.作业环境现场管理

作业环境现场管理就是要通过日常的整理、整顿、清扫、清洁、自律(5S 活动)，保持作业现场整洁有序与无毒无害，建立环境清洁安全、作业场地布局合理、设施设备保养完好、人机物流畅通、工艺纪律、操作习惯良好的文明工作环境，确保现场人员的安全和健康。

(三)编制施工现场安全技术措施计划

施工现场安全技术措施计划包括以下内容。

(1)工程概况。

(2)工程项目职业健康安全控制目标。

(3)控制程序。

(4)项目经理部职业健康安全管理组织机构及职责权限的分配。

(5)应遵循的规章制度。

(6)需配置的资源,如脚手架等安全设施。

(7)安全技术措施。应根据工程的特点、施工方法、施工程序、职业健康安全的法规和标准的要求,采取可靠的安全技术措施,消除安全隐患,保证施工的安全。以下情况应制定安全技术措施。

①对结构复杂、施工难度大、专业性强的项目,必须制定项目总体及单位工程或分部、分项工程的安全技术措施。

②对高空作业、井下作业、水上作业、水下作业、爆破作业、脚手架上空作业、有害有毒作业、特种机构作业等专业性强的施工作业,以及从事电气、压力容器、起重机、金属焊接、井下瓦斯检验等特殊工种的作业,应制定单项安全技术措施,并应对管理人员和操作人员的安全作业资格和身体状况进行合格审查。

③对于防火、防毒、防爆、防洪、防高空坠落、防交通事故、防环境污染等,均应编制安全技术措施。

(8)检查评价。应确定安全技术措施执行情况及施工现场安全情况检查评定的要求和方法。

(9)制定奖惩制度。

第四节　现场文明施工与环境管理

一、施工现场文明施工的组织与管理

1.文明施工的组织和制度管理

(1)施工现场应成立以项目经理为第一责任人的文明施工管理组织。分包单位应服从总包单位的文明施工管理组织的统一管理,并接受监督检查。

(2)各项施工现场管理制度应有文明施工的规定,包括个人岗位责任制、经济责任制、安全检查制度、持证上岗制度、奖惩制度、竞赛制度和各项专业管理制度等。

(3)加强和落实现场文明检查、考核及奖惩管理,以促进施工文明管理工作提高。检查范围和内容应该全面周到,包括生产区、生活区、场容场貌、环境文明及制度落实等内容。对检查发现的内容应该采取整改措施。

2.建立收集文明施工的资料及其保存的措施

(1)上级关于文明施工的标准、规定、法律法规等资料。

(2)施工组织设计中对文明施工的管理规定,各阶段施工现场文明施工的措施。

(3)文明施工自检资料。

(4)文明施工教育、培训、考核计划资料。

(5)文明施工活动各项记录资料。

3.加强文明施工的宣传和教育

(1)在坚持岗位练兵基础上,要采取派出去、请进来、短期培训、上技术课、登黑板报、广播、看录像、看电视等方法狠抓教育工作。

(2)要特别注意对临时工的岗前教育。

(3)专业管理人员应熟悉掌握文明施工的规定。

二、现场文明施工的基本要求

(1)施工现场必须设置明显的标牌,标明工程项目名称、建设单位、设计单位、施工单位、项目经理和施工现场总代表人的姓名，开、竣工日期，施工许可证批准文号等。施工单位负责施工现场标牌的保护工作。

(2)施工现场的管理人员在施工现场应当佩戴证明其身份的证卡。

(3)应当按照施工总平面布置图设置各项临时设施。现场堆放的大宗材料、成品、半成品和机具设备不得侵占场内道路及安全防护等设施。

(4)施工现场的用电线路、用电设施的安装和使用必须符合安装规范和安全操作规程，并按照施工组织设计进行架设，严禁任意拉线接电。

(5)施工机械应当按照施工总平面布置图规定的位置和线路设置，不得任意侵占场内道路。

(6)应保证施工现场道路通畅、排水系统处于良好的使用状态；保持场容场貌的整洁，随时清理建筑垃圾。

(7)施工现场的各种安全设施和劳动保护器具必须定期进行检查和维护，及时消除隐患，保证其安全有效。

(8)施工现场应当设置各类必要的职工生活设施，并符合卫生、通风、照明等要求。职工的膳食、饮水供应等应当符合卫生要求。

(9)应当做好施工现场安全保卫工作，采取必要的防盗措施，在现场周边设立围护设施。

(10)应当严格依照《中华人民共和国消防条例》的规定，在施工现场建立和执行防火管理制度。

(11)施工现场发生工程建设重大事故的处理，应依照《工程建设重大事故报告和调查程序规定》执行。

三、现场环境管理

(1)现场环境管理的目的是依据国家、地方和企业制定的一系列环境管理及相关法律、法规、政策、文件和标准，通过控制作业现场对环境的污染和危害，保护施工现场周边的自然生态环境，创造一个有利于施工人员身心健康，最大限度地减少对施工人员造成职业损害的作业环境，同时考虑能源节约和避免资源的浪费。

(2)现场环境管理的任务包括：项目经理部通过一系列指挥、控制、组织与协调活动，评价施工活动可能会带来的环境影响，制定环境管理的程序，规划并实施环境管理方案，检验环境管理成效，保持环境管理成果，持续改进环境管理工作，以现场环境管理目标的实现保证整个建设项目环境管理目标的实现。

四、施工现场环境保护与卫生管理

施工现场的环境保护工作是整个城市环境保护工作的一部分，施工现场必须满足城市环境保护工作的要求。

1.防止大气污染

(1)施工现场垃圾要及时清运，适量洒水，减少扬尘。对高层或多层施工垃圾，必须搭设封闭临时专用垃圾道或采用容器吊运，严禁随意凌空抛撒造成扬尘。

(2)对水泥等粉细散装材料，应尽量采取库内存放，如露天存放，则应采用严密遮盖，卸运时要采取有效措施，减少扬尘。

(3)施工现场应结合设计中的永久道路布置施工道路，道路基层做法应按设计要求执行，面层可采用礁渣、细石沥青或混凝土，以减少道路扬尘，同时要随时修复因施工而损坏的路面，防止浮土产生。

(4)运输车辆不得超量运载，运输工程土方、建筑渣土或其他散装材料不得超过槽帮上沿；运输车辆出现场前，应将车辆槽帮和车轮冲洗干净，防止带泥土的运输车辆驶出现场和遗撒渣土在路途中。

(5)对施工现场的搅拌设备，必须搭设封闭式围挡及安装喷雾除尘装置。

(6)施工现场要制定洒水降尘制度，配备洒水设备，设专人负责现场洒水降尘和及时清理浮土。

(7)拆除旧建筑物时，应配合洒水，减少扬尘污染。

2.防止水污染

(1)凡需进行混凝土、砂浆等搅拌作业的现场，必须设置沉淀池。排放的废水要排入沉淀池内，经两次沉淀后，方可排入市政污水管线或回收用于洒水降尘，未经处理的泥浆水严禁直接排入城市排水设施和河流。

(2)凡进行现制水磨石作业产生的污水，必须控制污水流向，防止蔓延，并在合理的位置设置沉淀池，经沉淀后，方可排入污水管线。施工污水严禁流出工地，污染环境。

(3)施工现场临时食堂的污水排放控制，要设置简易有效的隔油池，产生的污水经下水管道排放要经过隔油池，平时加强管理，定期掏油，防止污染。

(4)施工现场要设置专用的油漆和油料库，油库地面和墙面要做防渗漏的特殊处理，使用和保管要专人负责，防止油料的跑、冒、滴、漏，防止污染水体。

(5)禁止将有毒有害废弃物用作土方回填，以防污染地下水和环境。

3.防止噪声污染

(1)施工现场应遵照《建筑施工场界噪声限值》(GB12523－90)制定降噪的相应制度和措施。

(2)凡在居民稠密区进行噪声作业，必须严格控制作业时间，若遇到特殊情况需连续作业，应按规定办理夜间施工证。

(3)产生强噪声的成品、半成品加工和制作作业应放在工厂、车间完成，减少因施工现场加工制作而产生的噪声。

(4)对施工现场强噪声机械，如搅拌机、电锯、电刨、砂轮机等，要设置封闭的机械棚，以减少强噪声的扩散。

(5)加强施工现场的管理，特别要杜绝人为敲打、尖叫、野蛮装卸噪声等，最大限度地减少噪声扰民。

4.现场住宿及生活设施的环境卫生管理

(1)施工现场应设置符合卫生要求的厕所，有条件的应设水冲式厕所，厕所应有专人负责管理。

(2)食堂建筑、食堂卫生必须符合有关卫生要求，如炊事员必须有卫生防疫部门颁发的体检合格证，生熟食应分别存放，食堂炊事人员穿白色工作服，食堂卫生定期检查等。

(3)施工现场应按作业人员的数量设置足够使用的淋浴设施，淋浴室在寒冷季节应有暖气、热水，淋浴室应有管理制度和专人管理。

(4)生活垃圾应及时清理，集中运送装入容器，不能与施工垃圾混放，并设专人管理。

五、任务实施

(一)明确现场文明施工与环境管理的意义

标准化文明施工，就是施工项目在施工过程中科学地组织安全生产，规范化、标准化管理现场，使施工现场按现代化施工的要求保持良好的施工环境和施工秩序，这是施工企业的一项基础性的管理工作。标准化文明施工实际上是建筑安全生产工作的发展、飞跃和升华，是树立“以人为本”的指导思想。在安全达标的基础上开展的创建文明工地活动、标准化文明施工，是现代化施工的一个重要标志，作为企业文化的一部分，具有重要意义。它是企业文化的有形载体，是企业视觉识别系统的补充和活化，有利于增强施工项目班子的凝聚力和集体使命感，是体现项目管理水平的依据之一，也是企业争取客户认同的重要手段。

建筑业在推动经济发展、改善人民生活的同时，其在生产活动中产生的大量污染物也严重影响了广大群众的生活质量。在环境总体污染中，与建筑业有关的环境污染所占比例相当大，包括噪声污染、水污染、空气污染、固体垃圾污染、光污染以及化学污染等。因此，加强对建筑施工现场进行科学管理、尽量减少各类污染的研究具有十分重要的现实意义。绿色建筑的理念是：节约能源、节约资源、保护环境、以人为本。在以人为本，坚持全面、协调、可持续的科学发展观，努力构建社会主义和谐社会的新形势下，倡导绿色施工，加强环境保护，实现人与环境的和谐相处，进一步提高施工现场的环境管理水平，是建筑施工企业光荣而神圣的历史使命。

（二）编制施工现场文明施工与环境管理的方法

1.施工现场文明施工管理要点

(1)主管挂帅。建筑单位成立由主要领导挂帅、各部门主要负责人参加的施工现场管理领导小组，在现场建立以项目管理班子为核心的现场管理组织体系。

(2)系统把关。各管理业务系统对现场的管理进行分口负责，每月组织检查，发现问题及时整改。

(3)普遍检查。对现场管理的检查内容，按达标要求逐项检查，填写检查报告，评定现场管理先进单位。

(4)建章建制。建立施工现场管理规章制度和实施办法，按章办事，不得违背。

(5)责任到人。管理责任不但明确到部门，而且各部门要明确到人，以便落实管理工作。

(6)落实整改。对出现的问题，一旦发现，必须采取措施纠正，避免再度发生。无论涉及哪一级、哪一部门、哪一个人，绝不能姑息迁就，必须整改落实。

(7)严明奖惩。成绩突出，应按奖惩办法予以奖励；出现问题，要按规定给予必要的惩罚措施。

2.施工现场环境管理要点

(1)施工中需要停水、停电、封路而影响环境时,必须经有关部门批准、事先告示。

(2)施工单位应该保证施工现场道路畅通,排水系统处于良好的使用状态;保持场容地貌的整洁,随时清理建筑垃圾。在车辆、行人通行的地方施工时,应当设置沟井坎穴覆盖物和施工标志。

(3)妥善处理泥浆水。泥浆水未经处理不得直接排入城市排水设施和河流、湖泊、池塘。

(4)除设有符合规定的装置外,不得在施工现场熔融沥青或者焚烧油毡、油漆以及其他会产生有毒有害烟尘和恶臭的物质。

(5)使用密封式的圈筒或者采取其他措施处理高空废弃物。建筑垃圾、渣土应在指定地点堆放,每日进行清理。

(6)采取有效措施控制施工过程中的扬尘。

(7)禁止将有毒有害废弃物用作土方回填。

(8)对产生噪声、振动的施工机械,应采取有效控制措施,减轻噪声扰民。

第六章　建筑工程进度管理

第一节　建筑工程进度管理概述

一、进度管理

(一)建筑工程进度管理的基本概念

1.进度的概念

进度是指项目活动在时间上的排列,强调的是一种工作进展以及对工作的协调和控制,所以常有加快进度、赶进度、拖了进度等称谓。对于进度,通常还以其中的一项内容——“工期”来代称,讲工期也就是讲进度。只要是项目,就有一个进度问题。

2.进行建筑工程进度管理的必要性

建筑工程管理集中反映在成本、质量和进度三个方面,这反映了工程管理的实质,这三个方面通常称为工程管理的“三要素”。进度是三要素之一,它与成本、质量两要素有着辩证的有机联系。对进度的要求是通过严密的进度计划及合同条款的约束,使项目能够尽快地竣工。

实践表明,质量、工期和成本是相互影响的。一般来说,在工期和成本之间,项目进展速度越快,完成的工作量越多,则单位工程量的成本越低。但突击性的作业,往往也增加成本。在工期与质量之间,一般工期越紧,如采取快速突击、加快进度的方法,项目质量就较难保证。项目进度的合理安排,对保证项目的工期、质量和成本有直接的影响,是全面实施“三要素”的关键环节。科学而符合合同条款要求的进度,有利于控制项目成本和质量。仓促赶工或任意拖拉,往往伴随着费用的失控,也容易影响工程质量。

3.工程进度管理概念

工程进度管理又称为项目时间管理，是指在工程进展的过程中，为了确保工程能够在规定的时间内实现目标，对项目活动进度及日程安排所进行的管理过程。

4.项目进度管理的重要性

据专家分析，对于一个大的信息系统开发咨询公司，有25％的大项目被取消，60％的项目远远超过成本预算，70％的项目存在质量问题是很正常的事情，只有很少一部分项目确实按时完成并达到了项目的全部要求，而正确的项目计划、适当的进度安排和有效的项目控制可以避免上述这些问题。

（二）建筑工程进度管理的基本内容

建筑工程进度管理包括两大部分内容：一个是工程进度计划的编制，要拟定在规定的时间内合理且经济的进度计划；另一个是工程进度计划的控制，是指在执行该计划的过程中，检查实际进度是否按计划要求进行，若出现偏差，要及时找出原因，采取必要的补救措施或调整、修改原计划，直至工程完成。

1.建筑工程进度管理过程

（1）活动定义

确定为完成各种项目可交付成果所必须进行的各项具体活动。

（2）活动排序

确定各活动之间的依赖关系，并形成文档。

（3）活动资源估算

估算完成每项确定时间的活动所需要的资源种类和数量。

（4）活动时间估算

估算完成每项活动所需要的单位工作时间。

（5）进度计划编制

分析活动顺序、活动时间、资源需求和时间限制，以编制项目进度计划。

（6）进度计划控制

运用进度控制方法，对项目实际进度进行监控，对项目进度计划进行调整。

建筑工程进度管理过程的工作是在项目管理团队确定初步计划后进行的。有些项目，特别是一些小项目，活动排序、活动资源估算、活动时间估算和进度计划编制这些过程紧密相连可视为一个过程，可由一个人在较短时间内完成。

2.建筑工程进度计划编制

建筑工程进度计划编制是通过项目的活动定义、活动排序、活动时间估算，在综合考虑项目资源和其他制约因素的前提下，确定各项目活动的起始和完成日期、具体实施方案和措施，进而制订整个项目的进度计划。其主要目的是：合理安排项目时间，从而保证项目目标的完成；为项目实施过程中的进度控制提供依据；为各资源的配置提供依据；为有关各方时间的协调配合提供依据。

3.建筑工程进度计划控制

建筑工程进度计划控制是指项目进度计划制订以后，在工程实施过程中，对实施进展情况进行检查、对比、分析、调整，以保证项目进度计划总目标得以实现的活动。按照不同管理层次对进度控制的要求，项目进度控制分为三类。

(1)工程总进度控制

即项目经理等高层管理部门对项目中各里程碑时间的进度控制。

(2)工程主进度控制

主要是项目部门对项目中每一主要事件的进度控制；在多级项目中，这些事件可能是各个分项目；通过控制项目主进度使其按计划进行，就能保证总进度计划的如期完成。

(3)工程详细进度控制

主要是各作业部门对各具体作业进度计划的控制；这是进度控制的基础，只有详细进度得到较强的控制才能保证主进度按计划进行，最终保证项目总进度，使项目目标得以顺利实现。

二、建筑工程进度管理

(一)建筑工程进度管理的概念

建筑工程进度管理是指根据进度目标的要求，对建筑工程各阶段的工作内容、工作程序、持续时间和衔接关系编制计划，将该计划付诸实施，在实施的过程中，经常检查实际工作是否按计划要求进行，对出现的偏差分析原因，采取补救措施或调整、修改原计划直至工程竣工、交付使用。进度管理的最终目的是确保项目工期目标的实现。

建筑工程进度管理是建筑工程项目管理的一项核心管理职能。由于建筑项目是在开放的环境中进行的，置身于特殊的法律环境之下，并且生产过程中的人员、工具与设备具有流动性，产品的单件性等都决定了进度管理的复杂性及动态性，必须加强项目实施过程中的跟踪控制。进度控制与质量控制、投资控制是工程项目建设中并列的三大目标之一。它们之间有着密切的相互依赖和制约的关系。通常，进度加快，需要增加投资，但工程能提前使用就可以提高投资效益；进度加快有可能影响工程质量，而质量控制严格则有可能影响进度，但如因质量的严格控制而不致返工，又会加快进度。因此，项目管理者在实施进度管理工作中，要对三个目标全面、系统地加以考虑，正确处理好进度、质量和投资的关系，提高工程建设的综合效益。特别是对一些投资较大的工程，在采取进度控制措施时，要特别注意其对成本和质量的影响。

（二）建筑工程进度管理的方法和措施

建筑工程进度管理的方法主要有规划、控制和协调。规划是指确定施工项目总进度控制目标和分进度控制目标，并编制其进度计划；控制是指在施工项目实施的全过程中，比较施工实际进度与施工计划进度，出现偏差及时采取措施调整；协调是指协调与施工进度有关的单位、部门和施工工作队之间的进度关系。

建筑工程进度管理采取的主要措施有组织措施、技术措施、合同措施和经济措施。

1.组织措施

组织措施主要包括建立施工项目进度实施和控制的组织系统，制订进度控制工作制度，检查时间、方法，召开协调会议，落实各层次进度控制人员、具体任务和工作职责；确定施工项目进度目标，建立施工项目进度控制目标体系。

2.技术措施

采取技术措施时应尽可能采用先进施工技术、方法和新材料、新工艺、新技术，保证进度目标的实现。落实施工方案，在发生问题时，及时调整工作之间的逻辑关系，加快施工进度。

3.合同措施

采取合同措施时以合同形式保证工期进度的实现，即保持总进度控制目标与合同总工期一致，分包合同的工期与总包合同的工期相一致，供货、供电、运输、构件加工等合同规定的提供服务时间与有关的进度控制目标一致。

4.经济措施

经济措施是指落实进度目标的保证资金，签订并实施关于工期和进度的经济承包责任制，建立并实施关于工期和进度的奖惩制度。

（三）建筑工程进度管理的内容

1.进度计划

建筑工程进度计划包括项目的前期、设计、施工和使用前的准备等内容。项目进度计划的主要内容就是制订各级项目进度计划，包括进行总控制的项目总进度计划、进行中间控制的项目分阶段进度计划和进行详细控制的各子项进度计划，并对这些进度计划进行优化，以达到对这些项目进度计划的有效控制。

2.进度实施

建筑工程进度实施就是在资金、技术、合同、管理信息等方面进度保证措施落实的前提下，使项目进度按照计划实施。施工过程中存在各种干扰因素，其将使项目进度的实施结果偏离进度计划，项目进度实施的任务就是预测这些干扰因素，对其风险程度进行分析，并采取预控措施，以保证实际进度与计划进度吻合。

3.进度检查

建筑工程进度检查的目的是了解和掌握建筑工程项目进度计划在实施过程中的变化趋势和偏差程度。项目进度检查的主要内容有跟踪检查、数据采集和偏差分析。

4.进度调整

建筑工程进度调整是整个项目进度控制中最困难、最关键的内容。其包括以下几个方面的内容。

(1)偏差分析

分析影响进度的各种因素和产生偏差的前因后果。

(2)动态调整

寻求进度调整的约束条件和可行方案。

(3)优化控制

调控的目标是使工程项目的进度和费用变化最小，达到或接近进度计划的优化控制目标。

三、建筑工程进度管理的基本原理

(一)动态控制原理

动态控制是指对建筑工程项目在实施的过程中在时间和空间上的主客观变化而进行项目管理的基本方法论。由于项目在实施过程中主客观条件的变化是绝对的,不变则是相对的;在项目进展过程中平衡是暂时的,不平衡则是永恒的,因此在项目的实施过程中必须随着情况的变化进行项目目标的动态控制。

建筑工程进度控制是一个不断变化的动态过程,在项目开始阶段,实际进度按照计划进度的规划进行运动,但由于外界因素的影响,实际进度的执行往往会与计划进度出现偏差,出现超前或滞后的现象。这时应通过分析偏差产生的原因,采取相应的改进措施,调整原来的计划,使二者在新的起点上重合,并发挥组织管理作用,使实际进度继续按照计划进行。在一段时间后,实际进度和计划进度又会出现新的偏差。因此,建筑工程进度控制出现了一个动态的调整过程。

(二)系统原理

系统原理是现代管理科学的一个最基本的原理。它是指人们在从事管理工作时,运用系统的观点、理论和方法对管理活动进行充分的系统分析,以达到管理的优化目标,即从系统论的角度来认识和处理企业管理中出现的问题。

系统是普遍存在的,它既可以应用于自然和社会事件,又可应用于大小单位组织的人际关系之中。因此,通常可以把任何一个管理对象都看成是特定的系统。组织管理者要实现管理的有效性,就必须对管理进行充分的系统分析,把握住管理的每一个要素及要素间的联系,实现系统化的管理。

建筑工程是一个大系统,其进度控制也是一个大系统,进度控制中,计划进度的编制受到许多因素的影响,不能只考虑某一个因素或几个因素。进度控制组织和进度实施组织也具有系统性,因此,工程进度控制具有系统性,应该综合考虑各种因素的影响。

（三）信息反馈原理

通俗地说，信息反馈就是指由控制系统把信息输送出去，又把其作用结果返送回来，并对信息地再输出发生影响，起到制约的作用，以达到预定的目的。

信息反馈是建筑工程进度控制的重要环节，施工的实际进度通过信息反馈给基层进度控制工作人员，在分工的职责范围内，信息经过加工逐级反馈给上级主管部门，最后到达主控制室，主控制室整理统计各方面的信息，经过比较分析做出决策，调整进度计划。进度控制不断调整的过程实际上就是信息不断反馈的过程。

（四）弹性原理

所谓弹性原理，是指管理必须要有很强的适应性和灵活性，用以适应系统外部环境和内部条件千变万化的形势，实现灵活管理。

建筑工程进度计划工期长、影响因素多，因此，进度计划的编制就会留出余地，使计划进度具有弹性。进行进度控制时应利用这些弹性，缩短有关工作的时间，或改变工作之间的搭接关系，使计划进度和实际进度吻合。

（五）封闭循环原理

项目的进度计划控制的全过程是计划、实施、检查、比较分析、确定调整措施、再计划。从编制项目施工进度计划开始，经过实施过程中的跟踪检查，收集有关实际进度的信息，比较和分析实际进度与施工计划进度之间的偏差，找出产生原因和解决办法，确定调整措施，再修改原进度计划，形成一个封闭的循环系统。

（六）网络计划技术原理

网络计划技术是指用于工程项目的计划与控制的一项管理技术，依其起源有关键路径法（CPM）与计划评审法（PERT）之分。通过网络分析研究工程费用与工期的相互关系，并找出在编制计划及计划执行过程中的关键路线，这种方法称为关键路径法（CPM）。另一种注重对各项工作安排的评价和审查的方法被称为计划评审法（PERT）。CPM 主要应用于以往在类似工程中已取得一定经验的承包工程，PERT 更多地应用于研究与开发项目。

网络计划技术原理是建筑工程进度控制的计划管理和分析计算的理论基

础。在进度控制中，要利用网络计划技术原理编制进度计划，根据实际进度信息，比较和分析进度计划，又要利用网络计划的工期优化、工期与成本优化和资源优化的理论调整计划。

第二节　建筑工程进度影响因素

一、影响建筑工程项目进度的因素

（一）自然环境因素

由于工程建设项目具有庞大、复杂、周期长、相关单位多等特点，且建筑工程施工进程会受到地理位置、地形条件、气候、水文及周边环境好坏的影响，一旦在实际的施工过程中这些不利因素中的某一类因素出现，都将对施工进程造成一定的影响。当施工的地理位置处于山区交通不发达或者是条件恶劣的地质条件下时，由于施工工作面较小，施工场地较为狭窄，建筑材料无法及时供应，或者是运输建筑材料时需要花费大量的时间，再加上野外环境中对工作人员的考验，一些有毒有害的蚊虫等都将对员工造成伤害，对施工进程造成一定的影响。

天气不仅影响到施工进程，而且有时候天气过于恶劣，会对施工路面、场地，和已经施工完成的部分建筑物以及相关施工设备造成严重破坏，这将进一步制约施工的进行。反之，如果建筑工程施工的地域处于平坦地形，且交通便利便于设备和建筑材料的运输，且环境气候宜人，则有利于施工进程的控制。

（二）建筑工程材料、设备因素

材料、构配件、机具、设备供应环节的差错，品种、规格、质量、数量、时间不能满足工程的需要；特殊材料及新材料的不合理使用；施工设备不配套，造型不当，安装失误、有故障等，都会影响施工进度。

比如建筑材料供应不及时，就会出现缺料停工的现象，而工人的工资还需正常计费，这无疑是对企业的重创，不仅没有带来利润而且还消耗了人力资源。此外，在资金到位，所有材料一应俱全的时候，还需要注意材料的质量，确保材料质量达标，如果材料存在质量问题，在施工的过程中将会出现塌方、返工，影响施工质量，最终延误工期进程。

(三)施工技术因素

施工技术是影响施工进程的直接因素,尤其是一些大型的建筑项目或者是新型的建筑。即便是对于一些道路或者房屋建筑类的施工项目其中蕴含的施工技术也是大有讲究的,科学、合理的施工技法明显能够加快施工进程。

由于建筑项目的不同,因此建筑企业在选择施工方案的时候也有所不同,首先施工人员与技术人员要正确、全面地分析、了解项目的特点和实际施工情况,实地考察施工环境。并设计好施工图纸,施工图纸要求简单明了,在需要标注的地方一定要勾画出来,以免图纸会审工作中出现理解偏差,选择合适的施工技术保障在规定的时间内完成工程,在具体施工的过程中由于业主对需求功能的变更,原设计将不再符合施工要求,因此要及时调整、优化施工方案和施工技术。

(四)管理人员因素

整个建筑工程的施工中,排除外界环境的影响,人作为主体影响着整个工程的工期,其建筑项目的主要管理人员的能力与知识和经验直接影响着整个工程的进度,在实际的施工过程中,由于项目管理人员没有实践活动的经验基础,或者是没有真才实学,缺乏施工知识和技术,无法对一些复杂的影响工程进度的因素有一个好的把控。再或者是项目管理人员不能正确地认识工程技术的重要性,没有认真投入到项目建设中去,人为主观地降低了项目建设技术、质量标准,对施工中潜在的危险没有意识到,且对风险的预备处理不足,将对整个工程施工进程造成严重的影响。

此外,由于项目管理人员的管理不到位,工厂现场的施工工序和建筑材料的堆放不够科学、合理,造成对施工人员施工动作的影响,对后期的建筑质量造成了一定的冲击。对于施工人力资源和设备的搭配不够合理,浪费了较多的人力资源,致使施工中出现纰漏等等都将直接或间接地对施工进程造成一定的影响。最主要的一点就是项目管理人员在建筑施工前几个月内,对地方建设行政部门审批工作不够及时,也会影响施工工期,这种因素下对施工的影响可以说是人为主观对工程项目的态度不够端正直接造成的,一旦出现这种问题,企业则需要认真考虑是否重新指定相关项目负责人,防止对施工进程造成延误。

(五)其他因素

1.建设单位因素

如建设单位即业主使用要求改变而进行设计变更,应提供的施工场地条件不能及时提供或所提供的场地不能满足工程正常需要,不能及时向施工承包单位或材料供应商付款等都会影响到施工进度。

2.勘察设计因素

如勘察资料不准确,特别是地质资料错误或遗漏,设计内容不完善,规范应用不恰当,设计有缺陷或错误等。还有设计对施工的可能性未考虑或考虑不周,施工图纸供应不及时、不配套,出现重大差错等都会影响到施工进度。

(六)资金因素

工程项目的顺利进行必须要有雄厚的资金作为保障,由于其涉及多方利益,因此往往成为最受关注的因素。按其计入成本的方法划分,一般分为直接费用、间接费用两部分。

1.直接费用

直接费用是指直接为生产产品而发生的各项费用,包括直接材料费、直接人工费和其他直接支出。工程项目中的直接费用是指施工过程中直接耗费构成的支出。

2.间接费用

间接费用是指企业的各项目经理部为施工准备、组织和管理施工生产所发生的全部施工间接支出。

此外,如有关方拖欠资金,资金不到位、资金短缺、汇率浮动和通货膨胀等也都会影响建筑工程的进度。

二、建筑工程施工进度管理的具体措施

(一)对项目组织进行控制

在进行施工组织人员的组建过程中,要尽量选取施工经验丰富的人,为了能够实现工期目标,在签署合同过程后,要求项目管理人员及时到施工工地进行实地考察,制订实施性施工组织设计,还要与施工当地的政府和民众建立联

系,确保获得当地民众的支持,从而为建筑工程的施工创造有力的外界环境条件,确保施工顺利进行。在建筑工程项目施工前,要结合现场施工条件,来制订具体的建筑施工方案,确保在施工中实现施工的标准化,能够在施工中严格按照规定的管理标准来合理安排工序。

1.选择一名优秀合格的项目经理

在建筑工程施工中选择一名优秀合格的项目经理,对于工程项目的工程进度的提升具有十分积极的影响。在实际的建筑工程项目中会面临着众多复杂的状况,难以解决。如果选择一名优秀合格的项目经理的话,由于项目经理自身掌握着扎实的理论知识和过硬的专业技能,能够结合实际的建筑工程项目施工情况,最大限度地去利用现有资源去提升施工工程的施工效率。因此,在选择项目经理的时候,要注重考察项目经理的管理能力、执行能力、专业技能、人际交往能力等,只有这样才能够实现工程的合理妥善管理,对于缩短建筑工程施工工期有着巨大的帮助。

2.选择优秀合格的监理

要想对建筑施工工程工期进行合理控制,除了对施工单位采取措施外,要必须发挥工程监理的作用,协调各个承包单位之间的关系,实现良好的合作关系,缩短施工工期。而对于那些难以进行协调控制的环节和关系,在总的建筑工程施工进度安排计划中则要预留充分的时间进行调节。对于一项工程的业主和由业主聘请的监理工程师来说,要努力尽到自身的义务,尽力在规定的工期内完成施工任务。

(二)对施工物资进行控制

为了确保建筑工程施工进度符合要求,必须要对施工过程的每个环节中的材料、配件、构件等进行严格的控制。在施工过程中,要对所有的物资进行严格的质量检验工作。在制订出整个工程进度计划后,施工单位要根据实际情况来制订最合理的采购计划,在采购材料的过程中要重视材料的供货时间、供货地点、运输时间等,确保施工物资能够符合建筑工程施工过程中的需求。

(三)对施工机械设备进行控制

施工机械设备对建筑工程施工进度影响非常大,要避免因施工机械设备故障影响进度。在建筑施工中应用最广的塔吊对于整个工程项目的施工进度有着决定性作用,所以要重视塔吊问题,在塔吊的安装过程中就要确保塔吊的稳定性，然后必须要经过专门的质量安全机构进行检查，检查合格后才能够投入施工建设工作中，避免后续出现问题。然后，操作塔吊的工作人员必须是具有上岗证的专业人员。在施工场地中的所有建筑机械设备都要通过专门的部门检查和证明，所有的设备操作人员都要符合专业要求，并且要实施岗位责任制。此外，塔吊位置设置应科学合理，想方设法物尽其用。

（四）对施工技术和施工工序进行控制

尽量选用合适的技术加快进度，减少技术变更加快进度。在施工开展前要对施工工程的图纸进行审核工作，确保施工单位明确施工图纸中的每个细节，如果出现不懂或者疑问的地方，要及时地和设计单位进行联系，然后确保对图纸的全面理解。在对图纸全面理解过后，要对项目总进度计划和各个分项目计划做出宏观调控，对关键的施工环节编制严格合理的施工工序，确保施工进度符合要求。

第三节　建筑工程进度控制

一、建筑工程进度监测与调整的过程

（一）建筑工程项目进度控制的实施系统

建筑工程项目进度控制的实施系统是建设单位委托监理单位进行进度控制，监理单位根据建设监理合同分别对建设单位、设计单位、施工单位的进度控制实施监督，各单位都按本单位编制的各种进度计划实施，并接受监理单位的监督。各单位的进度控制实施又相互衔接和联系，进行合理而协调的运行，从而保证进度控制总目标的实现。

（二）建筑工程进度监测的系统过程

为了掌握项目的进度情况，在进度计划执行一段时间后就要检查实际进度是否按照计划进度顺利进行。在进度计划执行发生偏离时，编制调整后的施工进度计划，以保证进度控制总目标的实现。

在施工项目的实施过程中，为了进行施工进度控制，进度控制人员应经常性地、定期地跟踪检查施工实际进度情况，主要是收集施工项目进度材料，进行统计整理和对比分析，确定实际进度与计划进度之间的关系，其主要工作包括以下内容。

1.进度计划执行中的跟踪检查

跟踪检查施工实际进度是分析施工进度、调整施工进度的前提。其目的是收集实际施工进度的有关数据。跟踪检查的时间、方式、内容和收集数据的质量，将直接影响控制工作的质量和效果。

应按统计周期的规定进行定期检查，并应根据需要进行不定期检查。进度计划的定期检查包括规定的年、季、月、旬、周、日检查。不定期检查是指根据需要由检查人（组织）确定的专题（项）检查。其检查内容应包括工程量的完成情况、工作时间的执行情况、资源使用和与进度的匹配情况、上次检查提出问题的整改情况以及检查者确定的其他检查内容。

跟踪检查的主要工作是定期收集反映实际项目进度的有关数据。其收集的方式:一是以报表的形式收集;二是进行现场实地检查。收集的数据质量要高,不完整或不正确的进度数据将导致不全面或不正确的决策。为了全面准确地了解进度计划的执行情况,管理人员还必须认真做好以下三个方面的工作。

(1)经常定期地收集进度报表资料。进度报表是反映实际进度的主要方式之一,执行单位要经常填写进度报表。管理人员根据进度报表数据了解工程的实际进度。

(2)现场检查进度计划的实际执行情况。加强进度检查工作,要掌握实际进度的第一手资料,使其数据更准确。

(3)定期召开现场会议。定期召开现场会议,可使管理人员与执行单位有关人员面对面了解实际进度情况,同时也可以协调有关方面的进度。

究竟多长时间进行一次进度检查,这是管理人员应当确定的问题。通常,进度控制的效果与收集信息资料的时间间隔有关,不进行定期的进度信息资料收集,就难以达到进度控制的效果。进度检查的时间间隔与工程项目的类型、规模、各相关单位有关条件等多方面因素有关,可视具体情况每月、每半月或每周进行一次,在特殊情况下,甚至可能每天进行一次。

2.整理、统计和分析收集的数据

对收集到的施工项目实际进度数据,需要进行必要的整理,形成具有可比性的数据。一般可以按实物工程量、工作量和劳动消耗量以及累计百分比整理与统计实际收集的数据,以便与相应的计划进行对比。

将收集的资料整理和统计成与计划进度具有可比性的数据后,将施工项目实际进度与计划进度进行比较。通常采用的比较方法有横道图比较法、S形曲线比较法、“香蕉”形曲线比较法、前锋线比较法。通过比较可得出实际进度与计划进度一致、超前和拖后三种情况。

3.将实际进度与计划进度进行对比

将实际进度与计划进度进行对比是指将实际进度的数据与计划进度的数据进行比较。通常可以利用表格和图形进行比较,从而得出实际进度比计划进度拖后、超前还是与其一致的情况。

当实际进度与计划进度进行比较,判断出现偏差时,首先应分析该偏差对后续工作和对总工期的影响程度,然后才能决定是否调整以及调整的方法与措施。其具体步骤如下:

(1)分析出现进度偏差的工作是否为关键工作。若出现偏差的工作为关键工作，则无论偏差大小，其都将影响后续工作按计划施工并使工程总工期拖后，必须采取相应措施调整后期施工计划，以便确保计划工期；若出现偏差的工作为非关键工作，则需要进一步根据偏差值与总时差和自由时差进行比较分析，才能确定对后续工作和总工期的影响程度。

(2)分析进度偏差时间是否大于总时差。若某项工作的进度偏差时间大于该工作的总时差，则其将影响后续工作和总工期，必须采取措施进行调整；若进度偏差时间小于或等于该工作的总时差，则其不会影响工程总工期，但是否影响后续工作，需分析此偏差与自由时差的大小关系才能确定。

(3)分析进度偏差时间是否大于自由时差。若某项工作的进度偏差时间大于该工作的自由时差，说明此偏差必然对后续工作产生影响，应该如何调整，应根据后续工作的允许影响程度而定；若进度偏差时间小于或等于该工作的自由时差，则其对后续工作毫无影响，不必调整。

(三)建筑工程进度调整的系统过程

在项目进度监测过程中一旦发现实际进度与计划进度不符，即出现进度偏差时，进度控制人员必须认真分析产生偏差的原因及其对后续工作和总工期的影响，并采取合理的调整措施，确保进度总目标的实现。

1.分析产生进度偏差的原因

经过进度监测的系统过程，了解实际进度产生的偏差。为了调整进度，管理人员应深入现场进行检查，分析产生偏差的原因。

2.分析偏差对后续工作和总工期的影响

在查明产生偏差的原因之后，作必要的调整之前，要分析偏差对后续工作和总工期的影响，确定是否应当调整。

3.确定影响后续工作和总工期的限制条件

在分析了偏差对后续工作和总工期的影响后，需要采取一定的调整措施时，应当首先确定进度可调整的范围。其主要指关键工作、关键线路、后续工作的限制条件以及总工期允许变化的范围。其往往与签订的合同有关，要认真分析，尽量防止后续分包单位提出索赔。

4.采取进度调整措施

采取进度调整措施，应以后续工作的总工期的限制条件为依据，对原进度计划进行调整，以保证按要求的进度实现目标。在对实施的进度计划分析的基础上，应确定调整原计划的措施，一般主要有以下几种。

(1)改变某些工作间的逻辑关系。若检查的实际施工进度产生的偏差影响了总工期,在工作之间的逻辑关系允许改变的条件下,可以改变关键线路和超过计划工期的非关键线路上的有关工作之间的逻辑关系,达到缩短工期的目的。用这种方法调整的效果是很显著的。例如,把依次进行的有关工作改成平行的或相互搭接的,以及分成几个施工段进行流水施工等,都可以达到缩短工期的目的。

(2)缩短某些工作的持续时间。这种方法是不改变工作之间的逻辑关系,而是缩短某些工作的持续时间,使施工进度加快,并保证实现计划工期的方法。被压缩持续时间的工作是位于实际施工进度的拖延而引起总工期增长的关键线路和某些非关键线路上的工作。这种方法实际上就是采用网络计划优化的方法。

(3)资源供应的调整。如果资源供应发生异常(供应满足不了需要),应采用资源优化的方法对计划进行调整,或采取应急措施,使其对工期的影响最小化。

(4)增减工程量。增减工程量主要是指改变施工方案、施工方法,从而导致工程量的增加或减少。

(5)起止时间的改变。起止时间的改变应在相应工作时差范围内进行。每次调整必须重新计算时间参数,观察该项调整对整个施工计划的影响。调整时可采用的方法有:将工作在其最早开始时间和其最迟完成时间范围内移动、延长工作的持续时间、缩短工作的持续时间。

5.实施调整后的进度计划

在项目的继续实施中,执行调整后的进度计划。此时管理人员要及时协调有关单位的关系,并采取相应的经济、组织与合同措施。

二、建筑工程进度计划实施的分析对比

建筑工程进度比较与计划调整是实施进度控制的主要环节。计划是否需要调整以及如何调整,必须以施工实际进度与计划进度进行比较分析后的结果作为依据和前提。因此,施工项目进度比较分析是进行计划调整的基础。常用的比较方法有以下几种。

(一)横道图比较法

用横道图编制实施进度计划．是人们常用的、很熟悉的方法。其简明、形象和直观,编制方法简单,使用方便。

横道图比较法是指将实施过程中检查实际进度收集的数据,经加工整理后直接用横道线平行绘于原计划的横道线处,进行实际进度与计划进度的比较。

1.匀速进展横道图比较法

匀速进展是指在工程项目中,每项工作在单位时间内完成的任务量都是相等的,即工作的进展速度是均匀的。此时每项工作累计完成的任务量与时间呈线性关系。完成的任务量可以用实物工程量、劳动消耗量或费用支出表示。为了便于比较,通常用上述物理量的百分比表示。

因此,匀速进度横道图比较法的比较步骤如下。

(1)编制横道图进度计划。

(2)在进度计划上标出检查日期。

(3)将检查收集的实际进度数据,按比例用涂黑的粗线标于计划进度线的下方。

(4)比较分析实际进度与计划进度。涂黑的粗线右端与检查日期重合,表明实际进度与计划进度一致;涂黑的粗线右端在检查日期左侧,表明实际进度拖后;涂黑的粗线右端在检查日期的右侧,表明实际进度超前。

需要注意的是,该方法仅适用于从开始到结束的整个工作过程,其进展速度均为固定不变的情况。如果工作的进展速度是变化的,则不能采用这种方法进行实际进度与计划进度的比较,否则,会得出错误的结论。

2.非匀速进展横道图比较法

当工作在不同单位时间里的进展速度不相等时,累计完成的任务量与时间的关系就不可能是线性关系。若仍采用匀速进展横道图比较法,就不能反映实际进度与计划进度的对比情况,此时,应采用非匀速进展横道图比较法进行工作实际进度与计划进度的比较。

非匀速进展横道图比较法在用涂黑粗线表示工作实际进度的同时,还要标出其对应时刻完成任务量的累计百分比,并将该百分比与其同时刻计划完成任务量的累计百分比相比,判断工作实际进度与计划进度之间的关系。

采用非匀速进展横道图比较法时,步骤如下。

(1)绘制横道图进度计划。

(2)在横道线上方标出各主要时间工作的计划完成任务量累计百分比。

(3)在横道线下方标出相应时间工作的实际完成任务量累计百分比。

(4)用涂黑粗线标出工作的实际进度,从开始之日标起,同时,反映出该工作在实施过程中的连续与间断情况。

(5)通过比较同一时刻实际完成任务量累计百分比和计划完成任务量累计百分比,判断工作实际进度与计划进度之间的关系。如果同一时刻横道线上方累计百分比大于横道线下方累计百分比,表明实际进度拖后,拖后的任务量为两者之差;如果同一时刻横道线上方累计百分比小于横道线下方累计百分比,表明实际进度超前,超前的任务量为两者之差;如果同一时刻横道线上、下方两个累计百分比相等,表明实际进度与计划进度一致。

横道图比较法虽有记录和比较简单、现象直观、易于掌握、使用方便等优点,但由于其以横道计划为基础,因此带有不可克服的局限性。在横道计划中,各项工作之间的逻辑关系表达不明确,关键工作和关键线路无法确定。一旦某些工作实际进度出现偏差,就难以预测其对后续工作和工作总工期的影响,也就难以确定相应的进度计划调整方法。因此,横道图比较法主要用于工程项目中某些工作实际进度与计划进度的局部比较。

(二)S形曲线比较法

S形曲线比较法是以横坐标表示进度时间,以纵坐标表示累计完成任务量,绘制出一条按计划时间累计完成任务量的S形曲线,将工程项目的各检查时间实际完成的任务量绘在S形曲线图上,进行实际进度与计划进度的比较的一种方法。

从整个工程项目的施工全过程看,一般是开始和结束时,单位时间投入的资源量较少,中间阶段单位时间内投入的资源量较多,与其相关单位时间完成的任务量也呈同样的变化;而随时间进展累计完成的任务量,则应该呈S形变化。这种以S形曲线判断实际进度与计划进度关系的方法,称为S形曲线比较法。

S形曲线比较法同横道图比较法一样,是通过图上直观对比进行施工实际进度与计划进度比较的方法。

（三）“香蕉”形曲线比较法

1.“香蕉”形曲线的形成

“香蕉”形曲线是两条S形曲线组合成的闭合曲线。从S形曲线的绘制过程中可知，任何一个工程项目，从某一时间开始施工，根据其计划进度要求而确定的施工进展时间与相应的累计完成任务量的关系都可以绘制出一条计划进度的S形曲线。

因此，按任何一个工程项目的施工计划，都可以绘制出两种曲线：以最早开始时间安排进度而绘制的S形曲线，称为ES曲线；以最迟开始时间安排进度而绘制的S形曲线，称为LS曲线。

两条S形曲线都是从计划的开始时刻开始和完成时刻结束，因此两条曲线是闭合的，ES曲线在LS曲线的左上方，两条曲线之间的距离是中间段大，向两端逐渐变小，在端点处重合，形成一个形如“香蕉”的闭合曲线，故称为“香蕉”形曲线。

2.“香蕉”形曲线比较法的作用

(1)“香蕉”形曲线主要是起控制作用。严格控制实际进度的变动范围，使实际进度的曲线处于“香蕉”形曲线范围内，就能保证按期完工。

(2)确定是否调整后期进度计划。进行施工实际进度与计划进度的ES曲线和LS曲线的比较，以便确定是否应采取措施调整后期的施工进度计划。

(3)预测后期工程发展趋势。确定在检查时的施工进展状态下，预测后期工程施工的ES曲线和LS曲线的发展趋势。

（四）前锋线比较法

前锋线比较法是通过绘制某检查时刻工程项目实际进度前锋线，进行工程实际进度与计划进度比较的方法。其主要适用于时标网络计划。前锋线是指在原时标网络计划上，从检查时刻的时标点出发，用点画线依次将各项工作实际进展位置点连接而成的折线。前锋线比较法就是通过实际进度前锋线与原进度计划中各工作箭线交点的位置来判断工作与计划进度的偏差，进而判定该偏差对后续工作及总工期影响程度的一种方法。

1.前锋线的绘制

在时标网络计划中，从检查时刻的时标点出发，首先连接与其相邻的工作箭线的实际进度点，由此再去连接该箭线相邻工作箭线的实际进度点，依此类推，将检查时刻正在进行工作的点都依次连接起来，组成一条一般为折线的前锋线。

2.前锋线的分析

(1)判定进度偏差。按前锋线与箭线交点的位置判定工程实际进度与计划进度的偏差。

(2)实际进度与计划进度有三种关系。前锋线明显地反映出检查日时间有关工作实际进度与计划进度的关系，即实际进度点与检查日时间相同，则该工作实际与计划进度一致；实际进度点位于检查日时间右侧，则该工作实际进度超前；实际进度点位于检查日时间左侧，则该工作实际进度拖后。

(五)列表比较法

当工程进度计划用非时标网络图表示时，可以采用列表比较法进行实际进度与计划进度的比较。这种方法是记录检查日期应该进行的工作名称及其已经完成作业的时间，然后列表计算有关时间参数，并根据工作总时差进行实际进度与计划进度的比较。

用列表比较法进行实际进度与计划进度的比较，其步骤如下。

(1)对于实际进度检查日期应该进行的工作，根据已经完成作业的时间，确定其尚需作业时间。

(2)根据原进度计划计算原计划时间与原计划任务实际完成最终时间的差距。

(3)计算工作尚有总时差，其值等于从工作检查日期到原计划最迟完成时间的尚余时间与该工作尚需作业时间之差。

(4)比较实际进度与计划进度，可能有以下几种情况：

①如果工作尚有总时差与原有总时差相等，说明该工作实际进度与计划进度一致。

②如果工作尚有总时差大于原有总时差，说明该工作实际进度超前，超前的时间为两者之差。

③如果工作尚有总时差小于原有总时差，且仍为非负值，说明该工作实际进度拖后，拖后的时间为两者之差，但不影响总工期。

④如果工作尚有总时差小于原有总时差，且为负值，说明该工作实际进度拖后，拖后的时间为两者之差，此时工作实际进度偏差将影响总工期。

三、建筑工程施工阶段的进度控制

(一)施工进度计划的动态检查

在施工进度计划的实施过程中,各种因素的影响,常常会打乱原始计划的安排而出现进度偏差。因此,进度控制人员必须对施工进度计划的执行情况进行动态检查,并分析进度偏差产生的原因,以便为施工进度计划的调整提供必要的信息,其主要工作包括以下内容。

1.跟踪检查施工实际进度

为了对施工进度计划的完成情况进行统计、进度分析和为调整计划提供信息,应对施工进度计划依据其实施记录进行跟踪检查。

跟踪检查施工实际进度是分析施工进度、调整进度计划的前提,其目的是收集实际施工进度的有关数据。跟踪检查的时间、方式、内容和收集数据的质量,将直接影响进度控制工作的质量和效果。

检查的时间与施工项目的类型、规模,施工条件和对进度执行要求程度有关,其通常分两类:一类是日常检查,另一类是定期检查。日常检查是常驻现场的管理人员每日对施工情况进行检查,采用施工记录和施工日志的方法记载下来;定期检查一般与计划安排的周期和召开现场会议的周期一致,可视工程的情况,每月、每半月、每旬或每周检查一次。若施工中遇到天气、资源供应等不利因素的严重影响,检查的间隔时间可临时缩短。定期检查应在制度中规定。

检查和收集资料时,一般采用进度报表方式或定期召开进度工作汇报会。为了保证汇报资料的准确性,进度控制的工作人员要经常地、定期地到现场勘察,准确地掌握施工项目的实际进度。

检查的内容主要包括在检查时间段内任务的开始时间、结束时间,已进行的时间,完成的实物量或工作量,劳动量消耗情况及主要存在的问题等。

2.整理统计检查数据

对于收集到的施工实际进度数据,要进行必要的整理,并按计划控制的工作项目内容进行统计;要以相同的量和进度,形成与计划进度具有可比性的数据。其一般可以按实物工程量、工作量和劳动消耗量以及累计百分比,整理和统计实际检查的数据,以便与相应的计划完成量进行对比分析。

3.对比分析实际进度与计划进度

将收集的资料整理和统计成与计划进度具有可比性的数据后，将实际进度与计划进度进行比较分析。通常采用的比较方法有横道图比较法、S形曲线比较法、前锋线比较法、“香蕉”形曲线比较法、列表比较法等。通过比较得出实际进度与计划进度一致、超前及拖后三种情况，从而为决策提供依据。

4.施工进度检查结果的处理

施工进度检查要建立报告制度，即将施工进度检查比较的结果、有关施工进度现状和发展趋势，以最简练的书面报告形式提供给有关主管人员和部门。

进度报告原则上由计划负责人或进度管理人员与其他项目管理人员(业务人员)协作编写。进度报告时间一般与进度检查时间相协调，一般每月报告一次，重要的、复杂的项目每旬或每周报告一次。进度控制报告根据报告的对象不同，一般分为以下三个级别。

(1)项目概要级的进度报告。它是以整个施工项目为对象描述进度计划执行情况的报告。它是报给项目经理、企业经理或业务部门以及监理单位或建设单位(业主)的。

(2)项目管理级的进度报告。它是以单位工程或项目分区为对象描述进度情况的报告，重点是报给项目经理和企业业务部门及监理单位。

(3)业务管理级的进度报告。它是以某个重点部位或某项重点问题为对象编写的报告，供项目管理者及各业务部门使用，以便采取应急措施。

进度报告的内容根据报告的级别和编制范围的不同有所差异，主要包括：项目实施情况、管理概况、进度概要，项目施工进度、形象进度及简要说明，施工图纸提供进度，材料、物资、构配件供应进度，劳务记录及预测；日历计划，建设单位(业主)、监理单位和施工主管部门对施工者的变更指令等。

(二)施工进度计划的调整

1.分析进度偏差的影响

在工程项目实施过程中，通过实际进度与计划进度的比较，发现有进度偏差时，需要分析该偏差对后续工作及总工期的影响，从而采取相应的调整措施对原进度计划进行调整，以确保工期目标的顺利实现。进度偏差的大小及其所处的位置不同，其对后续工作和总工期的影响程度是不同的，分析时需要利用网络计划中工作总时差和自由时差的概念进行判断。

(1)分析出现进度偏差的工作是否为关键工作。如果出现进度偏差的工作位于关键线路上，即该工作为关键工作，则无论其偏差有多大，都将对后续工作和总工期产生影响，必须采取相应的调整措施；如果出现偏差的工作是非关键工作，则需要根据进度偏差值与总时差和自由时差的关系做进一步分析。

(2)分析进度偏差是否超过总时差。如果工作的进度偏差大于该工作的总时差，则此进度偏差必将影响其后续工作和总工期，必须采取相应的调整措施；如果工作的进度偏差未超过该工作的总时差，则此进度偏差不影响总工期。至于其对后续工作的影响程度，还需要根据偏差值与其自由时差的关系做进一步分析。

(3)分析进度偏差是否超过自由时差。如果工作的进度偏差大于该工作的自由时差，则此进度偏差将对其后续工作产生影响，此时应根据后续工作的限制条件确定调整方法；如果工作的进度偏差未超过该工作的自由时差，则此进度偏差不影响后续工作，因此，原进度计划可以不作调整。

2.施工进度计划的调整方法

通过检查分析，如果发现原有进度计划已不能适应实际情况，为了确保进度控制目标的实现或新的计划目标的确定，就必须对原有进度计划进行调整，以形成新的进度计划，作为进度控制的新依据。施工进度计划的调整方法主要有两种：一是改变某些工作之间的逻辑关系，二是缩短某些工作的持续时间。在实际工作中，应根据具体情况选用上述方法进行进度计划的调整。

组织措施就是增加工作面，组织更多的施工队伍；增加每天的施工时间（如采用“三班制”等）；增加劳动力和施工机械的数量等。技术措施就是改进施工工艺和施工技术，缩短工艺技术间歇时间；采用更先进的施工方法，以减少施工过程的数量；采用更先进的施工机械等。经济措施包括实行包干奖励、提高奖金数额、对所采取的技术措施给予相应的经济补偿等。其他配套措施有改善外部配合条件、改善劳动条件、实施强有力的调度等。

一般来说，不管采取何种措施，都会增加费用。因此，在调整施工进度计划时，应利用费用优化的原理选择费用增加量最小的关键工作作为压缩对象。

除分别采用上述两种方法来缩短工期外，有时由于工期拖延得太长，当采用某种方法进行调整，其可调整的幅度又受到限制时，还可以同时利用这两种方法对同一施工进度计划进行调整，以满足工期目标的要求。

（三）工程延期

在建筑工程施工过程中，其工期的延长可分为工程延误和工程延期两种。

如果由于承包单位自身的原因，工程进度拖延，这称为工程延误；如果由于承包单位以外的原因，工程进度拖延，这称为工程延期。虽然它们都是使工期拖后，但由于性质不同，因而责任也就不同。如果属于工程延误，则由此造成的一切损失由承包单位承担。同时，业主还有权对承包单位进行误期违约罚款。如果属于工程延期，则承包单位不仅有权要求延长工期，而且还有权向业主提出赔偿费用以弥补由此造成的额外损失。因此，对承包单位来说，及时向监理工程师申报工程延期是十分重要的。

1.申报工程延期的条件

由于以下原因造成工期拖延，承包单位有权提出延长工期的申请，监理工程师应按合同规定，批准工程延期时间：

(1)监理工程师发出工程变更指令而导致工程量增加。

(2)合同所涉及的任何可能造成工程延期的原因，如延期交图、工程暂停、对合格工程的剥离检查及不利的外界条件等。

(3)异常恶劣的气候条件。

(4)由业主造成的任何延误、干扰或障碍，如未及时提供施工场地、未及时付款等。

(5)除承包单位自身外的其他任何原因。

2.工程延期的审批程序

当工程延期事件发生后，承包单位应在合同规定的有效期内以书面形式通知监理工程师(即工程延期意向通知)，以便于监理工程师尽早了解所发生的事件，及时作出一些减少延期损失的决定。随后，承包单位应在合同规定的有效期内(或监理工程师可能同意的合理期限内)向监理工程师提交详细的申述报告(延期理由及依据)。监理工程师收到该报告后应及时进行调查核实，准确地确定工程延期的时间。

当延期事件具有持续性，承包单位在合同规定的有效期内不能提交最终详细的申述报告时，应先向监理工程师提交阶段性的详情报告。监理工程师应在调查核实阶段性报告的基础上，尽快作出延长工期的临时决定。临时决定延期的时间不宜太长，一般不超过最终批准的延期时间。

待延期事件结束后，承包单位应在合同规定的期限内向监理工程师提交最终的详情报告。监理工程师应复查详情报告的全部内容，然后确定该延期事件所需要的延期时间。

四、建筑工程物资供应的进度控制

建筑工程物资供应是指工程项目建设中所需各种材料、构配件、制品、各类施工机具和施工生产中使用的国内制造的大型设备、金属结构，以及国外引进的成套设备或单机设备等的供给。

（一）建筑工程物资供应进度控制的概念

物资供应进度控制是物资管理的主要内容之一。项目物资供应进度控制是在一定的资源（人力、物力、财力）条件下，在实现工程项目一次性特定目标的过程中对物资的需求进行的计划、组织、协调和控制。其中，计划是把工程建设所需的物资供给纳入计划，进行预测、预控，使供给有序地进行；组织是划清供给过程诸方的责任、权力和利益，通过一定的形式和制度，建立高效率的组织保证体系，确保物资供应计划的顺利实施；协调主要是针对供应的不同阶段、所涉及的不同单位和部门所进行的沟通和协调，使物资供应的整个过程均衡而有节奏地进行；控制是对物资供应过程的动态管理，使物资供应计划的实施始终处在动态的循环控制过程中，经常定期地将实际供应情况与计划进行对比，发现问题并及时进行调整，确保工程项目所需的物资按时供给，最终实现供应目标。

根据工程项目的特点，在物资供应进度控制中应注意以下几个问题。

(1)由于规划项目的特殊性和复杂性，使物资的供应存在一定的风险，因此要求编制周密的计划并采用科学的管理方法。

(2)由于工程项目具有局部的系统性和状态的局部性，因此要求对物资的供应建立保证体系，并处理好物资供应与投资、质量、进度之间的关系。

(3)材料的供应涉及众多不同的单位和部门，因而使材料管理工作具有一定的复杂性，这就要求与有关的供应部门认真签订合同，明确供求双方的权利与义务，并加强各单位、各部门之间的协调。

（二）建筑工程物资供应的特点

建筑工程在施工期间必须按计划逐步供应所需物资。建筑工程的特点是物资供应的数量大、品种多，材料和设备费用占整个工程的比例大，物资消耗不均匀，受内部和外部条件影响大以及物资供应市场情况复杂多变等。

(三)建筑工程物资供应进度的目标

物资供应是一个复杂的系统工程,为了确保这个系统工程的顺利实施,必须首先确定这个系统的目标(包括系统的分目标),并以此目标制定不同时期和不同阶段的物资供应计划,用以指导实施。由此可见,物资供应目标的确定,是一项非常重要的工作,没有明确的目标,计划难以制订,控制工作便失去了意义。

物资供应的总目标就是按照需求适时、适地、按质、按量以及成套齐备地将物资提供给使用部门,以保证项目投资目标、进度目标和质量目标的实现。为了总目标的实现,还应确定相应的分目标。目标一经确定,应通过一定的形式落实到各有关的物资供应部门,并以此作为对其工作进行考核和评价的依据。

1.物资供应与施工进度的关系

(1)物资供应滞后施工进度。在工程实施过程中,常遇到的问题就是由于物资的到货日期推迟而影响工程进度。在大多数情况下,引起到货日期推迟的因素是不可避免的,也是难以控制的。但是,如果管理人员随时掌握物资供应的动态信息,并且及时地采取相应的补救措施,就可以避免到货日期推迟所造成的损失或者将损失降到最低。

(2)物资供应超前施工进度。确定物资供应进度目标时,应合理安排供应进度及到货日期。物资过早进场,将会给现场的物资管理带来不利,增加投资。

2.物资供应目标和计划的影响因素

在确定目标和编制供应计划时,应着重考虑以下几个问题。

(1)确定能否按工程项目进度计划的需要及时供应材料,这是保证工程进度顺利实施的物质基础。

(2)资金是否能够得到保证。

(3)物资的供应是否超出了市场供应能力。

(4)物资可能的供应渠道和供应方式。

(5)物资的供应有无特殊要求。

(6)已建成的同类或相似项目的物资供应目标和实际计划。

(7)其他条件,如市场、气候、运输能力等。

(四)建筑工程物资供应计划的编制

物资供应计划是对工程施工及安装所需物资的预测和安排,是指导和组织工程项目的物资采购、加工、储备、供货和使用的依据。其最根本的作用是保障项目的物资需要,保证按施工进度计划组织施工。

物资供应计划的一般编制程序可分为准备阶段和编制阶段。准备阶段主要是调查研究,收集有关资料,进行需求预测和采购决策;编制阶段主要是核算施工需要量、确定储备、优化平衡、审查评价和上报或交付执行。

在编制的准备阶段必须明确物资的供应方式。一般情况下,按供货渠道可分为国家计划供应和市场自行采购供应;按供应单位可分为建设单位采购供应、专门物资采购部门供应、施工单位自行采购或共同协作分别采购供应。

五、建筑工程进度优化管理

(一)建筑工程项目进度优化管理的意义

知道整个项目的持续时间时,可以更好地计算管理成本(预备),包括管理、监督和运行成本;可以使用施工进度来计算或肯定地检查投标估算;以投标价格提交投标表,从而向客户展示如何构建该项目。正确构建的施工进度计划可以通过不同的活动来实现。这个过程可以缩短或延长整个项目的持续时间。通过适当的资源调度,可以改变活动的顺序,并延长或缩短持续时间,使资源的配置更加优化。这有助于降低资源需求并保持资源的连续性。

进度表显示团队的目标以及何时必须满足这些目标。此外它还显示了团队必须遵循的路线——它提供了一系列的任务来指导项目经理和主管需要从事哪些活动,哪些是他们应该计划的活动。如果没有这一计划,施工单位可能不知道何时应当实现预定目标。施工进度计划提供了在项目工地上需要建筑材料的日期,可以用来监测分包商和供应商的进度。更为重要的是,进度表提供了施工进度是否按进度进行的反馈,以及项目是否能按时完成。当发现施工进度下降时,可以采取行动来提高施工效率。

(二)工程项目的成本与质量进度的优化

工程项目控制三大目标即工程项目质量、成本、进度。这三者之间相互影响、相互依赖。在满足规定成本、质量要求的同时使工程施工工期缩短也是项目进度控制的理想状态。在工程项目的实际管理中,工程项目管理人员要根据施工合同中要求的工期和要求的质量完成项目,与此同时工程项目管理人员也要控制项目的成本。

为保证建筑工程项目高质量、低成本的同时，又能够缩短工程项目进度的完成时间，这就需要工程管理人员能够有效地协调工程项目质量、成本和进度，尽可能达到工程项目的质量、成本的要求完成工程项目的进度。但是，在工程项目进度估算过程中会受到部分外来因素影响，造成与工程合同承诺不一致的特殊情况，就会导致项目进度难以依照计划进度完成。

所以，在实际的工程项目管理中，管理人员要结合实际情况与工程项目定量、定向的工程进度，对项目成本与工程质量约束下的工程工期进行理性的研究与分析，进而对有问题的工程进度及时采取有效措施调整，以便实现工程项目的工程质量和项目成本中进度计划的优化。

（三）工程项目进度资源的总体优化

在建筑工程项目进度实现过程中和施工所耗用的资源看，只有尽可能节约资源和合理地对资源进行配置，才能实现建筑项目工程总体的优化。因此，必须对工程项目中所涉及的工程资源、工程设备以及工人进行总体优化。在建筑工程项目的进度中，只有对相关资源合理投入与配置，在一定的期限内限制资源的消耗，才能获得最大经济效益与社会效益。

所以，工程施工人员就需要在项目进行的过程中坚持几点原则：第一，用最少的货币来衡量工程总耗用量；第二，合理有效地安排建筑工程项目需要的各种资源与各种结构；第三，要做到尽量节约以及合理替代枯竭型和稀缺型资源；第四，在建筑工程项目的施工过程中，尽量均衡施工过程中资源的投入。

为了使上述要求均可以得到实现，建筑施工管理人员必须做好以下几点要求：一是要严格遵循工程项目管理人员制订的关于项目进度计划的规定，提前对工程项目的劳动计划进度做出合理规划。二是要提前对工程项目中所需用的工程材料及与之相关的资源进行预期估计，从而达到优化和完善采购计划的目的，避免出现资源材料浪费的情况。三是要根据工程项目的预计工期、工程量大小，工程质量、项目成本，以及各项条件所需要的完备设备，从而合理地去选择工程中所需设备的购买以及租赁的方式。

第七章　建筑工程资源管理

第一节　劳动力管理

一、劳动力的优化配置

劳动力是指建筑工程项目的一线工作人员。在项目人力资源管理中，劳动力的管理是基础。对劳动力的管理，就是对劳动力进行合理安排，使其在项目实施过程中处于较高的效率。这样，就需要对劳动力进行优化配置。

（一）劳动力优化配置的依据

劳动力优化配置的目的是保证生产计划或项目进度计划的实现，使人力资源得到充分利用，降低工程成本。因此，劳动力优化配置的依据首先是项目。不同项目所需劳动力的种类、数量不同。

就企业来讲，劳动力配置的依据是劳动力需要量计划。企业的劳动力需要量计划根据企业的生产任务与劳动生产率水平来计算。

就项目来讲，劳动力配置的依据是项目进度计划。劳动力资源的时间安排主要取决于进度计划。例如，在某个时间段需要什么样的劳动力、需要多少，应根据在该时间段所进行的工作或活动情况确定。当然，劳动力的优化配置和进度计划之间存在着综合平衡和优化问题。项目的劳动力资源供应环境，是确定劳动力来源的主要依据。项目不同，其劳动力资源供应环境亦不相同，项目所需劳动力取自何处，应在分析项目劳动力资源供应环境的基础上加以正确选择。

(二)劳动力优化配置的方法

劳动力的优化配置,首先,应根据项目分解结构,按照充分利用、提高效率、降低成本的原则确定每项工作或活动所需劳动力的种类和数量;然后,根据项目的初步进度计划进行劳动力配置及时间安排,在此基础上进行劳动力资源的平衡和优化;同时,考虑劳动力资源的来源;最终,形成劳动力优化配置计划。具体来说,应注意以下问题。

(1)应在劳动力需要量计划的基础上进一步具体化,以防漏配。必要时,应根据实际情况对劳动力计划进行调整。

(2)如果现有的劳动力能满足要求,配置时尚应贯彻节约原则。如果现有劳动力不能满足要求,项目经理部应向企业申请加配,或进行项目外招募,或分包出去。

(3)配置的劳动力应积极、可靠,使其有超额完成的可能,以获得奖励,进而激发其劳动积极性。

(4)尽量保持劳动力和劳动组织的稳定,防止频繁变动。但是,当劳动力或劳动组织不能适应任务要求时,则应进行调整,并敢于改变原建制进行优化组合。

(5)工种组合、技术工种和一般工种比例应适当、配套。

(6)力求使劳动力配置均匀,劳动力资源强度适当,以达到节约的目的。

二、劳动力的组织形式

劳动力组织是指劳务市场向建筑工程项目供应劳动力的组织方式及项目实施中班组内劳动力的结合方式。

企业劳务部门所管理的劳动力,应组织成作业队(或称劳务承包队),可以成建制地或部分地承包项目经理部所辖的一部分或全部工程的劳务作业。该作业队内设管理人员 10 人以下,可辖 200～400 人,其职责是接受劳务部门的派遣、承包工程、进行内部核算、职工培训、思想工作、生活服务、支付工人劳动报酬等;如果企业规模较大,还可由 3～5 个作业队组成劳务分公司,亦实行内部核算。作业队内划分班组。

项目经理部根据计划或劳务合同,在接收到作业队派遣的作业人员后根据工程的需要,保持原建制不变或重新进行组合,组合的形式有三种。

1.专业班组

即按施工工艺，由同一工种（专业）的工人组成的班组。专业班组只完成其专业范围内的施工过程。这种组织形式有利于提高专业施工水平，提高熟练程度和劳动效率，但是给协作配合增加了难度。

2.混合班组

它由相互联系的多工种工人组成，可以在一个集体中进行混合作业，工作中可以打破每个工人的工种界限。这种班组对协作有利，但却不利于专业技能及熟练水平的提高。

3.大包队

这实际上是扩大了的专业班组或混合班组，适用于一个单位工程或分部工程的作业承包，队内还可以划分专业班组。其优点是可以进行综合承包，独立施工能力强，有利于协作配合，简化了管理工作。

三、劳务承包责任制

对于建筑业企业来讲，内部的劳动服务方式应当实行劳务承包责任制，即由企业劳务管理部门与项目经理部通过签订劳务承包协议承包劳务，派遣作业队完成承包任务。作业队到达项目现场以后，服从项目经理部的具体安排，接受根据承包合同下达的承包任务书或施工任务单，按承包任务书或任务单的要求进行施工。

（一）劳务协议的内容

劳务协议由企业劳务管理部门和项目经理部签订，包括以下内容。

(1)作业任务，及应提供的计划工日数和劳动力人数；

(2)进度要求及进场、退场时间；

(3)双方的管理责任；

(4)劳务费计取及结算方式；

(5)奖励与罚款。

其中的关键内容是双方的责任。企业劳务管理部门应负责承包任务量的完成，即包进度、包质量、包安全、包节约、包文明施工、包劳务费用。项目经理部应负责作业队进场后的各种保证：保证施工任务饱满和生产的连续性、均衡性，保证物资供应和机械配套，保证各项质量、安全防护措施落实，保证技术资料及时供应,保证文明施工所需的一切费用及设施等。

(二)劳务承包责任书的内容

劳务承包责任书由劳务管理部门作业队下达,是上级向下级下达任务、下级向上级作出承诺的协议性文件。它与合同的不同之处在于,前者体现上下级之间的领导与被领导关系,而后者体现平等关系。责任书是根据已签订的合同建立的,劳务承包责任书的内容如下:

(1)作业队承包的任务内容及计划安排;

(2)对作业队的进度、质量、安全、节约、协作和文明施工的要求;

(3)考核标准及作业队应得的报酬、上缴任务;

(4)对作业队的奖罚规定。

四、劳动力的动态管理

劳动力的动态管理指的是根据生产任务和施工条件的变化对劳动力进行跟踪协调、平衡,以解决劳务失衡、劳务与生产要求脱节的动态过程,其目的就是实现动态中劳动力的优化组合。

(一)劳务管理部门对劳动力的动态管理起主导作用

由于企业劳务管理部门对劳动力进行集中管理,故它在动态管理中起着主导作用。进行动态管理,应做好以下几方面的工作:

(1)根据施工任务的需要和变化,从社会劳务市场中招募和遣返(辞退)劳动力;

(2)根据项目经理部所提出的劳动力需要量计划与项目经理部签订劳务合同,并按合同向作业队下达任务,派遣队伍;

(3)进行企业范围内劳动力的平衡、调度和统一管理。施工项目中的承包任务完成后,收回作业人员,重新进行平衡、派遣;

(4)负责对企业劳务人员的工资、奖金进行管理,实行按劳分配,兑现劳务承包责任书中的经济利益条款,进行合乎规章制度及劳务承包责任书约定的奖罚。

（二）项目经理部是项目施工范围内劳动力动态管理的直接责任者

项目经理部劳动力动态管理的责任如下。

(1)按计划要求向企业劳务管理部门申请派遣劳务人员，并签订劳务合同；

(2)按计划在项目中分配劳务人员，并下达施工任务单或承包任务书；

(3)在施工中不断进行劳动力平衡、调整，解决施工要求与劳动力数量、工种、技术能力及相互配合中存在的矛盾，并在施工过程中按合同要求与企业劳务部门保持信息沟通，确保双方在人员使用和管理方面协调一致；

(4)按合同支付劳务报酬，解除劳务合同后，将人员遣返企业劳务管理部门。

（三）劳动力动态管理的原则

(1)动态管理应以进度计划与劳务合同为依据；

(2)动态管理应始终以企业内部市场为依托，允许劳动力在市场内作充分、合理地流动；

(3)动态管理应以动态平衡和日常调度为手段；

(4)动态管理应以达到劳动力优化组合和充分调动作业人员的积极性为目的。

（四）劳动纪律

劳动纪律是施工过程中集体协作性和不可间断性的客观要求，是社会化大生产不可缺少的基本条件。凡有集体劳动存在，就必须有统一的纪律和权威。没有一个强制性的纪律来统一意志和行动，项目施工根本不可能进行。企业劳动纪律的内容如下。

(1)遵守企业的一切规章制度；

(2)服从组织纪律，如下级服从上级、个人服从组织、工人服从班组长指挥调度等；

(3)遵守考勤制度；

(4)遵守奖惩制度。

五、建筑工程项目的劳动分配方式

(一)劳动分配的内容

(1)作业队劳务费的收入。

(2)作业队对班组劳动报酬的支付及奖罚收支。

(3)作业队向劳务管理部门的上缴任务。

(4)班组内部的分配。

(5)项目经理部与企业劳务部门劳务费的结算。

(二)劳动分配的依据

(1)企业的劳动分配制度。

(2)劳动工资核算资料及设计预算。

(3)劳务承包合同及劳务责任书。

(4)劳务考核结果。

(三)劳动分配的一般方式

(1)企业劳务部门与项目经理部签订劳务承包合同时,根据包工资、包管理费的原则,在承包造价的范围内,扣除项目经理部的现场管理工资额和应向企业上缴的管理费分摊额,对承包劳务费进行合同约定。项目经理部按核算制度按月结算,向劳务管理部门支付。

(2)劳务管理部门负责按劳务责任书向作业队支付劳务费,该费用的支付额根据劳务合同收入总量,扣除劳务管理部门管理费及应缴企业部分,经核算后支付。作业队按月进度收取。

(3)作业队向工人班组支付工资及奖金,按计件工资制,在考核制度、质量、安全、节约、文明施工的基础上进行支付。考核时宜采用计分制。

(4)班组向工人进行分配,实行结构工资制,并根据表现和考核结果进行浮动。

第二节　材料管理

一、建筑工程材料管理的概念及内容

建筑工程材料管理就是对工程建设所需的各种材料、构件、半成品，在一定品种、规格、数量和质量的约束条件下，实现特定目标的计划、组织、协调和控制的管理。

1.计划

计划是对实现工程项目所需材料的预测。使这一约束条件技术上可行、经济上合理，在工程项目的整个施工过程，力争需求、供给和消耗始终保持平衡、协调和有序，确保目标实现。

2.组织

组织是根据确定的约束条件，如材料的品种、数量等，组织需求与供给的衔接、材料与工艺的衔接，并根据工程项目的进度情况，建立高效的管理体系，明确各自的责任，实现既定目标。

3.协调

工程项目施工过程中，各子过程(如支模、架钢筋、浇注混凝土等)之间的衔接，产生了众多的结合部。为避免结合部出现管理的真空，以及可能的种种矛盾，必须加强沟通，协调好各方面的工作和利益、统一步调，使项目施工过程均衡、有序地进行。

4.控制

针对工程项目材料的流转过程，运用行政、经济和技术手段，通过制定程序、规程、方法和标准，规范行为、预防偏差，使该过程处于受控状态下；通过监督、检查，发现、纠正偏差，保证项目目标的实现。

项目材料管理主要包括：材料计划管理、材料采购管理、使用环节管理、材料储存与保管、材料节约与控制等内容。

二、材料计划管理

项目开工前，项目经理部向企业材料部门提出一次性计划，作为供应备料依据；在项目施工过程中，根据工程变更及调整的施工预算，及时向企业材料部门提出调整供料的月计划，作为动态供料的依据；根据施工图纸、施工进度，在加工周期允许的时间内提出加工制品计划，作为供应部门组织加工和向现场送货的依据；根据施工平面图对现场设施的设计，按使用期提出施工设施用料计划，报供应部门作为送料的依据；按月对材料计划的执行情况进行检查，不断改进材料供应。其中，编制材料需用计划和材料供应计划，是实施材料计划管理的关键。

（一）材料需用计划

工程项目材料需用计划，是指在工程项目计划期内对所需材料的预测。其编制的主要依据是设计文件、施工方案、施工进度计划及有关的材料消耗定额。编制程序分为三步。

（1）根据设计文件、施工方案和进度计划计算工程项目各分部、分项工程的工程量。

（2）根据各分部、分项工程的工程量、工艺操作方法和材料消耗定额，计算分部、分项工程各种材料需用量。

（3）汇总各分部、分项工程材料需用量，求得工程各种材料的总需用量。

（二）材料供应计划

材料供应计划，是指在计划内如何满足各工程项目材料需用的一种实施计划，是企业组织采购、调拨、储备、供料的依据。其编制程序如下。

（1）根据工程项目材料需用计划，结合现有库存资源，设置周转储备，经综合平衡后确定材料供应量。其计算方法是：

材料供应量＝材料需用量－初期库存资源量＋周转储备量　　　　式 7－1

（2）针对材料供应量，提出实现供应的保证措施并编制措施计划，如材料采购加工计划、库存和项目间调拨计划、储备计划等。

三、材料采购管理

1.采购管理的重要作用

从实物形态看，材料在企业的活动过程中是从采购开始的，因此，采购是项目活动的重要一环，其重要作用表现在以下几个方面：

(1)材料采购是工程项目建设的物质保证，是工程项目施工生产顺利进行的基础。

(2)材料质量是工程质量的主要影响因素之一，能否为工程项目提供各种质量合格的材料，是材料采购管理的重要环节。特别是目前我国建材生产和市场尚未完善，一方面迅猛发展，一方面优劣混杂。在这种情况下，加强材料采购管理、规范采购行为，对工程项目材料管理具有重要的现实意义。

(3)工程项目一般投资大，周期长。作为施工企业，能否在承包期限内完成项目建设并交付验收和使用，在很大程度上取决于能否如期、如数地获得项目所需材料。

(4)材料成本占工程项目成本的绝大部分，而构成材料成本的主要因素是采购价格。可见，采购在项目成本管理中处于的重要地位。

2.采购管理应注意的环节

材料计划认可后，采购人员即按计划实施采购。采购管理应注意如下几个环节：

(1)信息的收集与管理。正确、可靠的信息是指导采购工作的路标，特别是在当前建筑市场异常活跃的情况下，信息显得更重要。材料管理和采购人员对所有的材料信息都应随时、随地、广泛、有意识地收集。

(2)深入市场调查和实地考察。信息资料只能反映某些材料产品的性能、价格、质量等诸因素的一小部分，对建材产品的生产过程、生产工艺流程、生产条件、工厂管理等大部分情况很难得到如实的反映。在市场经济的条件下，厂商对产品的宣传难免有些水分，对已掌握的信息资料在应用时，首先要进行认真、全面的筛选和分析。在此基础上，有的放矢地进行市场调查和对厂家进行包括资源、信誉、生产能力等全方位的考察。

(3)集体决策。建筑材料的采购量大量而烦琐。对零星采购，可由采购业务人员或材料科自行决定。对大批量的材料、大型设备和设施的采购，因其数量多、价值高、影响大，所以，要由相关领导、采购业务人员、相关的工程技术人员，考察研究讨论决定。

(4)购销合同的签订与执行。大宗建筑材料及设备设施的采购，必须按《民法典》规定的程序签订有效合同，合同条款要清楚明了，双方责任、义务明确。合同一旦签订，双方都要按各自的承诺认真履行。

3.控制采购的手段与方法

(1)材料价格实行动态报价法。企业要广泛收集材料品种、价格信息，编制动态表。如针对某一类材料，应充分收集该类材料的国内外生产厂家、产品质量、等级、出厂价格等信息。在需要采购该类材料时，可以从这些厂家中进行对比，选择质优、价廉的产品。

(2)计划价格控制法。材料的实际价格在不同时间、不同地点、不同厂家可能千差万别，但这些差别是否合理，需要有一个参照物来对比，这个参照物就是计划价格。计划价格一般年度内不发生变动，遇国家政策全面调整时可以调整，杜绝了人情材料、关系材料、回扣材料。

(3)预算价格与实际价格差异法。预算价格是工程项目投标时在标书中确定工程所消耗材料的价格，预算价格与实际价格差异的大小左右着该工程项目利润的高低。可以用差异法来考核采购人员的业绩，并根据节约额的大小来决定采购人员的奖罚比例。预算价格只针对每个工程项目，预算价格根据工程项目不同而发生变化，故使用预算价格与实际价格差异法，能有效控制材料采购成本。

(4)提高采购人员的素质。一方面提高采购人员的业务素质，在市场经济环境下，避免采购假冒伪劣产品、以次充好产品，实行质量价格追踪制，保证采购的产品满足质量和成本控制要求；另一方面，要提高采购人员的思想素质，使采购人员有良好的职业道德，把企业材料成本控制在合理水平。

(5)经济订购量控制法。既减少资金的占用，又能保证施工生产的需要，避免停工待料事件的发生。项目需要储存一部分材料，为了取得最佳的材料成本需要确定合理的进货批量和进货时间，这个批量就是经济批量。经济批量可以通过数学模型计算，企业对材料进行经济订购控制，可使材料成本最低。

四、材料的使用管理

（一）材料使用管理的任务和内容

使用过程中材料管理的中心任务，是保证工程项目施工材料的组织进场、妥善保管、严格发放、回收清退，合理使用材料，降低材料消耗，实现工程项目材料管理目标。现场材料管理的具体内容如下。

1.施工前的准备阶段

要确定现场材料管理目标，制定现场材料管理措施；与供应部门衔接供应事项；参与施工组织设计，做好现场平面布置规划；做好料场、仓库、道路等设施及有关业务的准备工作。

2.施工阶段

要按照施工进度计划，做好现场用料分析，编制材料需用计划，及时组织材料进场，保证施工生产需要；严格按平面布置合理堆放材料，尽量一次就位，减少二次搬运；严格执行验收制度，妥善保管材料，做好余料回收工作。

3.竣工验收阶段

主要是做好清理、盘点和核算工作，为工程项目结算提供资料；具体应做好：掌握未完工程量，调整用料计划，控制材料进场；及时拆除临时设施，回收、处理废旧材料；清理剩余材料并组织退库退场；进行各项材料结算和工程项目材料消耗和管理效果的结算分析。

（二）材料进场验收

为了把住质量和数量关，材料进场时必须依据进料计划、送料凭证，查验质量保证书或产品合格证，并对材料的数量和质量进行验收；验收工作按质量验收规范和计量检测规定进行；验收内容包括：品种、规格、型号、质量、数量、证件等；验收要做好记录、办理验收手续；对不符合计划要求或质量不合格的材料，应拒绝验收。

（三）根据材料消耗定额使用材料

严格根据材料消耗定额使用材料，关键是实行定额领料制度（又称限额领料制度）。定额领料制度是指对于经常耗用和规定有消耗定额材料物资采用的领料制度。

材料消耗定额包括三项内容：一是净用量，是指直接构成工程实体或产品实体的有效消耗；二是合理工艺损耗量，是施工过程中不可避免的损耗量；三是合理管理损耗量，是材料采购、供应、运输、储备过程中的不可避免的损耗量。施工企业常用的材料消耗定额，由施工定额、概算定额和估算指标组成。材料消耗定额的编制应按定额的不同用途进行，并力求适用、有效。

编制材料消耗定额主要有以下五种方法。

1.技术分析法

根据图纸、施工方案及施工工艺规范，剔除不合理因素，制定出材料消耗定额。

2.标准试验法

是在试验室用标准仪器，在标准条件下测定的材料消耗定额。

3.统计分析法

根据有关统计资料，分析现有的各种影响因素而确定的材料消耗定额。

4.现场测定法

在施工现场按照既定的工艺，对材料消耗进行实际测定而计算出的材料消耗定额。

5.经验估算法

根据图纸、施工工艺要求，组织有经验的人员参照有关资料，经过对比分析和计算，制定出来的材料消耗定额。

（四）材料回收和工具包干

建立材料回收机制和工具包干制度。在材料使用过程中，有的材料可以周转使用，如包装物、沥青桶、各种工具、劳保品中的手套等。建立材料回收机制和工具包干制度，能解决相关费用浪费问题。

（五）材料使用的分工监督

现场材料管理责任者应对现场材料的使用进行分工监督。监督的内容包括：是否按材料做法合理用料，是否严格执行配合比，是否认真执行领发料手续，是否做到“谁用谁清、随清随用、工完料退场地清”，是否按规定进行用料交底和工序交接，是否做到按平面图堆料，是否按要求保护材料等。检查是监督的手段，检查要做到“情况有记录、原因有分析、责任有明确、处理有结果”。

五、材料的储存与保管

对于材料的储存与保管,应注意以下事项。

(1)提高责任心,防止偷盗现象。尤其是现场堆放的钢筋、水泥等,容易成为不法分子偷盗的对象。夜间要加强巡逻,防止不法分子偷盗材料。要加强材料保管人员的责任心,并使之与其经济利益挂钩。发生了偷盗事件要及时汇报,并报告公安部门,不要大事化小、小事化了,不给不法分子以可乘之机。

(2)建立必要的简易设施,保管好材料。在工区内根据实际情况修建临时仓库,使材料进场后、未领用前,能得到妥善保管。

(3)差别对待材料,实行特殊保管。针对不同材料的特点分区码放,既便于取料,又便于保管。不相容的材料坚决分隔存放,尤其是化学原料腐蚀性强、气味也难闻,对防火、通风要求高,更需区别对待。有的橡胶制品,如轮胎、胶垫、橡胶管等,在日光下容易老化,需入室存放,不可露天暴晒;在室内存放时,还要注意遮阳。有的机械配件则怕水、易生锈,需保持室内干燥、注意防水。

(4)实物保管与材料核算要定期进行账实核对,材料账与财务账要账账核对,按月及时对账、对物。及时发现、解决问题,正确核算工程成本,避免出现账外资产或有账无实的现象,防止企业财产流失。

六、材料的节约与控制

工程项目现场应做到科学用料,杜绝铺张浪费现象,降低废料率。由于工程项目材料消耗是工程项目成本的主要组成内容,占工程项目成本的60%左右,是实现工程项目成本降低的关键。因此,节约材料、降低消耗,是企业工程项目材料管理的主要目标。

实现节约材料、降低消耗的途径主要有如下几种。

(一)加强材料管理

采用行政的、经济的管理措施和手段,调动使用者的积极性,规范使用者的行为,达到合理使用材料的目的。例如:建立和执行限额用料责任制度,节约和浪费材料的考核办法、奖励制度等。

(二)改进材料组织方式

改进生产用料的组织方式,如集中加工、修旧利废、集中配料等。

(三)用 ABC 分类法找出材料管理的重点

ABC 分类法又称重点管理法,是运用数理统计的方法,对事物的构成因素进行分类排队,以抓住事物主要矛盾的一种定量的科学分类管理技术。ABC 管理法用于材料管理,就是将材料按数量、成本比重等,划分为 A、B、C 三类,根据不同类型材料的特征,采取不同的管理方法。这样既可以保证重点又能够照顾一般,以利于达到最经济、有效地使用材料的目的。

ABC 分类法的分类标准如下。

A 类:数量很少,仅占总数的 5%～10%,但其价值或资金却占总价值的 70%～80%;

B 类:数量较多,占总数的 10%～20%,但其价值或资金却占总价值的 20%左右;

C 类:数量很多,约占总数的 70%,但其价值或资金却只占总价值的 5%左右。在材料管理中,ABC 分类法可按以下步骤实施:

(1)计算项目各种材料所占用的资金总量。

(2)根据各种材料的资金占用数量,从大到小按顺序排列,并计算各种材料的资金占用量占总材料费用的百分比。

(3)计算不同时期各种材料占用资金的累计金额及其占总金额的百分比,即计算金额累计百分比。

(4)计算不同时期各种材料的累计数及其累计百分比。

(5)按 ABC 三类材料的分类标准,进行 ABC 分类。

(四)利用存储理论节约库存费用

在工程项目实施过程中,经常出现材料使用与材料采购脱节、材料存储与资金管理脱节、计划供应和实际供应脱节、供应与使用时间脱节等。研究和应用存储理论,对于科学采购、节约仓库面积、加速资金周转等都具有重要意义。研究存储理论的重点是如何确定经济存储量、经济采购批量、安全存储量、定购点等,这实际上就是存储优化问题。

（五）应用价值工程进行管理优化

价值工程又称为价值分析，是挖掘降低成本潜力，对成本进行事前控制，促使产品或项目降低成本的一种技术方法。由于材料成本降低的潜力最大，故有必要认真研究价值工程理论在材料管理中的应用。

为了既提高价值又降低成本，可以有三个途径：第一个是功能不变、成本降低，如使用岩棉板代替聚苯板保温，就属此类情况；第二个是功能略有下降，成本大幅降低，如使用滑动模板以节省模板料和模板费，即属此类情况；第三个是既降低成本又提高功能，如使用大模板做到以钢代木、代架、代操作平台，即属此类。

（六）应用低价值代用材料

根据价值工程理论，提高价值的最有效途径之一是改进设计和使用代用材料，它比改进工艺所产生的效果要大得多。所以，在项目实施过程中应进行科学研究、开发新技术，以改进设计、寻求代用材料，从而达到大幅度降低成本的目的。

七、一些特殊材料的管理

（一）周转材料的管理

周转材料是指在施工过程中能够多次使用，不构成产品实体，但有助于产品形成的各种材料。例如：模板、脚手架、安全网等。周转材料具有价值量较高、用量大、使用周期长、在使用中基本保持原有形态、其价值逐步转移到产品中去的特点。对周转材料，项目一般采用租赁的方式，使用时向租赁部门租赁，用毕退回。对周转材料的管理，原则是避免闲置、加强维护、延长使用寿命、降低成本。具体说来，应采取如下措施。

(1)按工程量、施工方案、施工进度计划编报需用计划。

(2)签订租赁合同，根据合同及时组织进场并验收质量、数量。

(3)按规格分别码放，阳面朝上，垛位见方，露天存放的周转材料应夯实场地并垫高，有排水措施，垛间留有通道。

(4)周转材料的发放和回收必须建立台账，发放时要明确回收率、损耗率、周转次数及奖罚标准。

(5)建立维修制度。

(6)按周转材料报废规定进行报废处理。

(7)周转材料用毕要及时办理退租和结算,同时结算施工班组实际回收量、损耗量,按规定进行奖罚。

(二)低值易耗品的管理

所谓低值易耗品,指在施工过程中经常用到的、易于消耗的小件工具或材料。例如:手套、扫把、壁纸刀等。这类材料或工具具有品种多、数量大、价值低和易于消耗等特点,因此,在管理上可采用定额承包的管理方法。

(三)临时设施材料的管理

临时设施材料是指在工程项目建设过程中必须搭建的生产和生活用临时建筑。例如:房屋、水源、电源、道路、仓库、围墙等所需用的材料。其费用按直接费的一定比例计取。其特点是:价值量小、可拆除、能够再利用。对临时设施材料的管理应控制用量、强化回收,主要应抓好以下环节:

(1)根据施工组织设计合理规划临时设施,厉行节约。

(2)严格控制用料。

(3)抓好临时设施材料的退库、整修、回收和再利用。

(4)建立临时设施材料管理台账。

第三节　机械设备管理

一、项目机械设备管理的特点

机械设备是工程项目的主要项目资源，与工程项目的进度、质量、成本费用有着密切的关系。建筑工程机械管理就是按优化原则对机械设备进行选择，合理使用与适时更新，因此，建筑工程机械设备管理的任务是：正确选择机械，保证在使用中处于良好的状态，减少闲置、损坏，提高使用效率及产出水平。

作为工程的机械设备管理，应根据工程管理的特点来进行。由于项目经理部不是企业的一个固定管理层次，没有固定的机械设备，故工程机械设备管理应遵循企业机械设备管理规定来进行；对由分包方进场时自带设备及企业内外租用设备进行统一的管理，同时必须围绕工程项目管理的目标，使机械设备管理与工程项目的进度管理、质量管理、成本管理和安全管理紧密结合。

二、项目机械设备的供应及租赁管理

（一）项目机械设备的供应渠道

目前，工程项目机械设备的供应有以下四种渠道。

(1)企业自有机械设备。

(2)从市场上租赁机械设备。

(3)企业为施工项目专购机械设备。

(4)分包机械施工任务。

（二）机械设备租赁的优点

机械设备实行租赁，较我国过去固定的设备制度有许多优越性。

(1)随着技术、业务和管理水平的提高，可以根据市场的需要情况不断优化设备结构，合理使用资金，为施工单位提供性能好、费用低的机械，提高其竞争力。

(2)可以组织与机械设备相适应的维修力量,保证维修工作的顺利进行,提高机械的完好率。

(3)机械设备结构合理,有利于提高机械完好率、利用率,保证了机械效能的充分发挥和经济效益的提高。

(4)出租和租用双方通过合同明确双方的权利义务关系,从而强化了制约机制作用的发挥,可不断改进工作、提高机械利用率。

(三)机械租赁方式

(1)按机械租赁范围划分,有企业内部租赁和社会租赁两种。

(2)按操作工配置方式划分,有带人和不带人两种。

(3)按工程项目机械来源划分,有项目部租赁(大、中型机械)和劳务层自带(小型机械)两种。其中大、中型机械设备实行带人租赁,由项目部办理租赁业务,小型机械由劳务层自带。

这样,除了可以充分发挥机械租赁的优点外,同时能保证三定(定机、定人、定岗位)工作的落实,便于对操作人员的培训考核,有利于机械的正确使用和维护保养工作的落实,从而减少故障、杜绝事故,充分发挥机械效能。

(四)设备租赁合同的有关问题

设备租赁合同是实行设备租赁制最主要的文件,它应符合国家有关方针政策,体现企业设备管理原则。

(1)设备租赁的价格和收费方式由双方商定,可采取按月租收费和按台班数收费的方式,租赁费还应包括由于天气、机械故障等原因停机的收费办法;

(2)设备租赁站的责任是根据设备调控中心的指令,提供状态良好的设备,负责设备的操作、保养维修和管理,所出租的设备应服从项目经理部的调度、满足工程需要;

(3)项目经理部的责任是提供必要的设备停放、维修场地及维修、操作人员的生活、工作条件,提供工程项目进度及设备使用计划,负责燃油供应,承担设备进场、退场费用;

(4)合同还应包括争议解决、违约责任等条款。

三、项目机械设备的优化配置

设备优化配置，就是合理选择设备，并适时、适量投入设备，以满足施工需要。设备要求在运行中搭配适当、协调地发挥作用，形成有效的生产率。

（一）选择原则

施工项目设备选择的原则是：切合需要、实际可能、经济合理。设备选择的方法有很多，但必须以施工组织为依据，并根据进度要求进行调整。

不同类型的施工方案要计算出不同类型施工方案中设备完成单位实物工作量成本费，以其最小者为最佳经济效益。

（二）合理匹配

选择设备时，首先根据某一项目特点选择核心设备，再根据充分发挥核心设备效率的原则配以其他设备，组成优化的机械化施工机群。在这里，第一，是要求核心设备与其他设备的工作能力应匹配合理；第二，是按照排队理论合理配备其他设备及相应数量，以充分发挥核心设备的能力。

四、项目机械设备的动态管理

实行设备动态管理，确保设备流动高效、有序，动而不乱，应做到以下几点。

（一）坚持定机、定人、人随机走的原则，坚持操作证制度

施工项目与机械操作手签订设备定机、定人责任书，明确双方的责任与义务，并将设备的效益与操作手的经济利益联系起来，对重点设备和多班作业的设备实行机长制和严格的交接班制度，在设备动态管理中求得机械操作手和作业队伍的相对稳定。

（二）加强设备的计划管理

（1）由项目经理部会同设备调控中心编制施工项目机械施工计划，内容包括：由机械完成的项目工程量、机械调配计划等。

（2）依据机械调配计划制定施工项目机械年度使用计划，由设备调控中心

下达给设备租赁站，作为与该项目经理部签订设备租赁合同的依据。

(3)机械作业计划由项目经理部编制、执行，起到具体指导施工和检查、督促施工任务完成的作用，设备租赁站亦根据此计划制订设备维修、保养计划。

(三)加强设备动态管理的调控和保障能力

施工项目应配备先进的通信和交通工具，具有一定的检测手段，集中一批有较高业务素质的管理人员和维修人员，以便及时了解设备使用情况，迅速处理、排除故障，保证设备正常运行。

(四)坚持零件统一采购制度

选择有一定经验、思想文化素质较高的配件采购人员，选择信誉好、实力强的专业配件供应商，或按计划从原生产厂批量进货，从而保证配件的质量，取得价格上的优惠。

(五)加强设备管理的基础工作

建立设备档案制度，在设备动态管理的条件下，尤其应加强设备动态记录、运转记录、修理记录，并加以分析整理，以便准确地掌握设备状态，制订修理、保养计划。

(六)加强统一核算工作

实行单机核算，并将考核成绩与操作手、维修人员的经济利益挂钩。

五、项目机械设备的使用与维修

(一)使用前的验收

对进场设备进行验收时，应按机械设备的技术规范和产品特点进行，而且还应检查外观质量、部件机构和设备行驶情况、易损件(特别是四轮一带)的磨损情况，发现问题及时解决，并做好详细的验收记录和必要的设备移交手续。

(二)项目机械设备使用注意事项

(1)必须设专(兼)职机械管理员，负责租赁工程机械的管理工作。

(2)建立项目组机械员岗位责任制,明确职责范围。

(3)坚持“三定”制度,发现违章现象必须坚决纠正。

(4)按设备租赁合同对进出场设备进行验收交接。

(5)设备进场后要按施工平面布置图规定的位置停放和安装,并建立台账。

(6)机械设备安装场地平整、清洁、无障碍物,排水良好,操作棚及临时用电架设符合要求,实现现场文明施工。

(7)检查督促操作人员严格遵守操作规程,做好机械日常保养工作,保证机械设备良好、正常运转,不得失保、失修、带病作业。

(三)机械设备的磨损

机械设备的磨损可分为三个阶段:

第一阶段:磨合磨损。是初期磨损,包括制造或大修理中的磨合磨损和使用初期的磨合磨损,这段时间较短。此时,只要执行适当的磨合期使用规定就可降低初期磨损,延长机械使用寿命。

第二阶段:正常工作磨损。这一阶段零件经过磨合磨损,光洁度提高,磨损较少,在较长时间内基本处于稳定的均匀磨损状态;这个阶段后期,零件逐渐变坏,磨损就逐渐加快,进入第三阶段。

第三阶段:事故性磨损。此时,由于零件配合的间隙扩展而负荷加大,磨损激增,可能很快损坏。如果磨损程度超过了极限不及时修理,就会引起事故性损坏,造成修理困难和经济损失。

(四)机械设备的日常保养

保养工作主要是定期对机械设备有计划地进行清洁、润滑、调整、紧固、排除故障、更换磨损失效的零件,使机械设备保持良好的状态。

在设备的使用过程中,有计划地进行设备的维护保养是非常关键的工作。由于设备某些零件润滑不良、调整不当或存在个别损坏等原因,往往会缩短设备部件的使用时间,进而影响到设备的使用寿命。

例行保养属于正常使用管理工作,它不占用机械设备的运转时间,由操作人员在机械运转间隙进行。而强制保养是隔一定周期,需要占用机械设备运转时间而停工进行的保养。

（五）机械设备的修理

机械设备的修理，是对机械设备的自然损耗进行修复，排除机械运行的故障，对损坏的零部件进行更换、修复。机械设备的修理可分为大修、中修和零星小修。

大修是对机械设备进行全面的解体检查修理，保证各零部件质量和配合要求，使其达到良好的技术状态，恢复可靠性和精度等工作性能，以延长机械的使用寿命。

中修是大修间隔期间对少数部件的修理，对其他部件只进行检查保养。

零星小修一般是临时安排的修理，其目的是消除操作人员无力排除的突然故障、个别零件损坏或一般事故性损坏等问题，一般都是和保养相结合，不列入修理计划之中。

六、项目机械设备的安全管理

由于工程项目所用机械设备多为大型、重型机械，不易操作，安全隐患多，因此，日常的安全管理就成为项目管理人员很重要的一项职责。机械设备安全管理须注意以下事项。

(1)要建立安全管理和奖罚制度，定期组织有机械管理人员参加的安全检查，对安全隐患要及时处理，采取有效措施，并做到检查、整改、奖罚有记录。

(2)在施工组织设计施工方案的安全措施中，应有切实可行的机械设备使用安全技术措施，尤其起重机及现场临时用电，要有明确的安全要求。

(3)要督促有关单位在机械设备使用前，必须按《建筑机械技术试验规程》和原厂规定进行技术试验，填写试验记录。试验合格、办理交接手续后，方能投入使用。起重机械和施工电梯等在自检合格后，还应在当地劳动部门检验，取得合格证后才能使用。

(4)组织有关人员做好机械操作人员入场的安全教育工作，并办理安全技术交底手续。

第四节 项目技术管理

建筑工程项目技术管理,是对所承包的工程各项技术活动和构成施工技术的各项要素进行计划、组织、指挥、协调和控制的总称。技术管理作为施工项目管理的一个分支,与合约、工期、质量、成本、安全等方面的管理,共同构成一个相互联系、密不可分的管理体系。

一、技术管理的内容

建筑工程施工是一种复杂的多工种操作的综合过程,其技术管理所包括的内容也较多,主要分为施工准备阶段、工程施工阶段、竣工验收阶段,各阶段的主要内容及工作重点如下。

(一)施工准备阶段

本阶段主要是为工程开工做准备,及时搞清工作程序、要求,主要应做好以下工作。

(1)确定技术工作目标。根据招标书的要求、投标书的承诺、合同条款以及国家有关标准和规范,拟定相应技术工作目标。

(2)图纸会审。工程图纸中经常出现相互矛盾之处或施工图无法满足施工需要,所以该工作往往贯穿了整个施工过程。准备阶段主要是所需的图纸要齐全,主要项目及线路走向、标高、相互关系要搞清,明白设计意图,以确保需开工项目能有正确、齐全的图纸。

(3)编制施工组织设计,积极准备,及早确定施工方案,确定关键工程施工方法,制度下发并培训相关知识,明确相关要求,使施工人员均有一个清晰概念,知道自己该如何做。同时,申请开工。

(4)复核工程定位测量。应做好控制桩复测、加桩、地表、地形复测、测设线路主要桩点,达到线路方向明确、主要结构物位置清楚。该项工作人员应投入足够精力,确保工作及时,尤其地表、地形复测影响较大,应加以重视。

在施工准备阶段进行上述工作的同时,还要做好合同管理工作。招投标时,清单工程量计算一般较为粗略,项目也有遗漏,所以,本阶段的合同管理工作应着重统计工程量,并应与设计、清单对比,计算出指标性资料,以便于领导做决策。尤为重要的是,应认真研究合同条款,清楚计量程序,制订出发生干扰、延期、停工等索赔时的工作程序及应具备的记录材料。

(二)工程施工阶段

(1)审图、交底与复核工作。该工作必须要细致,应讲清易忽视的环节。对于结构物,尤其小结构物,应注意与地形复核。

(2)隐蔽工程的检查与验收。

(3)试验工作,应及早建立试验室,及早到当地技术监督部门认证标定,同时及早确定原材料并做好各种试验,以满足施工的需要。

(4)编制施工进度计划,并注意调整工作重点、工作方法,落实各种制度,以确保工作体系运行正常。

(5)遇到设计变更或特殊情况,及时做出反应。特殊情况时,注意认真记录好有关资料,如明暗塘、清淤泥、拆除既有结构、停工、耽误、地方干扰等变化情况,应有书面资料及时上报,同时应及时取得现场监理的签认。

(6)计量工作。如何能合理、合法地要钱,这是一门较深的学问,大家都应积极参与,基础工作是理由充分、资料齐全,对合同条款应理解清楚,同时还应使业主与监理理解、接受。

(7)资料收集整理归档。这项工作目前越来越重要,应做到资料与工程施工同步进行,力求做到工程完工,资料整理也签认完毕。不但便于计量,也使工程项目有可追溯性。建立详细的资料档案台账,确保归档资料正确、工整、齐全,为竣工验收做准备。

(三)竣工验收阶段

(1)工程质量评定、验交和报优工作。如果有条件,可请业主、设计师等依据平时收集的资料申报优质工程。

(2)工程清算工作。依据竣工资料、联系单等进行末次清算。该项工作尤为重要,涉及单位的最终利益。

(3)资料收集、整理。对于工程日志,工程大事计,质检、评定资料,工程照片,监理及业主来文、报告、设计变更、联系单、交底单等,应收集齐全、整理整齐。

二、技术管理的组织体系

按照建立管理组织体系的任务、目标和精干、高效的原则，建筑工程项目管理的技术组织体系的建立，既要与企业的机构设置相协调，又要视工程任务的大小和施工的难易程度区别对待。

(1)一般小型工程，在项目经理的领导下，设置技术管理人员和若干专业工长负责技术工作，他们接受企业各级技术负责人和职能部门的业务领导，这与传统的技术组织体系的设置没有区别。

(2)大中型施工项目的组织结构形式以矩阵式为宜，其技术组织体系的设置也服从于矩阵制，即在项目技术管理组织中设置总工程师(或主任工程师)，受企业总工程师领导。项目总工程师下设项目技术部(组)，同时受企业技术部(科)的领导。在项目技术部(组)内，设若干专业工程技术人员，分别掌握不同的技术业务。在项目技术部(组)的领导下，在现场设置 2 号主管及专业工长指挥现场施工。

(3)某些大型项目实行工程指挥部管理方式，在指挥部内设立技术管理系统。

该系统由总工程师(或项目技术经理)负责，接受项目经理领导。下设技术管理部门，负责项目建设全部技术管理工作，业务上指导有关承包单位的技术部门。

三、主要技术管理制度

1.图纸学习和会审制度

制定、执行图纸会审制度的目的是领会设计意图，明确技术要求，发现设计文件中的差错与问题，提出修改与洽商意见，避免技术事故或产生经济与质量问题。

2.施工组织设计管理制度

按企业的施工组织设计管理制度制订出施工项目的管理细则，着重于单位工程施工组织设计及分部、分项工程施工方案的编制与实施。

3.技术交底制度

施工项目技术系统一方面要接受企业技术负责人的技术交底，另一方面又要在项目内进行层层交底,故需编制制度,以保证技术责任制落实,技术管理体系正常运转,技术工作按标准和要求运行。

4.施工项目材料、设备检验制度

材料、设备检验制度的宗旨是保证项目所用的材料、构件、零配件和设备的质量,进而保证工程质量。

5.工程质量检查及验收制度

制定工程质量检查验收制度的目的是加强工程施工质量的控制,避免质量差错造成永久隐患,并为质量等级评定提供数据和情况,为工程积累技术资料和档案。工程质量检查验收制度包括工程预检制度、工程隐检制度、工程分阶段验收制度、单位工程竣工检查验收制度、分项工程交接检查验收制度等。

6.技术组织措施计划制度

制定技术组织措施计划制度的目的是克服施工中的薄弱环节,挖掘生产潜力,加强其计划性、预测性,从而保证完成施工任务,获得良好的技术经济效果和提高技术水平。

7.工程施工技术资料管理制度

工程施工技术资料是施工单位根据有关管理规定,在施工过程中形成的应当归档保存的各种图纸、表格、文字、音像材料等技术文件材料的总称,是工程施工及竣工交付使用的必备条件,也是对工程进行检查、维护、管理、使用、改建和扩建的依据。制定该制度的目的是加强对工程施工技术资料的统一管理,提高工程质量的管理水平。它必须贯彻国家和地区有关技术标准、技术规程和规定,以及企业的有关技术管理制度。

8.其他技术管理制度

除以上几项主要的技术管理制度外,施工项目经理部还必须根据需要,制定其他技术管理制度,保证有关技术工作正常进行,例如:土建与水电专业施工协作技术规定、工程测量管理办法、技术革新和合理化建议管理办法、计量管理办法、环境保护工作办法、工程质量奖惩办法、技术发明奖励办法等。

四、施工技术档案管理

施工技术档案包括:施工管理档案、大型临时设施档案、工程技术档案等方面。

施工管理档案包括:技术经验总结;重大质量、安全事故及处理措施报告;

新材料、新结构、新工艺的试验研究资料及总结;有关技术管理总结及重要技术决定,施工日志等。

大型临时设施档案,包括暂设房屋、库房、操作棚、围墙、临时水电管线设置情况等的平面布置图,和上述设施的施工用图及数据。

工程技术档案,是在工程竣工验收中同时移交给建设单位的档案,是为了给工程的使用、维护和改扩建等提供依据。当工程一旦出现质量问题时,也追溯施工过程中的每个环节,为查清原因提供依据。所以,工程技术档案必须本着真实、准确、与工程进度同步的原则,并严格按照归档的要求,做到字迹工整、清洁,技术档案表格内容全面、格式统一、利于装订。工程技术档案包括以下内容。

(1)施工图纸、有关设计及洽商变更资料。包括:原设计图、竣工图、图纸会审记录、洽商变更记录、地质勘探资料等。

(2)材料质量证明及试验资料。原材料、成品、半成品、构配件和设备质量合格证明或试验检验单;主体结构重要部位试件、试块、焊件等试验检验记录。

(3)隐蔽工程验收记录(包括暖、卫、电及设备安装工程等)。

(4)工程质量检查评定记录和质量事故分析、处理报告记录。

(5)设备安装及采暖、卫生、电气、通风等的施工记录,试验记录及调试、试压、试运转记录。

(6)永久性水准点位置,施工测量记录及房屋沉陷观测记录。

(7)施工单位及设计单位提出的房屋及设备使用注意事项方面的文字资料。

工程技术档案按照质量保证资料、施工检查记录资料、技术管理资料、竣工签证资料、竣工图及音像图片等进行分类管理。

第五节　资金管理

资金管理是整个基本建筑工程管理的核心。如果资金管理得当,则会有效地保障资金供给,保证基本建筑项目建设的顺利进行,取得预期或高于预期的成效;反之,若资金管理不善,则会影响基本建筑项目的进展,造成损失和浪费,影响基本建筑项目目标的实现,甚至会造成整个基本建筑项目的失败。

资金管理的主要环节有:资金收入预测、资金支出预测、资金收支对比、资金筹措、资金使用管理。

一、资金管理的原则

(一)计划管理原则

资金管理必须实行计划管理,根据预定的计划,以项目建设为中心,以提高资金效益为出发点,通过编制来源计划、使用计划,保证资金供给,控制资金的管理与使用,保证实现预定的项目效益目标。

按计划管理的要求,首先,在资金的供应上要科学、合理,既能保证项目建设的需要,又能维持资金的正常周转,提高资金的使用效率。

其次,在资金的占用比例上要相互协调,防止一种资金占用过多而造成闲置,另一种资金数量过少而影响项目进度。

再次,在资金供应时间上要与项目建设的需要相互衔接,保持收支平衡。

(二)依法管理原则

资金管理必须遵守国家有关财经方面的法律、法规,严守财经纪律。必须按照专项资金管理的规定,坚持专款专用、严禁挪用,杜绝贪污、浪费现象的发生。

(三)封闭管理原则

投入基本建筑项目的资金,都属于指定了专项用途的专项资金,在管理使用上必须按指定的用途,实行封闭管理。具体包括如下几项。

(1)专款专用:不能以任何理由挪作他用。

(2)按实列报:项目竣工后应严格进行决算审计,以经过审计后的支出数作为实际支出数列报。

(3)单独核算:必须按项目分别核算,严格划清资金使用界限,各类专款也不得混淆挪用。

(4)及时报账:每年度结束时,要及时报送项目本年度资金使用情况和项目进度等;项目建成后,要及时办理项目决算审计及完工结账手续。

二、项目资金收入预测

一般情况下,施工企业根据合同工期和合同进度,编制工程项目进度计划,随着工程进展,企业将不断得到工程价款。对项目收入进行预测,就是根据合同规定和进度计划可能完成的工程,按照工程价款结算办法,按时间测算出各段时间可能收到的款项。

项目资金收入测算时,应注意的几个问题如下:

(1)由于资金工作是一项综合性的工作,必须采用科学的做法,组织有关人员共同负责完成。

(2)一定按照施工进度计划组织施工,确保合同工期完成任务;否则,就会对资金收入预测造成较大的误差。

(3)及时收集结算工程价款所需的有关资料、记录、签证等,尽量缩短结算至收款的时间,力争按期收到价款。

(4)严格按照合同规定的结算方法测算每月实际收到的工程进度款数据,并要考虑资金的时间价值。

(5)如合同规定收取的价款由多种货币组成,在测算每月的收入时要按货币种类分别进行计算,收入曲线也应按货币种类分别绘制。

按照上述原则测算的收入,形成了资金收入在时间、数量上的总体概念,为项目的资金筹措、加快资金周转、合理安排使用,提供了科学依据。

三、项目资金支出预测

项目资金支出预测依据项目成本费用控制计划、项目施工组织设计和材料、物资的储备计划测算出来。随着工程的实施,对每月预计的人工费、材料费、施工机械使用费、物资储运费、临时设施费、其他直接费和施工管理费等各项支出做进一步的测算，使整个项目的支出在时间和数量上有一个总体概念，以满足资金管理上的需要。

进行项目资金支出测算时应注意如下两个问题。

(1)从实际出发，使资金支出预测更符合实际情况。资金支出预测，在投标报价中就已经开始做了，但不够具体。因此，要根据项目实际情况，将原报价中估计的不确定因素加以调整，使其符合实际情况。

(2)必须重视资金的支出时间价值。资金支出的测算是从筹措资金和合理安排调度资金的角度考虑的，一定要反映出资金支出的时间价值，以及合同实施过程中不同阶段的资金需要。

四、项目资金的筹措

(一)建筑项目的资金来源

(1)财政资金。包括财政无偿拨款和拨改贷资金。

(2)银行信贷资金。包括基本建设贷款、技术改造贷款、流动资金贷款和其他贷款等。

(3)发行国家投资债券、建设债券、专项建设债券以及地方债券等。

(4)在资金暂时不足的情况下，还可以采用租赁的方式解决。

(5)企业自有资金和对外筹措资金(发行股票及企业债券，向产品用户集资)。

(6)利用外资。包括利用外国直接投资，进行合资、合作建设以及利用外国贷款。

(二)施工过程中所需要的资金来源

(1)预收工程备料款。

(2)已完施工价款结算。

(3)银行贷款。

(4)企业自有资金。

(5)其他项目资金的调剂占用。

(三)筹措资金的原则

(1)充分利用自有资金,其好处是:调度灵活,不需支付利息,但要考虑资金的时间价值。

(2)必须在经过收支对比后,按差额筹措资金,避免造成浪费。

(3)把利息的高低作为选择资金来源的主要标准,尽量利用低利率贷款。

五、项目资金的使用管理

工程项目资金应以保证收入、节约支出、防范风险和提高经济效益为目的。承包人应在财务部门设立项目专用账号进行项目资金收支预测,统一对外收支与结算。项目经理部负责项目资金的使用管理。项目经理部应编制年、季、月度资金收支计划,上报企业主管部门审批实施。项目经理部应按企业授权,配合企业财务部门及时进行资金计收,包括如下工作:

(1)新开工项目按工程施工合同收取预付款或开办费。

(2)根据月度统计报表编制“工程进度款结算单”,于规定日期报送监理工程师审批结算。如甲方不能按期支付工程进度款且超过合同支付的最后期限,项目经理部应向甲方出具付款违约通知书,并按银行的同期贷款利率计算利息。

(3)根据工程变更记录和证明甲方违约的材料,及时计算索赔金额,列入工程进度款结算单。

(4)甲方委托代购的工程设备或材料,必须签订代购合同,收取设备订货预付款或代购款。

(5)工程材料价差应按规定计算,及时请甲方确认,与进度款一起收取。

(6)工期奖、质量奖、措施奖、不可预见费及索赔款,应根据施工合同规定,与工程进度款同时收取。

(7)工程进度款应根据监理工程师认可的工程结算金额及时回收。

项目经理部按公司下达的用款计划控制资金使用,以收定支,节约开支。应按会计制度规定设立财务台账记录资金收支情况,加强财务核算,及时盘点盈亏。

项目经理部应坚持做好项目的资金分析,进行计划收支与实际收支对比,找出差异,分析原因,改进资金管理。项目竣工后,结合成本核算与分析进行资金收支情况和经济效益总分析，上报企业财务主管部门备案。企业应根据项目的资金管理结果对项目经理部进行奖惩。

项目经理部应定期召开有监理、分包、供应、加工各单位代表参加的碰头会，协调工程进度、配合关系、业主供料及资金收付等事宜。

六、项目资金的控制与监督

首先，是投资总额的控制。基本建筑项目一般周期较长、金额较大，人们往往因主、客观因素，不可能一开始就确定一个科学的、一成不变的投资控制目标。因此，资金管理部门应在投资决策阶段、设计阶段、建设施工阶段，把工程建设所发生的总费用控制在批准的额度以内，随时进行调整，以最少的投入获得最大的效益。当然，在投资控制中也不能单纯地考虑减少费用，而应正确处理好投资、质量和进度三者的关系。只有这样，才能达到提高投资效益的根本目的。

其次，是投资概算、预算、决算的控制。“三算”之间是层层控制的关系，概算控制预算，预算控制决算。设计概算是投资的最高限额，一般情况下不允许突破。施工预算是在设计概算基础上所做的必要调整和进一步具体化。竣工决算是竣工验收报告的重要组成部分，是综合反映建设成果的总结性文件，是基建管理工作的总结。因此，必须建立和健全“三算”编制、审核制度，加强竣工决算审计工作，提高“三算”质量，以达到控制投资总费用的目的。

再次，是加强资金监管力度。一方面项目部严格审批程序，具体是项目各部门提出建设资金申请；项目分管领导组织评审，有关单位参加；项目经理最后决策。另一方面，要明确经济责任，按照经济责任制规定签署“经济责任书”，并监督执行，将考核结果作为责任人晋升、奖励及处罚的依据。

第八章 建筑工程施工组织管理

第一节 施工准备工作

一、施工准备工作概述

施工准备工作是为了保证工程顺利开工和施工活动正常进行而必须事先做好的工作。它是施工程序中的重要环节,存在于开工之前,且贯穿于施工的全过程。

施工准备工作是建筑施工顺利进行的保证。施工的准备工作主要有:技术准备、物资准备、劳动组织准备、施工现场准备和施工场外准备。施工企业与建设单位签订施工合同后,应在调查分析的基础上,拟订施工规划,编制标后施工组织总设计,部署施工力量,安排施工总进度,确定主要工程施工方案,规划整个施工现场,统筹安排,做好全面施工规划。

(一)施工准备工作的意义

现代的建筑施工生产活动复杂,它不仅要消耗大量材料,使用很多施工机械,还要组织大量施工人员,要处理各种技术问题,协调各种协作关系,涉及面广,情况复杂。施工准备工作是施工企业搞好目标管理、推行技术经济承包的重要前提条件。事实证明,认真地做好施工准备工作,能事先为施工创造一切必要的条件,对于发挥企业优势、合理供应资源、加快施工速度、提高工程质量、降低工程成本、增加经济效益、实现企业现代化管理等具有重要意义,更能保证施工顺利进行。总之,做好施工准备工作,能使建筑施工遵守程序化,降低施工风险,创造工程开工和顺利施工的条件,提高企业经济效益。

（二）施工准备工作的分类

按工程项目施工准备工作的范围不同，施工准备工作一般可分为全场性施工准备、单位工程施工条件准备和分部分项工程作业条件准备三种类型。按拟建工程所处的施工阶段不同，施工准备工作一般可分为开工前的施工准备和各施工阶段前的施工准备两种类型。

（三）施工准备工作的内容

施工准备工作的内容一般包括：调查研究，收集资料，技术资料准备，物资准备，施工现场准备，施工人员准备，冬、雨季施工准备等。

（四）施工准备工作要点

施工准备工作应做好以下几点。

（1）施工与设计结合施工任务合同签订后，施工单位应在总体规划、平面布局、结构造型、构件选择、新材料和新技术采用以及出图等方面与设计单位取得一致意见，以便于以后施工。

（2）室内与室外准备工作的结合。室内准备工作是指各种技术经济资料的编制和汇集；室外准备工作是指施工现场和物资准备。

（3）土建工程与专业工程的结合。土建施工单位在明确施工任务，制订出施工准备工作的初步计划后，应及时通知各有关协作的专业单位，使各协作单位及早做好施工准备工作。

调查研究、收集有关施工资料，是施工准备工作的重要内容之一。尤其是当施工单位进入一个新的城市或地区时，此项工作显得更加重要，它关系到施工单位全局的部署与安排。

二、施工调查、施工资料收集

（一）调查有关项目的特征与要求

建筑产品生产的地区性又决定了建设地区自然条件、技术经济条件对建筑项目的影响和制约。因此，在编制施工组织设计时，应以建设地区自然条件和技术经济条件、工程环境等实况为依据。

在调查工作开始之前，应拟定详细的调查提纲，以便调查研究工作有目的、有计划地进行。调查时，应首先向建设单位、勘察设计单位收集有关计划任务书、工程地址选择报告、初步设计、施工图以及工程概预算等资料；向当地有关部门收集现行的有关规定，该工程的有关文件、协议和类似工程的实践经验资料等；了解各种建筑材料、构件、制品的加工能力和供应情况，交通运输和生活状况，参加施工单位的施工能力和管理状况等。对于缺少的资料应予以补充，对有疑点的资料不仅要进行核实，还要到施工现场进行实地勘测调查。

原始资料调查分析的目的是为编制拟建工程施工组织设计提供全面、系统和科学的依据。原始资料调查包括：施工现场的调查，工程地质、水文的调查，气象资料的调查，周围环境及障碍物的调查等。

1.施工现场的调查

这项调查包括工程的建设规划图、建设地区区域地形图、场地地形图、控制桩与水准基点的位置及现场地形、地貌特征等资料，这些资料一般可作为设计施工平面图的依据。

2.工程地质、水文的调查

这项调查包括工程钻孔布置图，地质剖面图，地基各项物理力学指标试验报告，地质稳定性资料，暗河及地下水水位变化、流向、流速及流量和水质等资料，这些资料一般可作为选择基础施工方法的依据。

3.气象资料的调查

这项调查包括全年、各月平均气温，最高与最低气温，3℃、5℃及0℃以下气温的天数和时间；雨季起止时间，最大及月平均降水量及雷暴时间；主导风向及频率，全年大风的天数及时间等资料，这些资料一般可作为确定冬、雨季施工的依据。

4.周围环境及障碍物的调查

这项调查包括施工区域现有建筑物、构筑物、沟渠、水井、古墓、防空洞及地下构筑物、文物、树木、电力架空线路、人防工程、地下管线、枯井等资料。

(二)收集给排水、供电等资料

1.收集当地给排水资料

调查施工现场用水与当地现有水源连接的可能性、供水能力、接管距离、地点、水质及水费等资料，还要调查利用当地排水设施排水的可能性、排水距离、去向等资料。

2.收集供电资料

调查可供施工使用的电源位置、引入工地的路径和条件，收集可以满足的容量、电压及电费等资料，或建设单位、施工单位自有的发变电设备、供电能力。

3.收集供热、供气资料

调查冬季施工时附近蒸汽的供应量、接管条件和价格；收集建设单位自有的供热能力以及当地或建设单位可以提供的煤气、压缩空气、氧气的能力等资料。

（三）收集交通运输资料

建筑施工中主要的交通运输方式一般有铁路、公路和航运等。收集这些交通运输资料主要用于施工运输业务，是选择运输方式的依据。这些资料包括材料产地至工地的公路等级、路面构造、路面宽度完成情况，允许最大载重量、途经桥涵等级、允许最大尺寸等，以及邻近铁路专用线、站场卸货线长度、装载单个货物的最大尺寸、总量的限制，货源、工地至邻近河流和码头渡口的距离情况、渡口的渡船能力等。当有超长、超高、超宽或超重的大型构件、大型超重机械和生产工艺设备需整体运输时，还要调查沿途架空电线、天桥的高度，并与有关部门商议，避免其运输干扰正常交通运输。

（四）收集机械设备与建筑和装饰材料等资料

机械设备是指施工项目的主要工艺设备，建筑材料主要是“三材”，即钢材、木材和水泥。这些资料可向当地有关部门进行调查，主要用作确定材料和设备采购供应计划、加工方式、储存和堆放场地及建造临时设施的依据。一般情况下，应了解“三材”市场行情，掌握地方材料，如砖、沙、灰、石等的供应能力、质量、价格、运费情况，当地构件制作、木材加工、金属结构、钢木门窗、商品混凝土、建筑机械的供应与维修、运输等情况，脚手架、模板和大型工具租赁等能提供的服务项目、能力、价格等条件，装饰材料、特殊灯具、防水及防腐材料等的市场情况。

（五）劳动力和生活条件调查资料

建设地区的社会劳动力和生活条件调查主要是了解当地能提供的劳动力人数、技术水平、来源和生活安排。这些资料可向当地劳动、教育、卫生等部门进行调查，主要用作拟定劳动力安排计划、建立职工生活基地、确定临时设施面积的依据。调查作为施工用的现有房屋设施、社会劳动力、生活服务等情况。

三、技术资料准备

技术资料的准备即通常所说的室内准备(内业准备),它是施工准备工作的核心,任何技术差错和隐患都可能引起人身安全和质量事故,造成生命财产和经济的巨大损失,因此,必须做好技术资料的准备工作,其主要内容包括:熟悉与审查图纸、编制施工组织设计、编制施工图预算和施工预算。

(一)熟悉与审查图纸

1.熟悉与审查施工图纸的依据

(1)建设单位和设计单位提供的初步设计、施工图设计、城市规划等资料文件;

(2)对所调查的原始资料进行的分析;

(3)施工验收规范、规程和有关技术规定。

2.熟悉与审查图纸的目的

(1)保证能够按设计图纸的要求进行施工;

(2)使从事施工和管理的工程技术人员充分了解和掌握设计图纸的设计意图及构造特殊要求;

(3)通过审查,发现图纸中存在的问题和错误,为拟建工程的施工提供一份准确、齐全的设计图纸。

3.熟悉与审查图纸的内容

熟悉及审查施工图纸时,应抓住以下重点。

(1)基础及地下室部分。核对建筑、结构、设备、施工图中关于基础留口、留洞的位置及标高的相互关系是否恰当;排水及下水的去向;变形缝及人防出口的做法;防水体系的做法要求;特殊基础形式的做法等。

(2)主体结构部分。弄清建筑物墙体轴线的布置;梁柱、钢筋交接处的布置是否符合混凝土浇捣的要求;主体结构各层的砖、砂浆、混凝土构件的强度标号有无变化;阳台、雨篷、挑檐的细部做法;楼梯的构造;卫生间的构造;对标准图有无特别说明和规定等。

(3)装修部分。弄清地面装修与工程结构施工的关系;变形缝的做法及防水处理的特殊要求;防火、保温、隔热、防尘、高级装修等的类型和技术要求。

4.熟悉与审查施工图纸的程序

(1)施工图纸的阅读预审阶段。当施工单位收到施工图纸后，应尽快组织技术人员熟悉和预审图纸，对施工图纸的错误和建议按图标写出记录。

一般阅读步骤大致如下：

①先了解是什么类型的房屋建筑以及建筑面积、建设单位、工程名称、设计部门、图纸张数，对这份图纸的建筑内容取得初步的了解。

②按照图纸目录清点各类图纸是否齐全、图纸编号与图名是否符合、图纸所用的标准是什么。

③看设计总说明，了解建筑总体概况、技术要求等，然后按图号顺序看图纸，如先看建筑总平面布置图，了解建筑物的地理位置、高程、朝向以及周围的建筑情况或地貌地形。

④看施工图的方法是：一般先看建筑图(平面图、立面图、剖面图)，掌握房屋的长度、宽度、轴线组成和相关的尺寸，再看结构图，还应对照检查图纸有无矛盾，构造上是否能实施施工等。详细了解建筑物的构造，对关键的内容一定要记牢。把轴线尺寸、开间尺寸、层高、主要的梁柱断面尺寸、混凝土强度等级、砂浆强度等级等内容记下来，防止弄错，避免重大问题的发生。

(2)会审施工图纸。主要由建设单位、设计单位和施工单位三方进行施工图纸会审。首先由设计单位进行图纸交底，然后各方提出问题和建议，经过协商形成图纸会审纪要，由建设单位正式行文，参加会议的各单位盖章，可作为与施工图纸具有同等法律效力的技术文件使用。

(3)施工图纸现场签证。在施工过程中，因为材料质量、规格不能满足设计要求或图纸中仍有错误的，应对施工图纸进行现场签证，即在施工现场进行图纸修改和变更设计资料，都要有由设计院正式发出的文字记录或通知。

在学习和审查图纸过程中，对发现的问题应做出标记，做好记录，以便在图纸会审时提出。图纸会审由建设单位或委托监理单位组织，设计、施工单位参加，设计单位进行图纸技术交底后，各方面提出意见，经充分协商后形成图纸会审纪要，由建设单位正式行文，参加会议各单位加盖公章，作为设计图纸的修改文件。对施工过程中提出的一般问题，经设计单位同意，即可办理手续进行修改，涉及技术和经济的较大问题时，则必须经建设单位、监理单位、设计单位和施工单位共同协商，由设计单位修改，向施工单位签发设计变更单，方可有效。

5.学习和熟悉技术规范、规程及有关技术规定

技术规范、规程是由国家有关部门制定的实践经验的总结，在技术管理上

是具有法令性、政策性和严肃性的建设法规。建筑施工中常用的技术规范、规程主要有以下几种：

(1)建筑施工及验收规范；

(2)建筑安装工程质量检验评定标准；

(3)施工操作规程；

(4)设备维护及检修规程；

(5)安全技术规程；

(6)上级部门所颁发的其他技术规范与规定。

各级工程技术人员在接受任务后，一定要结合本工程实际，认真学习和熟悉有关技术规范、规程，为保证优质、安全、按时完成工程任务打下坚实的技术基础。

(二)编制施工组织设计

施工组织设计是指导拟建工程从施工准备到施工完成的组织、技术、经济的综合性技术文件，它对施工的全过程起指导作用，既要体现基本建设计划和设计的要求，又要符合施工活动的客观规律，对建筑项目、单项及单位工程的施工全过程起到部署和安排的作用。

建筑工程预算是反映工程经济效果的技术经济文件，在我国现阶段，它也是确定建筑工程预算造价的法定形式。建筑工程预算按照不同的编制阶段和不同的作用，可以分为设计概算、施工图预算和施工预算三种。

施工图预算是按照施工图确定的工程量、施工组织设计所拟定的施工方法、建筑工程预算定额及其取费标准编制确定的建筑安装工程造价和主要物资需要量的经济文件。

施工预算是根据施工图预算、施工图纸、施工组织设计、施工定额等文件进行编制的，它是企业内部经济核算和班组承包的依据，是企业内部使用的一种预算。

(三)技术、安全交底

技术、安全交底的目的是把拟建工程的设计内容、施工计划、施工技术要点和安全等要求，按分项内容或按阶段向施工队、组交代清楚。

技术、安全交底的时间是在拟建工程开工前或各施工阶段开工前，以保证工程按施工组织设计、安全操作规程和施工规范等要求进行施工。

技术、安全交底的内容有工程施工进度计划、施工组织设计、质量标准、安全措施、降低成本措施等要求；采用新结构、新材料、新工艺、新技术的保证措施；有关图纸设计变更和技术核定等事项。

技术、安全交底的方式有书面形式、口头形式和现场示范形式等。

四、资源准备

建筑材料、构件、制品、机具设备是保证施工顺利进行的物质基础，这些物资准备必须在各阶段开工之前完成。施工物资准备是指施工中必需的劳动手段（施工机械、工具、临时设施）和劳动对象（材料、配件、构件）等的准备，它是一项较为复杂而又细致的工作，一般应考虑以下几方面的内容：

（一）建筑材料的准备

建筑材料的准备主要是根据工料分析，按照施工进度计划的使用要求以及材料储备定额和消耗定额，分别按材料名称、规格、使用时间进行汇总，编制出建筑材料需要量计划。建筑材料的准备包括“三材”、地方材料、装饰材料的准备。准备工作应根据材料的需要量计划组织货源，确定加工、供应地点和供应方式，签订物资供应合同。

（二）预制构件和商品混凝土的准备

工程项目施工中需要大量的预制构件、门窗、金属构件、水泥制品以及卫生洁具等，这些构件、配件必须事先提出订制加工单。对于采用商品混凝土现浇的工程，则先要到生产单位签订供货合同，注明品种、规格、数量、需要时间及进货地点等。

（三）施工机具的准备

应根据施工方案和施工进度确定施工所选定的各种土方机械、混凝土、砂浆搅拌设备、垂直及水平运输机械、吊装机械、动力机具、钢筋加工设备、木工机械、焊接设备、打夯机、抽水设备等的数量和进场时间。需租赁机械时，应提前签约。

（四）模板和脚手架的准备

模板和脚手架是施工现场使用量大、堆放占地面积大的周转材料。模板及其配件规格多、数量大，对堆放场地要求比较高，一定要分规格、型号整齐码放，以便于使用及维修。

五、施工现场准备

施工现场的准备即通常所说的室外工作准备，它是为工程创造有利于施工条件的保证，其工作应按施工组织设计的要求进行，主要内容有清除障碍物、“六通一平”、测量放线、搭设临时设施等。

（一）清除障碍物

施工场地内的一切障碍物，无论是地上的或是地下的，都应在开工前清除。这些工作一般由建设单位来完成，但也有委托施工单位来完成的。如果由施工单位来完成这项工作，一定要事先摸清现场情况，尤其是在城市的老区内，由于原有建筑物和构筑物情况复杂，而且往往资料不全，在清除前，需要采取相应的措施，防止发生事故。

对于房屋，一般只要把水源、电源切断后即可进行拆除。若房屋较大、较坚固，则有可能采用爆破的方法，这需要由专业的爆破作业人员来完成，并且必须经有关部门批准。

对于架空电线（电力、通信）、地下电缆（电力、通信），要与电力部门或通信部门联系并办理有关手续后方可拆除。自来水、污水、煤气、热力等管线的拆除，最好由专业公司来完成。

（二）“六通一平”

在工程用地范围内，“六通一平”是指水通、电通、路通、电信通、煤气通、热气通和场地平整。

1.场地平整

清除障碍物后，即可进行场地平整工作。平整场地工作是根据建筑施工中平面图规定的标高，通过测量，计算出填挖土方工程量，设计土方调配方案，组织人力或机械进行平整工作。如果工程规模较大，选项工作可以分段进行，先进行第一期开征的工程用地范围内的场地平整工作，再依次进行后续的平整工作，为一期工程项目尽早开工创造条件。

2.水通

施工现场的水通包括给水和排水两个方面。施工用水包括生产生活与消防用水。水通工作应按施工总平面图的规划进行安排。施工给水设施应尽量利用永久性给水线路。临时管线的铺设，既要满足生产用水的需要和使用方便，还要尽量缩短管线长度。

施工现场的排水也十分重要，尤其是在雨季，场地排水不畅，会影响施工和运输的顺利进行，因此要做好排水工作。

3.电通

电通包括施工生产用电和生活用电两个方面。电通应按施工组织设计要求布设线路和通电设备。电源首先应考虑从国家电力系统或建设单位已有的电源上获得。如供电系统不能满足施工生产、生活用电的需要，则应考虑在现场建立发电系统，以保证施工顺利进行。

4.路通

施工现场的道路是组织施工物资进场的动脉。为保证施工物资能早日进场，必须按施工总平面图的要求，修好现场永久性道路以及必要的临时性道路。为节省工程费用，应尽可能利用已有的道路。为使施工时不损坏路面和加快修路速度，可以先修路基或在路基上铺面，施工完毕后，再铺永久性路面。

（三）测量放线

测量放线的任务是把图纸上所设计好的建筑物、构筑物及管线等测设到地面上或实物上，并用各种标志表现出来，以作为施工的依据。其工作的进行，一般是在土方开挖之前，在施工场地内设置坐标控制网和高程控制点来实现的。这些网点的设置应视工程范围的大小和控制的精度而定。

在测量放线前，应做好以下几项准备工作：

1.对测量仪器进行检验和校正

对所用的经纬仪、水准仪、钢尺、水准尺等，应进行校检。

2.了解设计意图，熟悉施工图纸

通过设计交底，了解工程全貌和设计意图，掌握现场情况和定位条件，主要轴线尺寸的相互关系，地上、地下的标高以及测量精度要求。在熟悉施工图纸过程中，应仔细核对图纸尺寸，对轴线尺寸、标高以及边界尺寸要特别注意。

3.校核红线桩与水准点

建设单位提供的由城市规划勘测部门给定的建筑红线，在法律上起着标示建筑边界用地的作用。在使用红线桩前要进行校核，施工过程中要保护好桩位，以便将它作为检查建筑物定位的依据。水准点也同样要校测和保护。红线桩和水准点经校测后，如发现问题，应提请建设单位处理。

4.制定测量放线方案

根据设计图纸的要求和施工方案，制定切实可行的测量放线方案，主要包括平面控制、标高控制、±0.000 以下施测、±0.000 以上施测、沉降观测和竣工测量等项目。

建筑物定位放线是确定整个工程平面位置的关键环节，施测中必须保证精度，杜绝错误，否则，其后果将难以处理。建筑物定位、放线一般是通过设计图中平面控制轴线来确定建筑物的轮廓位置，测定并经自检合格后，提交有关部门和甲方验线，以保证定位的准确性。沿红线建的建筑物放线后，还要由城市规划部门验线，以防止建筑物压红线或超红线，为正常顺利地施工创造条件。

（四）搭设临时设施

在布置安排现场生活和生产用的临时设施时，要遵照相关规定进行规划布置。因此，临时建筑平面图及主要房屋结构图都应报请城市规划、市政、消防、交通、环境保护等有关部门审查批准。

为了施工方便和安全，对于指定的施工用地的边界，应用围栏围挡起来，围挡的形式、材料及高度应符合市容管理的有关规定和要求，在主要入口处应设明标牌，标明工程名称、施工单位、工地负责人等。各种生产、生活用的临时设施，包括各种仓库、混凝土搅拌站、预制构件场、机修站、各种生产作业棚、办公用房、宿舍、食堂、文化生活设施等，均应按已批准的施工组织设计规定的数量、标准、面积、位置等要求组织修建，大、中型工程可分批分期修建。

此外，在考虑施工现场临时设施的搭设时，应尽量利用原有建筑物，尽可能减少临时设施的数量，以便节约用地、节省投资。

（五）安装、调试施工机具

按照施工机具需要量的计划，组织施工机具进场，根据施工总平面图，将施工机具安置在规定的地点或仓库。对于固定的机具，要进行就位、搭棚、接电源、保养和调试等工作。所有施工机具在开工之前都必须进行检查和试运转。

（六）建筑材料、构（配）件和制品的储存和堆放

建筑材料、构（配）件和制品根据需要量计划组织进场，根据施工总平面图规定的地点和指定的方式进行储存和堆放。

（七）做好冬、雨季施工的安排

按照施工组织设计的要求，落实冬、雨季施工的临时设施和技术措施。

（八）进行新技术项目的试制和试验

按照设计图纸和施工组织设计的要求，认真进行新技术项目的试制和试验。

（九）设置消防、保安设施

按照施工组织设计的要求，根据施工总平面图的布置，建立消防、保安等组织机构和有关的规章制度，设置安排好消防、保安等设施。

第二节　建筑工程流水施工组织

一、框架结构房屋流水施工组织

(一)流水施工概述

1.组织施工的方式

任何一个建筑工程都是由许多施工过程组成的,而每一个施工过程又是由一个或多个施工队来进行施工的,如何组织各施工队的先后顺序或平行搭接施工是组织施工中的基本问题。通常,组织施工有三种方式:依次施工、平行施工、流水施工。

(1)依次施工。依次施工也称为顺序施工,是指各施工段或施工过程依次开工、依次完成的施工组织方式。

(2)平行施工。平行施工是指全部工程任务的各施工段同时开工、同时完成的施工组织方式。

(3)流水施工。流水施工是指所有的施工过程按一定的时间间隔依次投入施工,各个施工过程陆续开工、陆续完工,使同一施工过程的施工班组保持连续、均衡施工,不同施工过程尽可能平行搭接施工的组织方式。

流水施工兼顾了依次施工和平行施工的优点,克服了二者的缺点。用流水施工的方法组织施工生产时,工期较依次施工短,投入的劳动力和各种资源较平行施工均匀,且施工班组能连续生产。因此,采用流水施工方式组织施工可以带来较好的技术经济效益,主要表现在以下几点。

①施工具有连续性、均衡性,劳动力和各种资源供应处于相对平稳状态,可充分发挥施工管理水平,降低工程成本。

②按专业工种建立劳动组织,实现生产专业化,有利于劳动生产率的不断提高。

③科学地安排施工进度,使各施工过程在保证连续施工的条件下,最大限度地实现搭接施工,从而减少了因组织不善而造成的停工、窝工损失,合理地利用了施工的时间和空间,有效地缩短了施工工期。

2.组织流水施工的条件

(1)划分施工段；

(2)划分施工过程；

(3)每个施工过程组织独立的施工班组；

(4)主要施工过程必须连续、均衡地进行；

(5)不同的施工过程尽可能组织平行搭接施工。

3.流水施工的分类

(1)按工程对象范围分，流水施工可以分为分项工程流水施工、分部工程流水施工、单位工程流水施工、建筑群流水施工。

(2)按流水节拍的特征分，流水施工可分为有节奏流水施工和无节奏流水施工，有节奏流水施工又可分为等节奏流水施工和异节奏流水施工。

(二)流水施工参数及组织方式

1.流水施工参数

(1)工艺参数

主要有以下几项：

①施工过程数。确定施工过程数时，应该考虑以下几个方面的影响：

a.施工进度计划的性质和作用；

b.施工方案及工程结构；

c.劳动组织及劳动量大小；

d.劳动内容和范围。

②流水强度。

(2)时间参数

主要有以下几项：

①流水节拍。流水节拍是指从事某一施工过程的施工班组在一个施工段上的作业时间。

流水节拍的大小直接关系到投入劳动力、机械和材料量的多少，决定施工速度和施工的节奏性，因此，流水节拍的确定很重要。确定流水节拍的方法一般有定额计算法、经验估算法等。

确定流水节拍时应考虑的因素有以下几项：

a.施工班组人数应符合该工程最小劳动组合人数的要求。所谓最小劳动组合，是指某一施工过程进行正常施工所必需的最低限度的班组人数及其合理组合。

b.施工班组人数不能太多，每个工人的工作面要符合最小工作面的要求，否则，就不能发挥正常的施工效率或不利于安全生产。

c.要考虑各种机械台班的效率或机械台班产量的大小。

d.要考虑各种材料、构件等施工现场的堆放量、供应能力及其他有关条件的制约。

e.要考虑施工及技术条件的要求，如浇筑混凝土时，为了连续施工，有时按照三班制工作的条件确定流水节拍，以确保施工质量。

f.确定各施工过程的流水节拍时，首先应考虑主要的、工程量大的施工过程的节拍，其次再确定其他施工过程的节拍。

g.流水节拍的数值一般取整数，必要时可取半天。

②流水步距。确定流水步距的基本要求是：保证主要施工班组连续施工；保证每个施工段正常作业程序；满足最大限度搭接的要求；满足技术、组织间歇的要求。

③流水工期。流水工期是指完成一项工程任务或一个流水组施工所需的全部工作时间。

(3)空间参数

主要有以下几项：

①工作面。工作面是指某施工班组的工人在从事建筑产品生产过程中所必备的活动空间，通常用 a 表示。工作面的大小是根据相应工种单位时间内的产量定额、施工操作规程和安全规程等要求确定的。工作面确定得合理与否，直接影响施工班组的劳动生产率。

②施工段划分的基本要求如下：

a.施工段的数目要合理；

b.以主导施工过程为依据进行划分；

c.要有利于结构的整体性；

d.施工段的劳动量(或工程量)要大致相等(相差宜在 15%以内)，以保证各施工班组连续、均衡地施工；

e.当组织流水施工的工程对象有层间关系时，应使各施工班组能够连续施工。

2.流水施工的组织方式

(1)等节奏流水施工。分为无间歇全等节拍流水施工、有间歇全等节拍流水施工、等节奏流水施工三种组织方式。

①无间歇全等节拍流水施工。其特点如下：

a.各施工过程的流水节拍都彼此相等；

b.所有流水步距彼此相等，而且等于流水节拍；

c.不存在技术和组织间歇，也不存在工艺搭接；

d.各施工班组在各施工段上能够连续作业；

e.施工班组数目等于施工过程数目。

②有间歇全等节拍流水施工。其特点如下：

a.各施工过程的流水节拍全部相等；

b.各施工过程之间的流水步距不一定相等，因为有技术或组织间歇时间；

c.各施工班组在各施工段上能够连续作业；

d.施工班组数目等于施工过程数目。

③等节奏流水施工。首先，把工程对象划分为若干个施工过程，应将劳动量小的施工过程合并到相邻施工过程中去，以使各施工过程的劳动量均衡；然后，确定主要施工过程的施工班组人数，计算其流水节拍；最后，根据已确定的流水节拍，确定其他施工过程的施工班组人数及其组成。

等节奏流水施工一般适用于分部工程流水（专业流水），不适用于单位工程，特别是大型建筑群。

(2)异节奏流水施工。异节奏流水施工是指同一施工过程在各个施工段上的流水节拍相等，不同施工过程之间的流水节拍不完全相等的一种流水方式。异节奏流水施工可分为成倍节拍流水施工和不等节拍流水施工两种。

①成倍节拍流水施工。其特点如下：

a.同一施工过程的流水节拍彼此相等，不同施工过程流水节拍存在整数倍或为公约数关系；

b.流水步距彼此相等且等于流水节拍的最大公约数；

c.各施工班组在各施工段上能够连续作业，施工段没有空闲；

d.施工班组数目大于施工过程数目。

②不等节拍流水施工。其特点如下：

a.同一施工过程流水节拍相等，不同施工过程的流水节拍不一定相等；

b.各个施工过程之间的流水步距不一定相等；

c.各施工班组在各施工段上能够连续作业，但施工段可能有空闲；

d.施工班组数目等于施工过程数目。

(3)无节奏流水施工。在组织流水施工时,施工过程在各个施工段上的流水节拍不相等,各个施工过程之间的流水步距彼此不相等,这样组织的流水施工方式称为无节奏流水施工,是建筑工程流水施工的普遍方式。

①无节奏流水施工的特点如下:

a.每个施工过程在各个施工段上的流水节拍都不尽相等;

b.在多数情况下,流水步距彼此不相等,而且流水步距与流水节拍之间存在着某种函数关系;

c.各施工班组都能连续施工,个别施工段可能有空闲;

d.施工班组数目与施工过程数目相等。

②无节奏流水施工主要参数的确定。

流水步距的确定:无节奏流水步距的计算通常采用累加数列法,即"累加数列错位相减取大差",按以下步骤进行:

第一步,累加数列,即将每个施工过程的流水节拍逐段累加,求出累加数列;

第二步,错位相减,即根据施工顺序对所求相邻的两个累加数列错位相减;

第三步,取大差,即在错位相减的结果中取最大值作为流水步距。

③无节奏流水施工方式的组织。各施工班组连续作业,施工班组之间在一个施工段内互不干扰(不超前,但可能滞后),或做到前后施工班组之间的工作紧紧衔接。因此,组织无节奏流水施工的关键是正确计算流水步距。组织无节奏流水施工的基本要求与组织异节拍流水施工相同,即保证各施工过程工艺顺序合理和各施工班组尽可能依次在各施工段上连续施工。

④无节奏流水施工方式的适用范围。无节奏流水施工不像有节奏流水施工那样有一定的时间规律约束,在进度安排上比较灵活、自由,因此,它适用于各种分部工程、单位工程及大型建筑群的流水施工组织,是流水施工中应用较多的一种方式。

二、多层砖混结构房屋流水施工组织

(一)建筑方面

(1)共用楼梯。六层及六层以下楼梯间轴线宽度可为2.4m,七层楼梯间宽度≥2.5m。

(2)七层砖混入户门必须设置防火门,或在楼梯间顶部做出屋面气楼。

(3)门窗选型。选型原则:在确保住户安全的基础上,在经济允许的情况下,选择尽可能扩大房屋的采光面积(提高窗地比),设置局部房间(如卫生间)透气性的门。门窗按材料划分,可分为铝合金门窗、钢门窗、塑料门窗和木门窗。从增加房屋的透光系数看,钢窗最好;从推进住宅产业现代化角度看,塑料窗最好;从保温隔热性能上看,钢门窗最差;从经济方面看,木门窗最经济。

(4)嵌入墙内的、厨房里的壁龛和客厅里的鞋柜等,若设于分户墙上,不利于防盗,故应设于分室墙上。

(5)分室(卧室、厨房)门窗的亮子与室内的吊柜相重叠,亮子形同虚设,造成浪费。

(6)阳台扶手高度应为1.1m,窗台高度应为0.9m,两者不应一致。

(7)对于底层住户,因建筑构造处理不当,会引起地下水分因毛细管作用而使地面受潮和潮湿季节地面结露,可在构造上采取以下措施加以避免。

①室内地面一般应高出室外地面0.3m以上,当地下水位较高时,应高出0.5m以上。

②房屋四周可设置排水沟或管道,随时排走积水。

③通过地面构造处理,阻止潮湿空气侵袭而引起地面结露,兼顾地下水因毛细管作用而使地面受潮的加强处理。

(8)屋面保温层。现浇屋面保温层质量常受到天气、操作者的控水程度的影响,使得保温效果不能达到要求。如果采用预制保温层板,这些问题就可解决,经济上也较合理。

(二)结构方面

(1)在可用砖条基的前提下,非因场地土较差而引起的基础埋置过深(超过2m),增加基础造价(人工控基槽、基坑一般分为2m、4m、6m三个档次,基础加深势必产生连锁经济反应),可用构造处理来解决。

①用二一间隔法砖基础取代二皮一收砖基础,减少基础构造高度。

②构造柱若锚固于基础圈梁中,基础圈梁顶标高距室外地面以下0.5m,增加基础构造高度。若采用构造柱从基础混凝土垫层升起,而非地圈梁升起,基础的构造高度就会下降,这样处理对施工中构造柱插筋的要求较高。

(2)底层局部墙体抗震不利,可用配筋砖砌体来解决,而不用增加墙厚来解决(例如7度区七层砖混结构),既可以满足抗震验算的要求,也不减少底层使用面积。

(3)多层砌体房屋尺寸不宜过大,应适当控制开洞率,一片墙面的水平开洞率:抗震设防烈度为7、8、9度时,宜分别不超过0.60、0.45、0.30。开洞位置不应在墙的尽端,且不应影响纵横墙的整体连接。为使各墙体受力分布协调,避免强弱不匀时“各个击破”,防止非承重构件失稳,避免附属构件脱落伤人,必须控制砖房的局部尺寸。当小墙段增设构造柱时,最小尺寸可适当放宽。从房屋的抗震验算结果看,满足上述要求的多层砌体房屋基本能满足抗震验算的要求,对建筑上的采光要求基本也能满足。

(4)对于底层砖砌体,必须考虑配电箱、壁龛对墙体削弱的影响,也可通过局部增加构造柱来解决。

(5)屋盖与墙体日温差裂缝的避免。在太阳光辐射的作用下,平屋面承受的温度一般为50 ℃左右,而砖砌体承受的最高温度一般为30 ℃左右,温差达20 ℃,前者线膨胀系数为10×10^{-6},而后者线膨胀系数为5×10^{-6}。即使是按现行规范设计的房屋,满足抗震要求和砌体房屋伸缩缝最大间距要求的屋面即使进行了隔热处理,也难完全克服裂缝的产生,可通过下列方法进行解决:

①加强砖砌筑质量,使顶层砌筑砂浆强度不小于M5.0。在窗台下三皮砖缝处设置3φ8通长钢筋(按墙拉筋设置),抵抗温度应力。

②在适当部位(仅于顶层墙体)加设抗裂柱,柱两端与圈梁相连,抵消温度应力的影响。

(6)板式阳台钢筋混凝土栏板与外墙面间的裂缝可通过改板式阳台为梁式阳台,并加强阳台栏板与墙体的连接来解决。

(7)钢筋混凝土栏板受力筋的配置应考虑水平往复力的影响,根部受力筋应双层配置。

(8)楼层的休息平台梁应避免架于入户门头上,避免产生不合理的传力。

(9)钢筋混凝土圈梁与钢筋混凝土构造柱。在砌体结构中设置圈梁(钢筋混凝土带或配筋砖带),其作用主要是增强房屋的整体性,在一定程度上加强墙体的稳定性,并提高墙体的抗剪抗拉强度,防止或减少墙体因过大不均匀沉降而发生的裂缝(即使出现裂缝也能阻止其进一步发展),在强震作用下还有可能防止砌体结构的倒塌(宜与构造柱同时存在)。构造柱是在砌体结构中为了提高其抗震能力,在房屋的适当部位,于砌体内设置的钢筋混凝土柱,它与设在砌体中的圈梁共同作用,以提高砌体结构的抗震作用能力。构造柱有别于组合柱,这在《建筑抗震设计规范》中有所区别。试验表明:构造柱能提高砖砌体的抗剪承载力10%～30%(提高幅度与墙体的高厚比、竖向压力和开洞率等因素有关)，这是结构设计者必须重视的问题。构造柱的设置部位有三个等级，第一个等级称为“四角设置”，第二个等级称为“隔轴线设置”，第三个等级称为“逢轴线设置”。构造柱可不必单独设置柱基或扩大基础面积，构造柱应伸入室外地面标高以下0.5 m。当抗震设防烈度为7度，多层砖房超过六层、抗震设防烈度为8度，多层砖房超过五层及抗震设防烈度为9度时，构造柱的纵向钢筋宜采用4φ14；对楼梯间中间休息平台梁处的构造柱，纵筋要适当放大，箍筋要全段加密，对于大开间(房屋开间大于4.2 m)房屋，抗震设防烈度应提高一级。通过圈梁和构造柱等延性构件，把脆性材料分片包围，对破碎的墙体有所约束，并可加强整个结构的相互连接，避免突然倒塌，是一种切实可行的、较经济有效的措施。

(10)在较大洞口上，兼过梁的圈梁应通过计算确定钢筋是否需要加强；有多孔板楼层的圈梁，必须注意带裁口的圈梁纵向钢筋规格不应一致。

(11)预应力混凝土多孔板的选型。多孔板的宽度有0.45 m，0.6 m，0.9 m，1.2 m四种规格。从设计角度看，一般选择板宽较大的(减轻建筑物自重，加强结构整体性)；从施工角度看，一般选用板宽较小(便于吊装安放)、板宽规格较少(容易找到)的。因此，在具体设计中，应根据建筑物的结构情况，选用的板宽规格不宜多于两种，以较大板宽为主(通常为0.9 m)，以较小板宽作为调节板缝，最后仍难以解决的，则用现浇板带处理。

(12)现浇板带。构造柱与多孔板产生矛盾、房屋尺寸与多孔板排列不合产生矛盾、砖房现浇钢筋混凝土圈梁设置要求不能满足时，都可通过现浇板带解决。由于现浇板带的受力不符合现浇板的受力计算模式，因此，只能按梁的构造要求进行配置。

(13)建筑施工图上，一般都会考虑各功能室的需要，而将各楼面标高进行调整，例如，厨房、卫生间、楼面标高必然低于客厅、卧室楼面标高。通过结构处理比通过建筑处理要经济合理一些。考虑浇筑混凝土的施工荷载，现浇板负弯矩筋应不小于φ8。

(14)屋面挑檐阳角加筋。较差的配筋导致构造柱内的钢筋过多，施工中构造柱内的钢筋较多，混凝土不易灌实；较好的配筋就可避免这类问题。

(15)屋面上入孔，向上翻结构高度的确定，不仅要符合建筑图集的要求，还要考虑屋面面层(保温层、架空隔热板等)厚度的影响，屋面板洞口处应另加筋处理。

上述罗列的问题，均是在方案确定之后，于施工图阶段发生的，并不包括砖混住宅土建施工图的全部，对于加强专业的体会与沟通、提高住宅工程设计图纸的整体水准、适合住户需求、降低施工难度和工程造价都是有益的。

第三节　施工现场管理

一、施工现场项目经理部的建立

（一）施工管理的相关内容

1.施工管理的概念及基本任务

所谓施工管理，是指对完成最终建筑产品的施工全过程所进行的组织和管理。施工管理的基本任务，是指合理地组织完成最终建筑产品的全部施工过程，充分利用人力和物力，有效地使用时间和空间，保证综合协调施工，使建筑工程达到工期短、质量好、成本低、安全生产的目标，迅速发挥投资效益。

2.施工管理的主要内容

施工管理贯穿于整个施工阶段，在施工全过程的不同阶段，施工管理工作的重点和具体内容是不相同的。施工管理的实质是对施工生产进行合理的计划、组织、协调、控制和指挥。施工管理的主要内容有：

（1）签订工程承包合同，严格按合同执行，加强合同管理；

（2）认真做好施工准备工作，加强施工准备工作管理；

（3）按现场施工目标，组织好现场施工，加强现场施工管理；

（4）做好竣工验收的准备，严格按程序组织工程验收，加强工程交工验收管理。

（二）建筑企业项目管理组织形式

我国的大型建筑企业项目管理组织主要有四种组织方式：工作队式、部门控制式、矩阵式、事业部式。这四种项目管理的组织形式基本上适应了项目一次性的特点，使项目的资源配置可以进行动态的优化组合，能够连续、均衡地运作，基本满足大型建筑企业项目管理的需要，根据所选择的项目组织形式，设置相应项目经理部。不同的组织形式对施工项目经理部的管理力量和管理职责提出了不同的要求，同时也提供了不同的管理环境。

1.工作队式项目管理组织形式

工作队式项目管理组织的优点是:项目人员组成工作队,独立性大,项目部成员在工程建设期间与原所在部门脱离了领导与被领导的关系,原单位的负责人只负责业务指导及考察。企业的职能部门处于服从地位,只提供一些服务。这种组织形式适用于大型工程项目、工期要求紧的项目、要求多工种多部门密切配合的项目。

2.部门控制式项目管理组织形式

部门控制式项目管理组织形式是按职能原则建立的项目组织,把项目委托给企业某一专业部门,由部门领导,在本单位选人组合负责实施,一般适用于小型的专业性强、不涉及众多部门的施工项目。其优点是:由熟人组合办熟悉的事,人事关系易协调,从接受任务到组织的运转启动,时间短,职责明确,职能专一;缺点是:不能适应大型项目需要,不利于精简机构。

3.矩阵式项目管理组织形式

矩阵式项目管理组织形式的特征是:将按职能划分的部门与按产品或项目划分的小组(项目组)结合成矩阵状的一种组织形式。各个项目与职能部门结合成矩阵状,既能发挥职能部门的纵向优势,又能发挥项目组织的横向优势;职能部门负责人对参与项目组织的人员有组织调配、业务指导和管理考察的责任,项目经理将参与项目组织的职能人员在横向上有效地组织起来,为实现项目目标协同工作;矩阵中成员接受项目经理和部门负责人的双重领导,但部门的控制力大于项目的控制力,部门负责人根据不同的需求和忙闲程度,在项目之间调配本部门人员,一个专业人员可能同时为几个项目服务,大大提高了人才的利用率。

4.事业部式项目管理组织形式

大型建筑企业事业部可以按地区设置,也可以按工程类型或经营内容设置,能迅速适应环境变化,在事业部下面设经理部,项目经理由事业部选派。这种形式适用于大型经营性企业的工程承包,特别适用于远离公司本土的工程承包,适用于一个地区内有长期市场或一个企业有多种专一施工力量时采用。其优点是:有利于延伸企业的经营职能,扩大企业的经营业务,便于开拓企业的业务领域。缺点是:企业对项目经理部的约束力减弱,协调指导的机会减少,故有时会造成企业机构松散,必须加强制度约束,加大企业的综合协调能力。

（三）施工现场项目经理部的内涵及作用

1.施工现场项目经理部的内涵

施工现场是参加建筑施工的全体人员为优质、安全、低成本和高速度完成施工任务而进行工作的活动空间。

施工现场项目经理部是施工项目管理的工作班子，是企业为了使施工现场更具有生产组织功能，为了更好地完成工程项目管理目标而设立的置身于项目经理领导之下的临时性的基层施工管理机构。

2.施工现场项目经理部的作用

（1）项目经理部在项目经理领导下，作为项目管理的组织机构，负责施工项目从开工到竣工的全过程施。工生产经营的管理，是企业在某一工程项目上的管理层，同时对作业层负有管理与服务双重职能。作业层工作的质量取决于项目经理部的工作质量。

（2）项目经理部是项目经理的办事机构，为项目经理决策提供信息依据，当好参谋，同时又要执行项目经理的决策意图，向项目经理全面负责。

（3）项目经理部是一个组织体，其作用包括：完成企业所赋予的基本任务管理和专业管理任务等；凝聚管理人员的力量，调动其积极性，促进管理人员的合作，建立为事业的奉献精神；协调部门之间、管理人员之间的关系，发挥每个人的岗位作用，为共同目标进行工作；影响和改变管理人员的观念和行为，使个人的思想、行为变为组织文化的积极因素；贯彻组织责任制，搞好管理；沟通部门之间，项目经理部与作业队之间、与公司之间、与环境之间的信息。

（4）项目经理部是代表企业履行工程承包合同的主体，也是对最终建筑产品和业主全面、全过程负责的管理主体；通过履行主体与管理主体地位的体现，使每个工程项目经理部成为企业进行市场竞争的主体成员。

（四）施工项目经理部的规模设计

目前，国家对项目经理部的设置规模尚无具体规定。结合有关企业推行施工项目管理的实际，一般按项目的使用性质和规模分类。只有当施工项目的规模达到以下要求时才实行施工项目管理：1 万平方米以上的公共建筑、工业建筑、住宅建设小区及其他工程项目投资在 500 万元以上的工程项目，均实行项目管理。有些试点单位把项目经理部分为下述三个等级。

（1）一级施工项目经理部：建筑面积为 15 万平方米以上的群体工程；面积

在10万平方米以上(含10万平方米)的单体工程;投资在8000万元以上(含8000万元)的各类工程项目。

(2)二级施工项目经理部:建筑面积在15万平方米以下、10万平方米以上(含10万平方米)的群体工程;面积在10万平方米以下、5万平方米以上(含5万平方米)的单体工程;投资在8000万元以下、3000万元以上(含3000万元)的各类施工项目。

(3)三级施工项目经理部:建设总面积在10万平方米以下、2万平方米以上(含2万平方米)的群体工程;面积在5万平方米以下、1万平方米以上(含1万平方米)的单体工程;投资在3000万元以下、500万元以上(含500万元)的各类施工项目。

建设总面积在2万平方米以下的群体工程以及面积在1万平方米以下的单体工程,按照项目管理经理责任制有关规定,实行栋号承包。承包栋号的队伍以栋号长为承包人,直接向公司(或工程部)经理负责。

(五)项目经理的作用及职责

(1)项目经理是企业法人在工程项目管理中的全权代表,是项目管理决策的关键人物,是项目实施的最高责任者和组织者。

(2)项目经理的主要作用:①领导者作用,项目施工的重要特征是项目经理负责制,在工程项目管理中,项目经理是最高领导者,起核心作用;②协调者作用,项目经理在项目管理中负责全面协调工作,即将各种汇集到工程项目的指令、信息、计划、方案、制度等,通过协商、调度、运筹,使其配合得当;③管理者作用,项目经理本人的专业知识、思想素质、管理作风、管理能力、管理思想和管理艺术在项目管理中具有关键性作用;④决策者作用,项目经理在工程项目管理中,根据信息,抓住机遇,选择最佳时机,提出合适方案,做出正确决策,并在实际工作中贯彻执行。

(3)项目经理的基本职责:①确保项目目标实现,保证业主满意;②制定项目阶段性目标和项目总体控制计划;③组织精干的项目管理班子,并全面领导其工作;④对重大问题及时决策;⑤履行合同义务,监督合同执行;⑥在项目内部实施组织、计划、指导、协调和控制。

二、施工现场技术管理

(一)定义

施工现场技术管理就是对现场各项技术活动、技术工作以及与技术相关的各种生产要素进行计划、实施、总结和评价的系统管理活动。搞好技术管理工作,有利于提高企业技术水平,充分发挥现有设备能力,提高劳动生产率,降低生产成本,提高企业管理效益,增强施工企业的竞争力。

(二)施工技术管理组织机构

施工活动必须充分发挥施工企业技术和管理的整体优势,因此,施工企业应建立以总工程师为首的技术管理组织机构。

(三)施工现场技术管理制度

1.技术标准及技术规范

项目施工过程中,应严格遵守、贯彻国家和地方颁发的技术标准和技术规范以及各种原材料、半成品、成品的技术标准和相应的检验标准。认真执行公司有关技术管理规定,认真按设计图纸进行施工,严禁违规违章。

2.施工图认读及会审

项目部接到图纸后,应组织技术人员、现场施工人员等认读图纸,明确各专业的相互关系和对设计单位的要求,做好自审记录,并按会审图纸管理规定,办妥会审登记手续。

3.组织设计或方案

施工项目开工前必须编制施工组织设计,并按有关规定分级编审施工组织设计文件,并应在施工过程中认真组织贯彻执行。

4.施工技术交底

施工前,必须认真做好技术交底工作,使项目部施工人员熟悉和了解设计及技术要求、施工工艺和应注意的事项以及管理人员的职责要求;交底以书面及口头同时进行,并做好记录及交底人、被交底人签字。

5.施工中的测量、检验和质量管理

(1)施工中组织专人负责放线、标高控制,并有专人负责复核记录归档;

(2)测量仪器应有专人使用和管理,并定期检验,严禁使用失准仪器;

(3)原材料、半成品、成品进场要提供供应厂家生产及销售资质文件、出厂合格证、化验单及检验报告等,并由主管技术人员及质安员验收核实后方能使用;

(4)严格按照国家规定、技术规范、技术要求,对需复检、复验项目予以复检、复验,并如实填写结果;

(5)正确执行计量法令、标准和规范,如施工组织设计、计划、技术资料、公文、标准及各种施工设计文件等。

6.设计变更及材料代用

施工图纸的修改、设计变更或建设单位的修改通知需经各方签证后,方可作为施工及结算的依据。

7.施工日志

施工现场应指定专人填写当日有关施工活动的综合记录,主要内容包括当日气候、气温、水电供应;施工情况、治安情况;材料供应及机具情况;施工、技术、项目变更内容。

8.技术资料档案管理

(1)施工现场技术资料应由专人负责收集整理,并应与施工进度同步收集整理,其记载内容应与实际相符,做到准确、齐全、整洁;

(2)有关人员必须在资料指定位置上签名、盖章,并注明日期,手续齐全的资料方可作为有效资料收集整理;

(3)应严格执行有关城市建设档案管理条例和相关保密规定,及时进行工程施工档案的收集和管理。

(四)施工技术管理的基础工作

1.建立技术责任制

技术责任制是指将施工单位的全部技术管理工作分别落实到具体岗位(或个人)和具体的职能部门,使其职责明确,并制度化。

建立各级技术负责制,必须正确划分各级技术管理权限,明确各级技术领导的职责。施工单位内部的技术管理实行公司和工程项目部两级管理。公司工程管理部设技术管理室、科研室、试验室、计量室,在总工程师领导下进行技术、科研、试验、计量和测量管理工作。工程项目部设工程技术部,在项目经理和主任工程师领导下进行施工技术工作。总工程师、主任工程师是技术行政职务，是同级行政领导成员，分别在总经理、项目部经理的领导下全面负责技术工作，对本单位的技术问题，如施工方案、各项技术措施、质量事故处理、科技开发和改造等重大问题有决定权。

2.贯彻技术标准和技术规程

(1)技术标准

①建筑安装工程施工及验收规范；

②建筑安装工程质量检验及评定标准；

③建筑安装材料、半成品的技术标准及相应的检验标准。

(2)技术规程

①施工工艺规程；

②施工操作规程；

③设备维护和检修规程；

④安全操作规程。

技术标准和技术规程一经颁发，就必须严格执行。但是技术标准和技术规程不是一成不变的，随着技术和经济发展，要适时地对它们进行修订。

3.施工技术管理制度

施工技术管理制度包括如下几项：

(1)图纸学习和会审制度；

(2)施工项目管理规划制度；

(3)技术交底制度；

(4)施工项目材料、设备检验制度；

(5)工程质量检查验收制度；

(6)技术组织措施计划制度；

(7)工程施工技术资料管理制度；

(8)其他技术管理制度。

4.建立健全技术原始记录

技术原始记录包括材料、构配件、建筑安装工程质量检验记录、质量、安全事故分析和处理记录、设计变更记录和施工日志等。技术原始记录是评定产品质量、技术活动质量及产品交付使用后制定维修、加固或改建方案的重要技术依据。

5.建立工程技术档案

工程技术档案是记录和反映本单位施工、技术、科研等活动，具有保存价值,并且按一定的归档制度,作为真实的历史记录集中保管起来的技术文件材料。建筑企业的技术档案是指有计划地、系统地积累具有一定价值的建筑技术经济资料,它来源于企业的生产和科研活动,反过来又为生产和科研服务。

建筑企业技术档案的内容可分两大类:一类是为工程交工验收而准备的技术资料,作为评定工程质量和使用、维护、改造、扩建的技术依据之一;另一类是企业自身要求保留的技术资料,如施工组织设计、施工经验总结、科学研究资料、重大质量安全事故的分析与处理措施、有关技术管理工作经验总结等,作为继续进行生产、科研以及对外进行技术交流的重要依据。

(五)施工技术管理的业务工作

1.技术交底与图纸会审

技术交底是施工单位技术管理的一项重要制度,它是指开工前,由上级技术负责人就施工中有关技术问题向执行者进行交代的工作。其目的是使施工的人员对工程及其技术要求做到心中有数,以便科学地组织施工和按合理的工序、工艺进行作业。要做好技术交底工作,必须明确技术交底的内容,并搞好技术交底的分工。

技术交底的内容包括:

(1)图纸交底,目的是使施工人员了解施工工程的设计特点、做法要求、抗震处理、使用功能等,以便掌握设计关键,认真按图施工。

(2)施工组织设计交底,要将施工组织设计的全部内容向施工人员交代,以便掌握工程的特点、施工部署、任务划分、施工方法、施工进度、各项管理措施、平面布置等,用先进的技术手段和科学的组织手段完成施工任务。

(3)设计变更和洽商交底,将设计变更的结果向施工人员和管理人员做统一的说明,便于统一口径,避免差错。

(4)分项工程技术交底主要包括施工工艺,技术安全措施,规范要求,质量标准,新结构、新工艺、新材料工程的特殊要求等。

图纸会审是指开工前由设计部门、监理单位和施工企业三方面对全套施工图纸共同进行的检查与核对。图纸会审的目的是领会设计意图,明确技术要求,熟悉图纸内容,并及早消除图纸中的技术错误,提高工程质量。图纸会审的主要内容有:①建筑结构与各专业图纸是否有矛盾,结构图与建筑图尺寸是否一致,是否符合制图标准;主要尺寸、标高、轴线、孔洞、预埋件等是否有错误。②设计地震烈度是否符合当地要求,防火、消防是否满足要求。③设计假定与施工现场实际情况是否相符。④材料来源有无保证，能否替换；施工图中所要求的新技术、新结构、新材料、新工艺应用有无问题。⑤施工安全、环境卫生有无保证。⑥某些结构的强度和稳定性对安全施工有无影响。

2.编制施工组织设计

在施工前，对拟建工程对象从人力、资金、施工方法、材料、机械五方面在时间、空间上做科学合理的安排，使施工能安全生产、文明施工，从而达到优质、低耗地完成建筑产品，这种用来指导施工的技术经济文件称为施工组织设计。

施工技术组织措施的内容包括：加快施工进度的措施；保证提高工程质量的措施；节约原材料、动力、燃料的措施；充分利用地方材料，综合利用废渣、废料的措施；推广新技术、新结构、新工艺、新材料、新设备的措施；改进施工机械的组织管理，提高机械的完好率和利用率的措施；改进施工工艺和操作技术，提高劳动生产率的措施；合理改善劳动组织，节约劳动力的措施；保证安全施工的措施；发动群众提合理化建议的措施；各项技术、经济指标的控制数据。

3.材料检验

材料检验是指对进场的原材料用必要的检测仪器设备进行检验。因为建筑材料质量的好坏直接影响建筑产品的优劣，所以企业建立健全材料试验及检验材料，严把质量关，才能确保工程质量。

凡施工用的原材料，如水泥、钢材、砖、焊条等，都应有出厂合格证明或检验单；对混凝土、砂浆、防水胶结材料及耐酸、耐腐、绝缘、保温等配合的材料或半成品，均要有配合比设计及按规定制定试块检验；对预制构件，预制厂要有出厂合格证明，工地可作抽样检查；对新材料、新的结构构件、代用材料等，要有技术鉴定合格证明，才能使用。

施工企业要加强对材料及构配件试验检验工作的领导，建立试验、检验机构，配备试验人员，充实试验、检验仪器设备，提高试验与检验的质量。钢筋、水泥、砖、焊条等结构用材料，除应有出厂证明外，还必须根据规范和设计要求进行检验。

4.施工过程的质量检查和工程质量验收

为了保证工程质量，在施工过程中，除根据国家规定的《建筑安装工程质量检验评定标准》逐项检查操作质量外，还必须根据建筑安装工程的特点，对以下几方面进行检查和验收。

(1)施工操作质量检查：有些质量问题是由于操作不当导致，因此必须实施施工操作过程中的质量检查，发现质量问题及时纠正。

(2)工序质量交接检查:工序质量交接检查是指前一道工序质量经检查签证后方能移交给下一道工序。

(3)隐蔽工程检查验收:隐蔽工程检查与验收是指对本道工序操作完成后将被下道工序所掩埋、包裹而无法再检查的工程项目,在隐蔽前所进行的检查与验收,如钢筋混凝土中的钢筋,基础工程中的地基土质和基础尺寸、标高等。

(4)分项工程预先检查验收:一般是在某一分项工程完工后,由施工队自己检查验收。但对主体结构、重点、特殊项目及推行新结构、新技术、新材料的分项工程,在完工后应由监理、建设、设计和施工等单位共同检查验收,并签证验收记录,纳入工程技术档案。

(5)工程交工验收:在所有建筑项目和单位工程规定内容全部竣工后,进行一次综合性检查验收,评定质量等级。交工验收工作由建设单位组织,监理单位、设计单位和施工单位参加。

(6)产品保护质量检查:产品保护质量检查即对产品采取"护、包、盖、封"。护,是指提前保护;包,是指进行包裹,以防损伤或污染;盖,是指表面覆盖,防止堵塞、损伤;封,是指局部封闭,如楼梯口等。

5.技术复核与技术核定

技术复核是指在施工过程中对重要部位的施工,依据有关标准和设计的要求进行复查、核对工作。技术复核的目的是避免在施工中发生重大差错,保证工程质量。技术复核一般在分项工程正式施工前进行。复核的内容视工程情况而定,一般包括:建筑物坐标、标高和轴线、基础和设备基础、模板、钢筋混凝土和砖砌体、大样图、主要管道和电气等。

技术核定是指在施工前和施工过程中,必须修改原设计文件时应遵循的权限和程序。当施工过程中发现图纸仍有差错,或因施工条件变化需进行材料代换、构件代换以及因采用新技术、新材料、新工艺及合理化建议等原因需变更设计时,应由施工单位提出设计修改文件。

三、施工现场机械设备、料具管理

(一)施工现场机械设备管理

1.定义

施工现场机械设备管理是按照机械设备的特点,在项目施工生产活动中,为了解决好人、机械设备和施工生产对象的关系，使之充分发挥机械设备的优势，获得最佳的经济效益，而进行的组织、计划、指挥、监督和调节等工作。

2.施工现场机械设备管理制度

(1)机械设备的使用应贯彻“管理结合、人机固定”的原则。按设备性能合理安排、正确使用，充分发挥设备效能，保证安全生产。

(2)各级机械设备管理人员、操作人员应严格执行上级部门、本单位制定的各项机械设备管理规定，遵守安全操作规程，经常检查安全设施、安全规程的执行情况以及劳动保护用品的使用情况，发现问题及时指出，并加以解决。

(3)坚持持证上岗，严禁无操作证者上机作业，持实习证者不准单独顶班作业。

(4)不是本人负责的设备，未经领导同意，不得随意上机操作。

(5)现场设备(含临时停放设备)均应有防雨、防晒、防水、防盗、防破坏措施，并实行专人负责管理。

(6)机械设备的安装应严格遵守安装要求，遵守操作规程。安装场地应坚实平整。起重类机械严禁超载使用，确保设备及人身安全。

(7)设备安装完毕后，应进行运行安全检查及性能试验，经试运转合格、专业职能人员检验签认后方可投入使用。

3.机械设备安全措施

(1)各种施工机械应制定使用过程中的定期检测方案，并如实填写施工机械安装、使用、检测、自检记录。

(2)在机械设备进场前，应结合现场情况，做好安装、调试等部署规划，并绘制出现场机械设备平面布置图。

(3)机械设备安装前要进行一次全面的维修、保养、检修，达到安全要求后再进行安装，并按计划实施日常保养、维修。

(4)机械设备操作人员的配备应保持相对稳定，严格执行定人、定机、定岗位，不得随意调动、顶班。

(5)操作人员严格执行例保制度，凡不按规定执行者均按违章处理。

(6)大型设备应由建设局及相关劳动部门检验认可，才能租赁、安装、使用。

(7)各种机械设备在移动、清理、保养、维修时，必须切断电源，并设专人监护，在设备使用间隙或停电后，必须及时切断电源，挂停用标志牌。

(8)凡因违章、违纪而发生机械人身伤亡事故者，都要查明事故原因及责任，按照“三不放过”的原则，严肃处理。

4.安全教育制度

(1)机械设备安全操作使用知识,必须纳入"三级教育"内容。

(2)机械设备操作人员必须经过专门的安全技术教育、培训,并经考试合格后,方能持证上岗,上岗人员必须定期接受再教育。

(3)安全教育要分工种、分岗位进行。教育内容包括:安全法规、本岗位职责、现场其他标准、安全技术、安全知识、安全制度、操作规程、事故案例、注意事项等,并有教育记录,归档备查。

(4)执行班级每日班前讲话制度,并结合施工季节、施工环境、施工进度、施工部位及易发生事故的地点等,做好有针对性的分部分项案例技术交底工作。

(5)各项培训记录、考核试卷、标准答案、考核人员成绩汇总表,均应归档备查。

5.施工现场机械设备使用管理

(1)为了合理使用机械设备,重复发挥机械效率,安全完成施工生产任务,提高经济效益,机械设备使用要求做到管用结合,合理使用,施工部门与设备部门应密切配合。

(2)制定施工组织设计方案,合理选用机械,从施工进度、施工工艺、工程量等方面做到合理使用设备,不要大机小用。结合施工进度,利用施工间隙,安排好机械的维护保养,避免失修失保和不修不保,应使机械保持良好状况,以便能随时投入使用。

(3)严格按机械设备说明书的要求和安全操作规程使用机械。操作人员做到"四懂三会",即懂结构、懂原理、懂性能、懂用途和会操作、会维护保养、会处理一般故障。

(4)正确选用机械设备润滑油,必须严格按照说明书规定的品种、数量、润滑点、周期加注或更换,做到"五定",即定人、定时、定点、定量、定质。

(5)协调配合,为机械施工作业创造条件,提高机械使用效果,必须做到按规定间隔期对机械进行保养,使之始终处于良好状况。合理组织施工,增加作业时间,提高时间利用率。提高技术水平和熟练程度,配备适当的维修人员排除故障。

6.机械设备维修保养

(1)机械维修保养的指导思想是以预防为主,根据各种机械的规律、结构以及各种条件和磨损规律制定强制性的制度。机械的技术维修保养,按作业时间的不同,可分为定期保养和特殊保养两类,定期保养有日常保养和分级保养;特殊保养有磨合保养、换季保养、停用保养和封存保养等。

(2)分级保养一般按机械的运行时数来划分熬夜级别内容,而特殊保养一般是根据需要临时安排或列入短期计划进行的,也可结合定期保养进行,如停用保养、换季保养等。

(3)日常保养是操作人员在上下班和交接班时间进行保养作业,其内容为清洁、润滑、调整、紧固、防腐。重点是润滑系统、冷却系统、过滤系统、转向及行走系统、制动及安全装置等部位的检查调整。日常保养项目和部位较少,且大多数在机器外部,但都是易损及要害部位。日常保养是确保机械正常运行的基本条件和基础工作。

(4)一级保养除进行日常保养的各作业项目外,还包括:

①清洗各种滤清器;

②查看各处油面、水面和注油点,若有不足时,应及时添加;

③清除油箱、火花塞等处的污垢;

④清除漏水、漏油、漏电现象;

⑤调整皮带传动和链传动的松紧度;

⑥检查和调整各种离合器、制动器、安全保护装置和操纵机构等,保持其灵敏有效;

⑦检查钢丝绳有无断丝,其连接及固定是否安全可靠;

⑧检查各系统的传动装置是否出现松动、变形、裂纹、发热、异响、运转异常等,发现后及时修复、排除。

(5)在一般情况下,日常保养和一级保养由机械操纵人员负责进行,而维修人员负责二级以上的保养工作。

(二)施工现场料具管理

1.施工现场料具管理制度

(1)材料验收登记制度。工地材料员对进场、进库的各种材料、工具、构件等办理验收手续,检验其出厂合格证(或检验报告),并填写规格、数量。施工现场应建立材料进场登记记录,包含日期、材料名称、规格型号、单位、数量、供货单位、检验状态、收料人等。对不符合质量、数量或规格要求的料具,材料员除拒绝验收外,还应建立相应记录。

(2)限额领料和退料制度。施工现场应明确限额领料的材料范围,规定剩余材料限时退回。领、退料均必须办理相关手续,注明用料单位工程和班组、材料名称、规格、数量及时间、批准人等。材料领发后,材料员应按保管和使用要求对班组进行跟踪检查和监督。现场限额领料登记应包含日期、材料名称、规格数量、单位、定额(领用)数量、节超记录、使用班组、领料人等。

2.施工现场材料管理规定

(1)施工现场外临时存放材料,需经有关部门批准,并应按规定办理临时占地手续。材料要码放整齐,符合要求,不得妨碍交通和影响市容,堆放散料时应进行围挡,围挡高度不得低于 2.5m。

(2)贵重物品,易燃、易爆和有毒物品,应及时入库,专库专管,增加明显标志,并建立严格的管理规定和领、退料手续。

(3)材料场应有良好的排水措施,做到雨后无积水,防止雨水浸泡和雨后地基沉降,造成材料的损失。

(4)材料现场应划分责任区,分工负责以保持材料场的整齐洁净。

(5)材料进、出施工现场,要遵守门卫的查验制度。进场要登记,出场有手续。

(6)材料出场必须由材料员出具材料调拨单,门卫核实后方准出场。调拨单交门卫一联保存备查。

四、施工现场安全生产管理

(一)安全控制的方针

安全控制的目的是为了安全生产,因此安全控制的方针也应符合安全生产的方针,即“安全第一,预防为主”。

“安全第一”是把人身的安全放在首位,生产必须保证人身安全,充分体现了“以人为本”的理念。

“预防为主”是实现“安全第一”的最重要手段,采取正确的措施和方法进行安全控制,从而减少甚至消除事故隐患,尽量把事故消灭在萌芽状态,这是安全控制最重要的思想。

(二)安全控制的目标

安全控制的目标是减少和消除生产过程中的事故,保证人员健康安全和财产免受损失,具体包括:

(1)减少或消除人的不安全行为的目标。

(2)减少或消除设备、材料的不安全状态的目标。

(3)改善生产环境和保护自然环境的目标。

(4)安全管理的目标。

施工现场安全管理制度:

为了进一步提高施工现场安全生产工作的管理水平,保障职工的生命安全和施工作业的顺利进行,特制定以下制度:

①贯彻执行“安全第一,预防为主”的方针,坚持管生产必须管安全的原则。

②开工前,在施工组织设计(或施工方案)中,必须有详细的施工平面布置图,运输道路、临时用电线路布置等工作的安排,均要符合安全要求。

③现场四周应有与外界隔离的围护设置,入口处应设置施工现场平面布置图,安全生产记录牌、工程概况牌等有关安全的设备。

④现场排水要有全面规划,排水沟应经常清理疏通,保持流畅。

⑤道路运输平坦,并保持畅通。

⑥现场材料必须按现场布置图规定的地点分类堆放整齐、稳固。作业中留置的木材、钢管等剩余材料应及时清理。

⑦施工现场的安全施工,如安全网、护杆及各种限制保险装置等,必须齐全有效,不得擅自拆除或移动。

⑧施工现场的配电、保护装置以及避雷保护、用电安全措施等,要严格按照规定进行。

⑨用火用电和易爆物品的安全管理、现场消防设施和消防责任制度等应按消防要求周密考虑和落实。

⑩现场临时搭设的仓库、宿舍、食堂、工棚等都要符合安全、防火的要求。

(三)施工项目安全管理措施

1.施工项目安全管理组织措施

(1)建立施工项目安全组织系统——项目安全管理委员会。

(2)建立与施工项目安全组织系统相配套的各专业、部门、生产岗位的安全责任系统。

(3)建立安全生产责任制。安全生产责任制是指企业对项目经理部各级领导、各个部门和各类人员所规定的在他们各自职责范围内对安全生产应负责任的制度。安全生产责任制应根据“管生产必须管安全”“安全生产人人有责”的原则,明确各级领导、各职能部门和各类人员在施工生产活动中应负的安全责任,其内容应充分体现责、权、利相统一的原则。

2.施工安全技术工作措施

施工安全技术工作措施是指为防止工伤事故和职业病的危害,从技术上采取的措施。在工程项目施工中,针对工程特点、施工现场环境、施工方法、劳力组织、作业方法使用的机械、动力设备、变配电设施、架设工具以及各项安全防护设施等制定的确保安全施工的预防措施,称为施工安全技术措施。

施工阶段安全控制要点如下:

(1)基础施工阶段:挖土机械作业安全,边坡防护安全,降水设备与临时用电安全,防水施工时的防火、防毒,人工挖扩孔桩安全。

(2)结构施工阶段:临时用电安全、内外架及洞口防护、作业面交叉施工、大模板和现场堆料防倒塌、机械设备的使用安全。

(3)装修阶段:室内多工种、多工序的立体交叉施工安全防护,外墙面装饰防坠落,做防水油漆的防火、防毒,临电、照明及电动工具的使用安全。

(4)季节性施工;雨季防触电、防雷击、防沉陷坍塌、防台风,高温季节防中暑、防中毒、防疲劳作业,冬季施工防冻、防滑、防火、防煤气中毒、防大风雪和防大雾。

3.安全教育

安全教育主要包括安全生产思想、安全知识、安全技能和法制教育四个方面的内容。

(1)安全生产思想教育:主要包括思想认识的教育和劳动纪律的教育。

(2)安全知识教育:企业所有员工都应具备的安全基本知识。

(3)安全技能教育:结合本工种专业特点,实现安全操作、安全防护所必须具备的基本技能知识要求。

(4)法制教育:采取各种有效形式,对员工进行安全生产法律法规、行政法规和规章制度方面的教育,从而提高全体员工学法、知法、懂法、守法的自觉性,以达到安全生产的目的。

4.安全检查与验收

(1)安全检查的内容

主要是查思想、查制度、查机械设备、查安全设施、查安全教育培训、查操作行为、查劳保用品使用、查伤亡事故的处理等。

(2)安全检查的方法

①看：主要查看管理记录、持证上岗、现场标识、交接验收资料，“三宝”使用情况，“洞口”“临边”防护情况以及设备防护装置等。

②量：主要是用尺进行实测实量。例如，测量脚手架各种杆件间距、塔吊轨道距离、电气开关箱安装高度、在建工程邻近高压线距离等。

③测：用仪器、仪表实地进行测量，例如，用水平仪测量轨道纵、横向倾斜度，用地阻仪遥测地阻等。

④现场操作：由司机对各种限位装置，如塔吊的力矩限制器、行走限位、龙门架的超高限位装置、翻斗车制动装置等进行实际动作，检验其灵敏程度。

(3)施工安全验收

验收程序如下：

①脚手架杆件、扣件、安全网、安全帽、安全带以及其他个人防护用品，应有出厂证明或验收合格的凭据，由项目经理、技术负责人和施工队长共同审验。

②各类脚手架、堆料架、井字架、龙门架和支搭的安全网、立网由项目经理或技术负责人申报支搭方案并牵头，会同工程和安全主管部门进行检查验收。

③临时电气工程设施由安全主管部门牵头，会同电气工程师、项目经理、方案制定人和安全员进行检查验收。

④起重机械、施工用电梯由安装单位和使用工地的负责人牵头，会同有关部门检查验收。

⑤工地使用的中小型机械设备由工地技术负责人和工长牵头，进行检查验收。

⑥所有验收必须办理书面确认手续，否则无效。

五、现场文明施工与环境管理

(一)施工现场文明施工的组织与管理

1.文明施工的组织和制度管理

(1)施工现场应成立以项目经理为第一责任人的文明施工管理组织。分包单位应服从总包单位的文明施工管理组织的统一管理，并接受监督检查。

(2)各项施工现场管理制度应有文明施工的规定，包括个人岗位责任制、经济责任制、安全检查制度、持证上岗制度、奖惩制度、竞赛制度和各项专业管理制度等。

(3)加强和落实现场文明检查、考核及奖惩管理,以促进施工文明管理工作提高。检查范围和内容应该全面周到,包括生产区、生活区、场容场貌、环境文明及制度落实等内容。对检查发现的内容应该采取整改措施。

2.建立收集文明施工的资料及其保存的措施

(1)上级关于文明施工的标准、规定、法律法规等资料;

(2)施工组织设计中对文明施工的管理规定,各阶段施工现场文明施工的措施;

(3)文明施工自检资料;

(4)文明施工教育、培训、考核计划资料;

(5)文明施工活动各项记录资料。

3.加强文明施工的宣传和教育

(1)在坚持岗位练兵基础上,要采取派出去、请进来、短期培训、上技术课、登黑板报、广播、看录像、看电视等方法狠抓教育工作;

(2)要特别注意对临时工的岗前教育;

(3)专业管理人员应熟悉掌握文明施工的规定。

(二)现场文明施工的基本要求

(1)施工现场必须设置明显的标牌,标明工程项目名称、建设单位、设计单位、施工单位、项目经理和施工现场总代表人的姓名,开、竣工日期,施工许可证批准文号等。施工单位负责施工现场标牌的保护工作。

(2)施工现场的管理人员在施工现场应当佩戴证明其身份的证卡。

(3)应当按照施工总平面布置图设置各项临时设施。现场堆放的大宗材料、成品、半成品和机具设备不得侵占场内道路及安全防护等设施。

(4)施工现场的用电线路、用电设施的安装和使用必须符合安装规范和安全操作规程,并按照施工组织设计进行架设,严禁任意拉线接电。

(5)施工机械应当按照施工总平面布置图规定的位置和线路设置,不得任意侵占场内道路。

(6)应保证施工现场道路通畅、排水系统处于良好的使用状态;保持场容场貌的整洁,随时清理建筑垃圾。

(7)施工现场的各种安全设施和劳动保护器具必须定期进行检查和维护,及时消除隐患,保证其安全有效。

(8)施工现场应当设置各类必要的职工生活设施,并符合卫生、通风、照明等要求。职工的膳食、饮水供应等应当符合卫生要求。

(9)应当做好施工现场安全保卫工作,采取必要的防盗措施,在现场周边设立围护设施。

(10)应当严格依照《中华人民共和国消防条例》的规定,在施工现场建立和执行防火管理制度。

(11)施工现场发生工程建设重大事故的处理,应依照《工程建设重大事故报告和调查程序规定》执行。

(三)现场环境管理

(1)现场环境管理的目的是依据国家、地方和企业制定的一系列环境管理及相关法律、法规、政策、文件和标准,通过控制作业现场对环境的污染和危害,保护施工现场周边的自然生态环境,创造一个有利于施工人员身心健康,最大限度地减少对施工人员造成职业损害的作业环境,同时考虑能源节约和避免资源的浪费。

(2)现场环境管理的任务包括:项目经理部通过一系列指挥、控制、组织与协调活动,评价施工活动可能会带来的环境影响,制定环境管理的程序,规划并实施环境管理方案,检验环境管理成效,保持环境管理成果,持续改进环境管理工作,以现场环境管理目标的实现保证整个建筑项目环境管理目标的实现。

(四)施工现场环境保护与卫生管理

施工现场的环境保护工作是整个城市环境保护工作的一部分,施工现场必须满足城市环境保护工作的要求。

1.防止大气污染

(1)施工现场垃圾要及时清运,适量洒水,减少扬尘。对高层或多层施工垃圾,必须搭设封闭临时专用垃圾道或采用容器吊运,严禁随意凌空抛撒造成扬尘。

(2)对水泥等粉细散装材料,应尽量采取库内存放,如露天存放,则应采用严密遮盖,卸运时要采取有效措施,减少扬尘。

(3)施工现场应结合设计中的永久道路布置施工道路,道路基层做法应按设计要求执行,面层可采用礁渣、细石沥青或混凝土,以减少道路扬尘,同时要随时修复因施工而损坏的路面,防止浮土产生。

(4)运输车辆不得超量运载,运输工程土方、建筑渣土或其他散装材料不得超过槽帮上沿；运输车辆出现场前，应将车辆槽帮和车轮冲洗干净，防止带泥土的运输车辆驶出现场和遗撒渣土在路途中。

(5)对施工现场的搅拌设备，必须搭设封闭式围挡及安装喷雾除尘装置。

(6)施工现场要制定洒水降尘制度，配备洒水设备，设专人负责现场洒水降尘和及时清理浮土。

(7)拆除旧建筑物时，应配合洒水，减少扬尘污染。

2.防止水污染

(1)凡需进行混凝土、砂浆等搅拌作业的现场，必须设置沉淀池。排放的废水要排入沉淀池内，经两次沉淀后，方可排入市政污水管线或回收用于洒水降尘，未经处理的泥浆水严禁直接排入城市排水设施和河流。

(2)凡进行现制水磨石作业产生的污水，必须控制污水流向，防止蔓延，并在合理的位置设置沉淀池，经沉淀后，方可排入污水管线。施工污水严禁流出工地，污染环境。

(3)施工现场临时食堂的污水排放控制，要设置简易有效的隔油池，产生的污水经下水管道排放要经过隔油池，平时加强管理，定期掏油，防止污染。

(4)施工现场要设置专用的油漆和油料库，油库地面和墙面要做防渗漏的特殊处理，使用和保管要专人负责，防止油料的跑、冒、滴、漏，防止污染水体。

(5)禁止将有毒有害废弃物用做土方回填，以防污染地下水和环境。

3.防止噪声污染

(1)施工现场应遵照《建筑施工场界环境噪声排放标准》(GB 12523－2011)制定降噪的相应制度和措施。

(2)凡在居民稠密区进行噪声作业，必须严格控制作业时间，若遇到特殊情况需连续作业，应按规定办理夜间施工证。

(3)产生强噪声的成品、半成品加工和制作作业应放在工厂、车间完成，减少因施工现场加工制作而产生的噪声。

(4)对施工现场强噪声机械，如搅拌机、电锯、电刨、砂轮机等，要设置封闭的机械棚，以减少强噪声的扩散。

(5)加强施工现场的管理，特别要杜绝人为敲打、尖叫、野蛮装卸噪声等，最大限度地减少噪声扰民。

4.现场住宿及生活设施的环境卫生管理

(1)施工现场应设置符合卫生要求的厕所，有条件的应设水冲式厕所，厕所应有专人负责管理。

(2)食堂建筑、食堂卫生必须符合有关卫生要求,如炊事员必须有卫生防疫部门颁发的体检合格证,生熟食应分别存放,食堂炊事人员穿白色工作服,食堂卫生定期检查等。

(3)施工现场应按作业人员的数量设置足够使用的淋浴设施,淋浴室在寒冷季节应有暖气、热水,淋浴室应有管理制度和专人管理。

(4)生活垃圾应及时清理,集中运送装入容器,不能与施工垃圾混放,并设专人管理。

六、施工现场主要内业资料管理

(一)施工单位技术资料编制

1.施工质量管理资料

单位工程开工报告、质量技术交底、施工日志、工程质量事故报告。

2.施工质量控制资料

图纸会审记录、技术核定单、工程变更单、建筑物定位测量记录、建筑工程隐蔽验收记录、地基验槽记录、砌筑砂浆强度评定、混凝土强度合格评定。

3.安全及主要功能资料

沉降观测记录、防水工程抗渗漏试验记录、卫生器具蓄水试验记录、避雷接地电阻测试记录、通风与空调工程系统风量测试记录、电梯负荷运行试验记录。

(二)施工质量管理资料

1.单位工程开工报告

单位工程开工报告是单位工程具备开工条件后,由施工单位按合同规定向监理单位递交的开工报告,经监理单位审查签署同意后才能开工,是单位工程开工的依据。主要内容应包括:施工机构的建立,质检体系、安全体系的建立,劳力安排,材料、机械及检测仪器设备进场情况,水电供应,临时设施的修建,施工方案的准备情况等。

2.质量技术交底

技术交底是单位工程开工前和分部分项工程施工前,使参与施工的技术人员及操作人员对工程及技术要求等做到心中有数,便于科学地组织施工和按既定的程序及工艺进行操作,进而确保实现工程质量、安全、工期、成本等管理目标的重要技术管理工作。

施工技术交底的内容包括如下几项：

(1)工地(队)交底中有关内容：是否具备施工条件、与其他工种之间的配合与矛盾等，向甲方提出要求，让其出面协调等。

(2)施工范围、工程量、工作量和施工进度要求：主要根据自己的实际情况，实事求是地向甲方说明即可。

(3)施工图纸的解说：设计者的大体思路以及自己以后在施工中存在的问题等。

(4)施工方案措施：根据工程的实况，编制出合理、有效的施工组织设计以及安全文明的施工方案等。

(5)操作工艺和保证质量安全的措施：先进的机械设备和高素质的工人等。

(6)工艺质量标准和评定办法：参照现行的行业标准以及相应的设计、验收规范。

(7)技术检验和检查验收要求：包括自检以及监理的抽检的标准。

(8)增产节约指标和措施。

(9)技术记录内容和要求。

(10)其他施工注意事项。

3.施工日志

施工日志也称作施工日记，是对建筑工程整个施工阶段的施工组织管理、施工技术等有关施工活动和现场情况变化的真实的综合性记录，也是处理施工问题的备忘录和总结施工管理经验的基本素材，是工程交竣工验收资料的重要组成部分。施工日志可按单位、分部工程或施工工区(班组)建立，由专人负责收集、填写、保管。

施工日志的主要内容为：日期、天气、气温、工程名称、施工部位、施工内容、应用的主要工艺；人员、材料、机械到场及运行情况；材料消耗记录、施工进展情况记录；施工是否正常；外界环境、地质变化情况；有无意外停工；有无质量问题存在；施工安全情况；监理到场及对工程认证和签字情况；有无上级或监理指令及整改情况等。记录人员要签字，主管领导定期要阅签。

4.工程质量事故报告

质量事故是指工程在建设过程中或交付使用后，由于违反基本建设程序、勘察、设计、施工、材料设备或其他原因造成的不符合国家质量检验评定标准要求的，需要进行结构加固及返工处理，甚至造成房屋倒塌、人员伤亡等事故。

工程质量事故的分类方法较多,我国对工程质量事故通常采用按造成损失严重程度划分,可分为一般质量问题、一般质量事故和重大质量事故三类。重大质量事故又划分为一级重大事故、二级重大事故、三级重大事故。具体如下:

(1)一般质量问题:质量较差、造成直接经济损失(包括修复费用)在 20 万元以下。

(2)一般质量事故:质量低劣或达不到质量标准,需要加固修补,直接经济损失(包括修复费用)为 20 万～300 万元的事故。一般质量事故分三个等级:一级一般质量事故,直接经济损失为 150 万～300 万元;二级一般质量事故,直接经济损失为 50 万～150 万元;三级一般质量事故,直接经济损失为 20 万～50 万元。

(3)重大质量事故:由于责任过失造成工程坍塌、报废和造成人员伤亡或者重大经济损失。重大质量事故分三级:一级重大事故,死亡 30 人,直接经济损失 1000 万元以上,特大型桥梁主体结构垮塌;二级重大事故,死亡 10～29 人,直接经济损失 500 万～1000 万元(不含),大型桥梁结构主体垮塌;三级重大事故,死亡 1～9 人,直接经济损失 300 万～500 万元,中小型桥梁垮塌。

(三)施工质量控制资料

1.图纸会审记录

图纸会审是对工程有关各方面在接到施工图纸,并对施工图进行熟悉、预审的基础上,由监理单位或建设单位在开工前组织设计、施工单位的技术负责人、专业或项目负责人和质量监理部门一起共同对设计图纸进行的审核工作。

2.图纸会审内容

(1)是否无证设计或越级设计,图纸是否经设计单位正式签署。

(2)地质勘探资料是否齐全。

(3)设计图纸与说明是否齐全,有无分期供图的时间表。

(4)设计地震烈度是否符合当地要求。

(5)几个设计单位共同设计的图纸相互间有无矛盾;专业图纸之间、平立剖面图之间有无矛盾;标注有无遗漏。

(6)总平面与施工图的几何尺寸、平面位置、标高等是否一致。

(7)防火、消防是否满足要求。

(8)建筑结构与各专业图纸本身是否有差错及矛盾;结构图与建筑图的平面尺寸及标高是否一致;建筑图与结构图的表示方法是否清楚;是否符合制图

标准;预埋件是否表示清楚;有无钢筋明细表;钢筋的构造要求在图中是否表示清楚。

(9)施工图中所列各种标准图册,施工单位是否具备。

(10)材料来源有无保证,能否代换;图中所要求的条件能否满足;新材料、新技术的应用有无问题。

(11)地基处理方法是否合理,建筑与结构构造是否存在不能施工、不便于施工的技术问题,或容易导致质量、安全、工程费用增加等方面的问题。

(12)工艺管道、电气线路、设备装置、运输道路与建筑物之间或相互间有无矛盾,布置是否合理,是否满足设计功能要求。

(13)施工安全、环境卫生有无保证。

(14)图纸是否符合监理大纲所提出的要求。

3.地基验槽记录

地基与基础工程验槽由建设单位组织勘察单位、设计单位、施工单位、监理单位共同检查验收,主要内容包括地基是否满足设计、规范等有关要求,是否与地质勘察报告中土质情况相符,包括基坑(槽)、基地开挖到设计标高后,应进行工程地质检验,对各种组砌基础、混凝土基础(包括设备基础)、桩基础、人工地基等做好隐蔽记录。

例如,对基坑(槽)挖土验槽的内容有如下一些:

(1)验收时间为各方共同检查验收日期;

(2)基坑(槽)位置、几何尺寸、槽底标高均按验收实测记录填写;

(3)土层走向、厚度、土质有变化的部位,用图示加以说明;

(4)槽底土质类别、颜色及坚硬均匀情况;

(5)地下水位及水浸情况等;

(6)遇有古坟、枯井、洞穴、电缆、旧房基础以及流沙等,应在图中标明位置、标高、处理情况说明或写明变更文件编号。

检查验收意见:写明地基是否满足设计、规范等有关要求;是否与地质勘察报告中土质情况相符。验槽由建设单位组织地质勘察部门、设计院、建设、监理单位及施工有关人员参加,共同检验做出记录并签字。无验槽手续不得进行下道工序施工。

(四)安全及主要功能资料

沉降观测应根据建筑物设置的观测点与固定(永久性水准点)的测点进行

观测，测其沉降程度用数据表达，凡三层以上建筑、构筑物设计要求设置观测点，人工、土地基（砂基础）等，均应设置沉降观测，施工中应按期或按层进度进行观测和记录，直至竣工。

沉降观测资料应及时整理和妥善保存，作为该工程技术档案的一部分。

（1）根据水准点测量得出的每个观测点和其逐次沉降量（沉降观测成果表）。

（2）根据建筑物和构筑物的平面图绘制的观测点的位置图，根据沉降观测结果绘制的沉降量、地基荷载与延续时间三者的关系曲线图（要求每一观测点均应绘制曲线图）。

（3）计算出建筑物和构筑物的平均沉降量、相对弯曲和相对倾斜值。

（4）水准点的平面布置图和构造图，测量沉降的全部原始资料。

（5）根据上述内容编写的沉降观测分析报告（其中应附有工程地质和工程设计的简要说明）。

第九章 建筑工程安全管理

第一节 施工安全技术措施

一、定义

施工安全技术措施是指为防止工伤事故和职业病的危害,从技术上采取的措施;在工程项目施工中,针对工程特点、施工现场环境、施工方法、劳力组织、作业方法、使用的机械、动力设备、变配电设施、架设工具以及各项安全防护设施等制定的确保安全施工的预防措施,称为施工安全技术措施。工程项目的施工安全技术措施是施工组织设计的重要组成部分。它是工程施工中安全生产的指导性文件,具有安全法规的作用。

二、编制施工安全技术措施的意义

(一)是贯彻执行国家安全法规的具体行动

安全技术措施不是一般的措施,它是国家规定的安全法规所要求的内容。国家在《建筑安装工程安全技术规程》和《国营建筑企业安全生产工作条例》中明确规定:所有建筑工程的施工组织设计必须有安全技术措施,并应该对工人讲解安全操作方法。施工企业编制项目的安全技术措施,就是具体落实国家安全法规的实际行动。通过编制和实施安全技术措施,可以提高施工管理人员、工程技术人员和操作人员的安全技术素质。

(二)是提高企业竞争能力的基本条件

施工企业通过在建筑市场上进行投标来承揽工程。施工安全技术措施是工程项目投标书的重要内容之一,也是评标的关键指标之一。如果施工安全技术措施编制得好,就会赢得评委和招标单位的好评,增加中标的可能性,提高企业的竞争能力。

(三)能具体指导现场施工

对于建筑施工,国家制定了许多规章制度和规程,这些都是带普遍性的规定要求。对某一个具体工程项目,特别是较复杂的或特殊的工程项目来说,还应依据不同工程项目的结构特点,制定有针对性的、具体的安全技术措施,如隧道掘进防坍塌的规定,架桥机作业防翻倾的规定等。安全技术措施,不仅具体地指导了施工,也是进行安全交底、安全检查和验收的依据,是职工生命安全的根本保证。

同时,施工安全技术措施作为施工技术资料保存下来,有益于对施工安全技术进行研究、总结和提高,为企业以后编制同类工程项目的施工安全技术措施提供借鉴。

(四)有利于职工克服施工的盲目性和提高劳动生产率

编制施工安全技术措施,可使职工集中多方面的知识和经验,对施工过程中各种不安全因素有较深刻的认识,并采取可靠的预防措施,从而克服在施工中的盲目性。通过安全技术措施的实施,使职工对施工现场安全情况心中有数,避免产生畏惧、侥幸、麻痹等心理,有利于保证施工安全和提高劳动生产率。

三、施工安全技术措施的编制要求

(一)要有超前性

为保证各种安全设施的落实,开工前应编审安全技术措施。在工程图纸会审时,就应考虑到施工安全问题,使工程的各种安全设施有较充分的准备时间,以保证其落实。当发生工程变更设计情况变化时,安全技术措施也应及时地补充完善。

(二)要有针对性

施工安全技术措施是针对每项工程特点而制定的,编制安全技术措施的技术人员必须掌握工程概况、施工方法、施工环境、条件等第一手资料,并熟悉安全法规、标准等才能编写有针对性的安全技术措施,主要考虑以下几个方面:

(1)针对不同工程的特点可能造成施工的危害,从技术上采取措施,消除危险,保证施工安全。

(2)针对不同的施工方法,如井巷作业、水上作业、立体交叉作业、滑模、网架整体提升吊装、大模板施工等可能给施工带来不安全因素,从技术上采取措施,保证安全施工。

(3)针对使用的各种机械设备、变配电设施给施工人员可能带来危险因素,从安全保险装置等方面采取技术措施。

(4)针对施工中有毒有害、易燃易爆等作业,可能给施工人员造成的危害,从技术上采取措施,防止伤害事故。

(5)针对施工现场及周围环境可能给施工人员或周围居民带来的危害,以及材料、设备运输带来的不安全因素,从技术上采取措施,予以保护。

(三)要有可靠性

安全技术措施均应贯彻于每个施工工序之中,力求细致全面、具体可靠。如施工平面布置不当,临时工程多次迁移,建筑材料多次转运,不仅影响施工进度,造成很大浪费,有的还留下安全隐患。再如易爆易燃临时仓库及明火作业区、工地宿舍、厨房等定位及间距不当,可能酿成事故。只有把多种因素和各种不利条件,考虑周全,有对策措施,才能真正做到预防事故。但是,全面具体不等于罗列一般通常的操作工艺、施工方法以及日常安全工作制度、安全纪律等。这些制度性规定,安全技术措施中不需再作抄录,但必须严格执行。

(四)要有操作性

对大中型项目工程,结构复杂的重点工程除必须在施工组织总体设计中编制施工安全技术措施外,还应编制单位工程或分部分项工程安全技术措施,详细制定出有关安全方面的防护要求和措施,确保单位工程或分部分项工程的安全施工。对爆破、吊装、水下、井巷、支模、拆除等特殊工种作业,都要编制单项安全技术方案。此外,还应编制季节性施工安全技术措施。

四、施工安全技术措施的编制方法与步骤

通常工程项目安全技术措施由项目经理部总工程师或主管工程师执笔编制，分部分项工程施工安全技术措施由其主管工程师执笔编制、施工安全技术措施编制的质量好坏，将直接影响到施工现场的安全，为此，应掌握编制的方法与步骤。

（一）深入调查研究，掌握第一手资料

编制施工安全技术措施以前，必须对施工图纸、设计单位提供的工程环境资料要熟悉，同时还应对施工作业场所进行实地考察和详细调查，收集施工现场的地形、地质、水文等自然条件；施工区域的技术经济条件、社会生活条件等资料，尤其对地下电缆、煤气管道等危险性大而又隐蔽的因素，认真查清，并清楚地标在作业平面图上，以利于安全技术措施切合实际。

（二）借鉴外单位和本单位的历史经验

查阅外单位和本单位过去同类工程项目施工的有关资料，尤其是在施工中曾经发生过的各种事故情况；认真分析，找出原因，引为借鉴，并提出相应的防范措施。

（三）群策群力，集思广益

编制安全技术措施时，应吸收有施工安全经验的干部、职工参加，大家共同揭露不安全因素，摆明施工人员易出现的不安全行为。实践证明，采取领导、技术人员、安全员、施工员和操作人员相结合的方法编制施工安全技术措施，符合工程项目的实际情况，是切实可行的。那种单凭个别人闭门造车的编制，往往是纸上谈兵，或根本解决不了安全生产中的难点和重点问题。

（四）系统分析，科学归纳

对所掌握的施工过程中可能存在的各种危险因素，进行系统分析，科学归纳，查清各因素间的相互关系，以利于抓住重点、突出难点制定安全技术措施。对影响施工安全的操作者、管理、环境、设备、原材料及其他因素，采用因果分析图进行分析。

（五）制定切实可行的安全技术对策措施

利用因果分析图分析结果，抓住关键性因素制定对策措施。对策措施要有充分的科学依据，体现施工安全经验知识和可操作性。

（六）审批

工程项目经理部所编制的施工组织设计，其中包括安全技术措施，要经企业技术负责人审批。批准后的安全技术措施，在开工前送安全技术部门备案。一些特殊危险作业如特级高处作业、高压带电作业的安全技术措施，需经企业总工程师审批。爆破作业需经公安、保卫部门审批。未经批准的安全技术措施，视为无效，且不准施工。

五、施工安全技术措施编制的主要内容

工程大致分为两种：一是结构共性较多的称为一般工程；二是结构比较复杂、技术含量高的称为特殊工程。同类结构的工程之间共性较多，但由于施工条件、环境等不同，所以也有不同之处。不同之处在共性措施中就无法解决。因此，不同的工程项目在编制施工安全技术措施时，应根据不同的施工特点，针对不同的危险因素，遵照有关规程的规定，结合以往同类工程的施工经验与教训，编制安全技术措施。

（一）一般工程安全技术措施

（1）抓好安全生产教育、健全安全组织机构、建立安全岗位责任制、贯彻执行“安全第一、预防为主”的方针等基础性工作。

（2）土方工程防塌方，根据基坑、基槽、地下室等开挖深度、土质类别，选择合适的开挖方法，确定边坡的坡度或采取何种护坡支撑和护地桩、以防塌方。

（3）脚手架、吊篮等选用及设计搭设方案和安全防护措施。

（4）高处作业的上下安全通道。

（5）安全网（平网、立网）的架设要求，范围（保护区域）、架设层次、段落。

（6）安装、使用、拆除施工电梯、井架（龙门架）等垂直运输设备的安全技术要求及措施，如位置搭设要求，稳定性、安全装置等要求。

（7）施工洞口及临边的防护方法和主体交叉施工作业区的隔离措施。

(8)场内运输道路及人行通道的布置。

(9)施工现场临时用电的合理布设、防触电的措施;要求编制临时用电的施工组织设计和绘制临时用电图纸;在建工程(包括脚手架)的外侧边缘与外电架空线路的间距达到最小安全距离采取的防护措施。

(10)现场防火、防毒、防爆、防雷等安全措施。

(11)在建工程与周围人行通道及民房的防护隔离设置。

(二)特殊工程施工安全技术措施

对于结构复杂,危险性大的特殊工程,应编制单项的安全技术措施。如长大隧道施工、既有线改造、架梁、爆破、大型吊装、沉箱、沉井、烟囱、水塔、特殊架设作业、高层脚手架、井架和拆除工程必须编制单项的安全技术措施。并注明设计依据,做到有计算、有详图、有文字说明。

(三)季节性施工安全措施

季节性施工安全措施,就是考虑不同季节的气候,对施工生产带来的不安全因素,可能造成的各种突发性事故,从防护上、技术上、管理上采取的措施。一般建筑工程中在施工组织设计或施工方案的安全技术措施中,编制季节性施工安全措施;危险性大、高温期长的建筑工程,应单独编制季节性的施工安全措施。季节性主要指夏季、雨季和冬季。各季节性施工安全的主要内容如下。

(1)夏季气候炎热,高温时间持续较长,主要是做好防暑降温工作。

(2)雨季进行作业,主要应做好防触电、防雷、防坍方与防台风和防洪的工作。

(3)冬季进行作业,主要应做好防风、防火、防冻、防滑、防煤气中毒、防亚硝酸钠中毒的工作。

六、施工安全技术措施的实施

经批准的安全技术措施具有技术法规的作用,必须认真贯彻执行,否则就会变成一纸空文。遇到因条件变化或考虑不周需变更安全技术措施内容时,应经原编制、审批人员办理变更手续,否则不能擅自变更。

(一)认真进行安全技术措施交底

为使参与施工的干部、职工明确施工生产的技术要求和安全生产要点,做到心中有数,工程开工前,应将工程概况、施工方法和安全技术措施向参加施工的工地负责人、工班长进行交底,每个单项工程开工前,应重复进行单项工程的安全技术交底工作。安全技术交底工作应分级进行。工程项目经理部总工程师向分部分项主管工程师、施工技术队长及有关职能科室负责人等交底。施工技术队长向本队施工员、技术员、安全员及班组长进行详细交底。安全技术交底的最基层一级,也是最关键的一级,是单位工程技术负责人向班组进行的交底。通过各级交底,使执行者了解其具体内容和施工要求,为落实安全技术措施奠定基础。进行安全技术交底应有书面材料,双方签字并保存记录。安全技术措施交底的基本要求如下。

(1)工程项目应坚持逐级安全技术交底制度。

(2)安全技术交底应具体、明确、针对性强。交底的内容应针对分部分项工程中施工给作业人员带来的危险因素。

(3)工程开工前,应将工程概况、施工方法、安全技术措施等情况,向工地负责人、工班长进行详细交底;必要时直至向参加施工的全体员工进行交底。

(4)两个以上施工队或工种配合施工时,应按工程进度定期或不定期地向有关施工单位和班组进行交叉作业的安全书面交底。

(5)工长安排班组长工作前,必须进行书面的安全技术交底,班组长应每天对工人进行施工要求、作业环境等书面安全交底。

(6)各级书面安全技术交底应有交底时间、内容及交底人和接受交底人的签字,并保存交底记录。

(7)应针对工程项目施工作业的特点和危险点。

(8)针对危险点的具体防范措施和应注意的安全事项。

(9)有关的安全操作规程和标准。

(10)一旦发生事故后应及时采取的避难和急救措施。

(11)出现下列情况时,项目经理、项目总工程师或安全员应及时对班组进行安全技术交底。

①因故改变安全操作规程。

②实施重大和季节性安全技术措施。

③推广使用新技术、新工艺、新材料、新设备。

④发生因工伤亡事故、机械损坏事故及重大未遂事故。

⑤出现其他不安全因素、安全生产环境发生较大变化。

(二)落实安全技术措施

首先,保证安全技术措施经费,对于劳动保护费用,可由施工单位直接在施工管理费用开支;对于特殊的大型临时安全技术措施项目的经费,施工单位应同建设单位商定,作为大型临时施工设施;单独列入施工预算中解决。其次,对安全技术措施中的各种安全设施、防护设置应列入施工任务计划单,责任落实到班组或个人,并实行验收制度。

(三)加强安全技术措施实施情况的监督检查

技术负责人、安全技术人员、应经常深入工地检查安全技术措施的实施情况,及时纠正违反安全技术措施的行为,各级安全管理部门应以施工安全技术措施为依据,以安全法规和各项安全规章制度为准则,经常性地对工地实施情况进行检查,并监督各项安全措施的落实。具体内容为:①施工作业人员是否明确与己有关的安全技术措施;②是否在规定期限内落实了安全技术措施;③根据施工作业的情况,原措施内容是否有不完善或差错的地方,是否对施工安全技术措施方案作了符合施工客观情况的补充、调整和修改,并履行了审批手续。通过监督检查,及时纠正违反安全技术措施规定的行为,并补充、完善安全技术措施的不足。

(四)建立奖罚制度

对安全技术措施的执行情况,除认真监督检查外,还应对于实施安全技术措施好的施工队、作业班组及个人,给予经济的和精神的鼓励;对于没有很好地实施安全技术措施的单位及个人并造成严重后果的,要视其后果的损失大小给予批评、罚款直至追究责任。

七、施工安全控制要点

(一)基本要求

(1)取得安全行政主管部门颁布的《安全施工许可证》后,方可施工。

(2)总包单位及分包单位都应持有《施工企业安全资格审查认可证》,方可组织施工。

(3)各类人员必须具备相应的安全生产资格,方可上岗。

(4)所有施工人员必须经过三级安全教育。

(5)特殊工种作业人员,必须持有(特种作业操作证)。

(6)对查出的事故隐患要做到"定整改责任人、定整改措施、定整改完成时间、定整改验收人"。

(7)必须把好安全生产措施关、交底关、教育关、防护关、检查关、改进关。

(二)施工阶段控制要点

1.基础施工阶段

(1)挖土机械作业安全。

(2)边坡防护安全。

(3)防水设备与临时用电安全。

(4)防水施工时的防火、防毒。

(5)人工挖扩孔桩安全。

2.结构施工阶段

(1)临时用电安全。

(2)内外架及洞口防护。

(3)作业面交叉施工及临边防护。

(4)大模板和现场堆料防倒塌。

(5)机械设备的使用安全。

3.装修阶段

(1)室内多工种、多工序的立体交叉施工安全防护。

(2)外墙面装饰防坠落。

(3)做防水油漆的防火、防毒。

(4)临电、照明及电动工具的使用安全。

4.季节性施工

(1)雨季防触电、防雷击、防沉陷坍塌、防台风。

(2)高温季节防中暑、防中毒、防疲劳作业。

(3)冬季施工防冻、防滑、防火、防煤气中毒、防大风雪、防大雾。

第二节　安全隐患和事故处理

一、安全隐患处理

(1)检查中发现的隐患应进行登记,不仅作为整改的备查依据,而且是提供安全动态分析的重要信息渠道。如多数单位安全检查都发现同类型隐患,说明是“通病”,若某单位在安全检查中重复出现隐患,说明整改不彻底,形成“顽症”。根据检查隐患记录分析,制定指导安全管理的预防措施。

(2)安全检查中查出的隐患,还应发出隐患整改通知单。对凡存在即发性事故危险的隐患,检查人员应责令停工,被查单位必须立即进行整改。

(3)对于违章指挥、违章作业行为,检查人员可以当场指出,立即纠正。

(4)被检查单位领导对查出的隐患,应立即研究制定整改方案。按照“三定”(即定人、定期限、定措施),限期完成整改。

(5)整改完成后要及时通知有关部门派员进行复查验证,经复查整改合格后,即可销案。

二、伤亡事故处理

(一)事故和伤亡事故

从广义的角度讲,事故是指人们在实现有目的的行动过程中,由不安全的行为、动作或不安全的状态所引起的、突然发生的、与人的意志相反且事先未能预料到的意外事件,它能造成财产损失,生产中断,人员伤亡。

从劳动保护的角度讲,事故主要指伤亡事故,又称伤害。根据能量转移理论,伤亡事故是指人们在行动过程中,接触了与周围环境有关的外来能量,这种能量在一定条件下异常释放,反作用于人体,致使人身生理机能部分或全部丧失的现象。

《企业职工伤亡事故分类标准》(GB 6441—86)和《企业职工伤亡事故调查分析规则》(GB 6442—86)中,从企业职工的角度将伤亡事故定义为:伤亡事故是指企业职工在生产劳动过程中发生的人身伤害、急性中毒事故。

事故是一种意外事件，是由相互联系的多种因素共同作用的结果；事故发生的时间、地点、事故后果的严重程度是偶然的；事故表面上是一种突发事件，但是事故发生之前有一段潜伏期；事故是可预防的，也就是说，任何事故，只要采取正确的预防措施，事故是可以防止的。因此，我们必须通过事故调查，找到易发生事故的原因，采取预防事故的措施，从根本上降低伤亡事故的发生频率。

（二）伤亡事故分类

伤亡事故的分类，分别从不同方面描述了事故的不同特点。根据我国有关法规和标准，目前应用比较广泛的伤亡事故分类主要有以下几种：

1.按伤害程度分类

指事故发生后，按事故对受伤者造成损伤以致劳动能力丧失的程度分类。

(1)轻伤，指损失工作日为1个工作日以上（含1个工作日），105个工作日以下的失能伤害。

(2)重伤，指损失工作日为105个工作日以上（含105个工作日）的失能伤害，但重伤的损失工作日最多不超过6000日。

(3)死亡，其损失工作日为6000日，这是根据我国职工的平均退休年龄和平均死亡年龄计算出来的。

“损失工作日”的概念，其目的是估价事故在劳动力方面造成的直接损失。因此，某种伤害的损失工作日数一经确定，即为标准值，与伤害者的实际休息日无关。

2.按事故严重程度分类

(1)轻伤事故，指只有轻伤的事故。

(2)重伤事故，指有重伤没有死亡的事故。

(3)死亡事故，指一次死亡1～2人的事故。

(4)重大伤亡事故，指一次死亡3～9人的事故。

(5)特大伤亡事故，指一次死亡10人以上（含10人）的事故。

3.按事故类别分类

《企业职工伤亡事故分类》(GB 6441－86)中，将事故类别划分为20类，即物体打击、车辆伤害、机械伤害、起重伤害、触电、淹溺、灼烫、火灾、高处坠落、坍塌、冒顶片帮、透水、放炮、瓦斯爆炸、火药爆炸、锅炉爆炸、容器爆炸、其他爆炸、中毒和窒息、其他伤害。

4.按受伤性质分类

受伤性质是指人体受伤的类型。常见的有:电伤、挫伤、割伤、擦伤、刺伤、撕脱伤、扭伤、倒塌压埋伤、冲击伤等。

(三)伤亡事故的范围

(1)企业发生火灾事故及在扑救火灾过程中造成本企业职工伤亡。

(2)企业内部食堂、幼儿园、医务室、俱乐部等部门职工或企业职工在企业的浴室。

(3)职工乘坐本企业交通工具在企业外执行本企业的任务或乘坐本企业通勤机车、船只上下班途中,发生的交通事故,造成人员伤亡。

(4)职工乘坐本企业车辆参加企业安排的集体活动,如旅游、文娱体育活动等,因车辆失火、爆炸造成职工的伤亡。

(5)企业租赁及借用的各种运输车辆,包括司机或招聘司机,执行该企业的生产任务,发生的伤亡。

(6)职工利用业余时间,采取承包形式;完成本企业临时任务发生的伤亡事故(包括雇佣的外单位人员)。

(7)由于职工违反劳动纪律而发生的伤亡事故,其中属于在劳动过程中发生的,或者虽不在劳动过程中,但与企业设备有关的。

(四)伤亡事故等级

建设部对工程建设过程中,按程度不同,把重大事故分为四个等级。

(1)一级重大事故,死亡 30 人以上或直接经济损失 300 万元以上的。

(2)二级重大事故,死亡 10 人以上,29 人以下或直接经济损失 100 万元以上,不满 300 万元的。

(3)三级重大事故,死亡 3 人以上,9 人以下;重伤 20 人以上或直接经济损失 30 万元以上,不满 100 万元的。

(4)四级重大事故,死亡 2 人以下;重伤 3 人以上、19 人以下或直接经济损失 10 万元以上,不满 30 万元的。

(五)伤亡事故的处理程序

发生伤亡事故后,负伤人员或最先发现事故的人应立即报告领导。企业对受伤人员歇工满一个工作日以上的事故,应填写伤亡事故登记表并及时上报。

企业发生重伤和重大伤亡事故，必须立即将事故概况（包括伤亡人数、发生事故的时间、地点、原因）等，用快速方法分别报告企业主管部门、行业安全管理部门和当地公安部门、人民检察院。发生重大伤亡事故，各有关部门接到报告后应立即转报各自的上级主管部门。

对于事故的调查处理，必须坚持“四不放过”原则，按照下列步骤进行：

1.迅速抢救伤员并保护好事故现场

事故发生后，现场人员不要惊慌失措，要有组织、听指挥，首先抢救伤员和排除险情，制止事故蔓延扩大，同时，为了事故调查分析需要，保护好事故现场，确因抢救伤员和排险，而必须移动现场物品时，应做出标识。因为事故现场是提供有关物证的主要场所，是调查事故原因不可缺少的客观条件。要求现场各种物件的位置、颜色、形状及其物理、化学性质等尽可能保持事故结束时的原来状态。必须采取一切可能的措施，防止人为或自然因素的破坏。

2.组织调查组

在接到事故报告后的单位领导，应立即赶赴现场组织抢救，并迅速组织调查组开展调查。轻伤、重伤事故，由企业负责人或其指定人员组织生产、技术、安全等部门及工会组成事故调查组，进行调查；伤亡事故，由企业主管部门会同企业所在地区的行政安全部门、公安部门、工会组成事故调查组，进行调查。重大死亡事故，按照企业的隶属关系，由省、自治区、直辖市企业主管部门或者国务院有关主管部门会同同级行政安全管理部门、公安部门、监察部门、工会组成事故调查组，进行调查。死亡和重大死亡事故调查组应邀请人民检察院参加，还可邀请有关专业技术人员参加。与发生事故有直接利害关系的人员不得参加调查组。

3.现场勘查

在事故发生后，调查组应迅速到现场进行勘查。现场勘查是技术性很强的工作，涉及广泛的科技知识和实践经验，对事故的现场勘察必须及时、全面、准确、客观。现场勘察的主要内容如下：

(1)现场笔录。

①发生事故的时间、地点、气象等。

②现场勘察人员姓名、单位、职务。

③现场勘察起止时间、勘察过程。

④能量失散所造成的破坏情况、状态、程度等。

⑤设备损坏或异常情况及事故前后的位置。

⑥事故发生前劳动组合、现场人员的位置和行动。

⑦散落情况。

⑧重要物证的特征、位置及检验情况等。

(2)现场拍照。

①方位拍照,能反映事故现场在周围环境中的位置。

②全面拍照,能反映事故现场各部分之间的联系。

③中心拍照,反映事故现场中心情况。

④细目拍照,提示事故直接原因的痕迹物、致害物等。

⑤人体拍照,反映伤亡者主要受伤和造成死亡伤害部位。

(3)现场绘图。根据事故类别和规模以及调查工作的需要应绘出下列示意图。

①建筑物平面图、剖面图。

②事故时人员位置及活动图。

③破坏物立体图或展开图。

④涉及范围图。

⑤设备或工、器具构造简图等。

4.分析事故原因

(1)通过全面的调查,查明事故经过,弄清造成事故的原因,包括人、物、生产管理和技术管理等方面的问题,经过认真、客观、全面、细致、准确的分析,确定事故的性质和责任。

(2)事故分析步骤,首先整理和仔细阅读调查材料。按 GB 6441—86 标准附录 A,受伤部位、受伤性质、起因物、致害物、伤害方法、不安全状态和不安全行为等七项内容进行分析,确定直接原因、间接原因和事故责任者。

(3)分析事故原因时,应根据调查所确认事实,从直接原因入手,逐步深入到间接原因。通过对直接原因和间接原因的分析,确定事故中的直接责任者和领导责任者,再根据其在事故发生过程中的作用,确定主要责任者。

直接责任者,指在事故发生中有直接因果关系的人。主要责任者,是在事故发生中属于主要地位和起主要作用的人。重要责任者,是在事故责任者中,负一定责任,起一定作用,但不起主要作用的人。领导责任者,是指忽视安全生产,管理混乱,规章制度不健全,违章指挥,冒险蛮干,对工人不认真进行安全教育,不认真消除事故隐患,或者出现事故以后仍不采取有力措施,致使同类事故重复发生的单位领导。

(4)事故性质类别。

①责任事故,就是由于人的过失造成的事故。

②非责任事故,即由于人们不能预见或不可抗力的自然条件变化所造成的事故或是在技术改造、发明创造、科学试验活动中,由于科学技术条件的限制而发生的无法预料的事故。但是,对于能够预见并可以采取措施加以避免的伤亡事故,或没有经过认证研究解决技术问题而造成的事故,不能包括在内。

③破坏性事故,即为达到既定目的而故意制造的事故。对已确定为破坏性事故的,应由公安机关认真追查破案,依法处理。

5.制定预防措施

为了确保安全生产,防止类似事故再次发生,要求根据对事故原因的分析,编制防范措施。防范措施要有针对性、适用性、可操作性,要指定每项措施的执行者和完成措施的具体时限,项目经理、主管安全的领导和安全检查人员要及时组织检查验收,并向上级有关部门反馈工地整改情况。同时,根据事故后果和事故责任者应负的责任提出处理意见。对于重大未遂事故不可掉以轻心,也应严肃认真按上述要求查找原因,分清责任,严肃处理。

6.写出调查报告

调查组应着重把事故发生的经过、原因、责任分析和处理意见以及本次事故的教训和改进工作的建议等写成报告,经调查组全体人员签字后报批。如调查组内部意见有分歧,应在弄清事实的基础上,对照法律法规进行研究,统一认识。对于个别同志仍持有不同意见的允许保留,并在签字时写明自己的意见。

7.事故的审理和结案

(1)事故调查处理结论,应经有关机关审批后,方可结案。伤亡事故处理工作应当在90日内结案,特殊情况不得超过180日。

(2)事故案件的审批权限,同企业的隶属关系及人事管理权限一致。

(3)对事故责任者的处理,应根据其情节轻重和损失大小,谁有责任,主要责任,其次责任,重要责任,一般责任,还是领导责任等,按规定给予处分。

(4)要把事故调查处理的文件、图纸、照片、资料等记录长期完整地保存起来。

8.员工伤亡事故登记记录

(1)员工重伤、死亡事故调查报告书,现场勘察资料(记录、图纸、照片)。

(2)技术鉴定和试验报告。

(3)物证、人证调查材料。

(4)医疗部门对伤亡者的诊断结论及影印件。

(5)事故调查组人员的姓名、职务,并应逐个签字。

(6)企业或其主管部门对该事故所作的结案报告。

(7)受处理人员的检查材料。

(8)有关部门对事故的结案批复等。

9.关于工伤事故统计报告中的几个具体问题

(1)“工人职员在生产区域中所发生的和生产有关的伤亡事故”,是指企业在册职工在企业生产活动所涉及的区域内(不包括托儿所、食堂、诊疗所、俱乐部、球场等生活区域),由于生产过程中存在的危险因素的影响,突然使人体组织受到损伤或某些器官失去正常机能,以致负伤人员立即中断工作的一切事故。

(2)员工负伤后一个月内死亡,应作为死亡事故填报或补报;超过一个月死亡的,不作死亡事故统计。

(3)员工在生产工作岗位干私活或打闹造成伤亡事故,不作工伤事故统计。

(4)企业车辆执行生产运输任务(包括本企业职工乘坐企业车辆)行驶在场外公路上发生的伤亡事故,一律由交通部门统计。

(5)企业发生火灾、爆炸、翻车、沉船、倒塌、中毒等事故造成旅客、居民、行人伤亡,均不作职工伤亡事故统计。

(6)停薪留职的职工到外单位工作发生伤亡事故由外单位负责统计报告。

(六)职业病处理

有关职业病的处理,是政策性很强的一项工作,涉及职业病防治及妥善安置职业病患者、患者的劳保福利待遇、劳动能力鉴定及职业康复等工作,目前可按卫计委、劳动部、财政部、全国总工会 1987 年 11 月发布的《职业病范围和职业病患者处理办法的规定》执行。

根据此规定,职工被确诊患有职业病后,其所在单位应根据职业病诊断机构的意见,安排其医疗或疗养。在医治或疗养后被确认不宜继续从事原有害作业或工作的,应自确认之日起的两个月内将其调离原工作岗位,另行安排工作;对于因工作需要暂不能调离的生产、工作的技术骨干,调离期限最长不得超过半年。患有职业病的职工变动工作单位时,其职业病待遇应由原单位负责或两个单位协调处理,双方商妥后方可办理调转手续。并将其健康档案、职业病诊断证明及职业病处理情况等材料全部移交新单位。调出、调入单位都应将情况报告所在地的劳动卫生职业病防治机构备案。职工到新单位后，新发生的职业病不论与现工作有无关系，其职业病待遇由新单位负责。劳动合同制工人、临时工终止或解除劳动合同后，在待业期间新发现的职业病，与上一个劳动合同工作有关时，其职业病待遇由原终止或解除劳动合同的单位负责。如原单位已与其他单位合并，由合并后的单位负责；如原单位已撤销，应由原单位的上级主管机关负责。

第十章　常用建筑材料检验与评定

第一节　建设工程质量检测见证制度

一、概述

取样是按有关技术标准、规范的规定，从检验（测）对象中抽取试验样品的过程；送样是指取样后将试样从现场移交给有检测资格的单位承检的全过程。取样和送样是工程质量检测的首要环节，其真实性和代表性直接影响检测数据的公正性。为保证试件能代表母体的质量状况和取样的真实，直至出具只对试件（来样）负责的检测报告，保证建设工程质量检测工作的科学性、公正性和准确性，以确保建设工程质量，在建设工程质量检测中实行见证取样和送样制度，即在建设单位或监理单位人员的见证下，由施工人员在现场取样，送至试验室进行试验。

二、见证取样送样的范围和程序

1.见证取样送样的范围

对建设工程中结构用钢筋及焊接试件、混凝土试块、砌筑砂浆试块、水泥、墙体材料、集料及防水材料等项目，实行见证取样送样制度。各区、县建设主管部门和建设单位也可根据具体情况确定须见证取样的试验项目。

2.见证取样送样的程序

（1）建设单位应向工程受监质监站和工程检测单位递交“见证单位和见证人员授权书”。授权书应写明本工程现场委托的见证单位和见证人员姓名，以便质检机构和检测单位检查核对。

(2)施工企业取样人员在现场进行原材料取样和试块制作时,见证人员必须在旁见证。

(3)见证人员应对试样进行监护,并和施工企业取样人员一起将试样送至检测单位或采取有效的封样措施送样。

(4)检测单位在接受委托检验任务时,须有送检单位填写委托单,见证人员应在检验委托上签名。

(5)检测单位应在检验报告单备注栏中注明见证单位和见证人员姓名,发生试样不合格情况,首先要通知工程质监站和见证单位。

三、见证人员的要求和职责

1.见证人员的基本要求

(1)必须具备见证人员资格。

①见证人员应是本工程建设单位或监理单位人员。

②必须具备初级以上技术职称或具有建筑施工专业知识。

③经培训考核合格,取得“见证人员证书”。

(2)必须具有建设单位见证人书面授权书。

(3)必须向质监站或检测单位递交见证人书面授权书。

(4)见证人员的基本情况由(自治区、直辖市)检测中心备案,每隔五年换一次证。

2.见证人员的职责

(1)取样时,见证人员必须在现场进行见证。

(2)见证人员必须对试样进行监护。

(3)见证人员必须和施工人员一起将试样送至检测单位。

(4)有专用送样工具的工地,见证人员必须亲自封样。

(5)见证人员必须在检验委托单上签字,并出示“见证人员证书”。

(6)见证人员对试样的代表性和真实性负有法定责任。

四、见证取样送样的管理

建设行政主管部门是建设工程质量检测见证取样工作的主管部门。如宿州市建设工程质量见证取样工作由宿州市建委组织管理和发证,由宿州市工程质量检测中心具体实施和考核。

各监测机构试验室在承接送检试样时,应核验见证人员证书。对无证人员签名的检验委托一律拒收;未注明见证单位和见证人员姓名及编号的检验报告无效,不得作为质量保证资料和竣工验收资料,由质监站指定法定检测单位重新检测,其检测费用由责任方承担。

建设、施工、监理和检测单位凡以任何形式弄虚作假或者玩忽职守,将按有关法规、规章严肃查处,情节严重者,依法追究刑事责任。

五、见证送样的专用工具

为了便于见证人员在取样现场对所取样品进行封存,防止串换,减少见证人员伴送样品的麻烦,保证见证取样送样工作的顺利进行,下面介绍三种简易实用的送样工具。这些工具结构简洁耐用,加工制作容易,便于人工搬运和各种交通工具运输。

(一)A 型送样桶

1.用途

(1)适用 150mm×150mm×150mm 的混凝土试块封装,可装 3 件(约 24kg)。

(2)若用薄钢板网封闭空格部分,适用 70.7mm×70.7mm×70.7mm 砂浆试样封装,可装 24 件(约 18kg)。

(3)如内框尺寸改为 210mm×210mm,可装 100mm×100mm×100mm 混凝土试块 16 件(约 40kg)。

2.外形尺寸

外形尺寸为 174mm×174mm×520mm。

(二)B 型送样桶

1.用途

适用 Φ175mm(Φ185mm)×150mm 的混凝土抗渗试块封装,可装 3 件(约 30kg),也适用于钢筋试样封装。

2.外形尺寸

外形尺寸为 Φ237mm×550mm。

(三)C 型送样桶

1.用途

(1)适用 240mm×115mm×90mm 的烧结多孔砖试样封装,可装 4 件(约 12kg)。

(2)适用 240mm×115mm×53mm 的普通砖试样封装,可装 8 件(约 20kg)。

(3)可装砂、石约 40kg,水泥约 30kg,或可装土样约 40 个。

2.外形尺寸

外形尺寸为 Φ300mm×350mm。

第二节　水泥

一、水泥概述

水泥是由石灰质原料、黏土质原料与少量校正原料，破碎后按比例配合、磨细并调配成为合适的生料，经高温煅烧至部分熔融制成熟料，再加入适量的调凝剂（石膏）、混合材料共同磨细而成的一种既能在空气中硬化又能在水中硬化的无机水硬性胶凝材料。

（一）水泥的种类

水泥按其矿物组成可分为硅酸盐水泥、铝酸盐水泥、硫铝酸盐水泥、少熟料水泥、无熟料水泥。

水泥按其用途和性能可分为通用水泥、专用水泥和特性水泥。

通用水泥主要是指硅酸盐水泥、普通硅酸盐水泥、矿渣硅酸盐水泥、火山灰质硅酸盐水泥、粉煤灰硅酸盐水泥和复合硅酸盐水泥。

专用水泥是专门用途的水泥，主要有砌筑水泥、油井水泥、道路水泥、耐酸水泥、耐碱水泥。

特性水泥是某种性能比较突出的水泥，主要有低热矿渣硅酸盐水泥、膨胀硫铝酸盐水泥、磷铝酸盐水泥和磷酸盐水泥等。

1.硅酸盐水泥

凡由硅酸盐水泥熟料、0～5%的石灰石或粒化高炉矿渣、适量石膏磨细制成的水硬性胶凝材料，称为硅酸盐水泥，即国外的波特兰水泥，分为不掺混合材料P·Ⅰ和掺不超过5%混合材料P·Ⅱ。

2.普通硅酸盐水泥

凡由硅酸盐水泥熟料和6%～15%混合料、适量石膏磨细制成的水硬性胶凝材料，即为普通硅酸盐水泥，简称普通水泥，代号为P·O。

3.矿渣硅酸盐水泥

凡由硅酸盐水泥熟料和粒化高炉矿渣、适量石膏磨细制成的水硬性胶凝材料，即为矿渣硅酸盐水泥，简称矿渣水泥，代号为P·S。

4.火山灰质硅酸盐水泥

凡由硅酸盐水泥熟料和火山灰质混合料、适量石膏磨细制成的水硬性胶凝材料，即为火山灰质硅酸盐水泥，简称火山灰质水泥，代号为 P·P。

5.粉煤灰硅酸盐水泥

凡由硅酸盐水泥熟料和粉煤灰、适量石膏磨细制成的水硬性胶凝材料，即为矿渣硅酸盐水泥，简称粉煤灰水泥，代号为 P·F。

6.复合硅酸盐水泥

凡由硅酸盐水泥熟料、两种或两种以上规定的混合材料、适量石膏磨细制成的水硬性胶凝材料，称为复合硅酸盐水泥，简称复合水泥，代号为 P·C。

（二）通用水泥的技术要求

1.不溶物

Ⅰ型硅酸盐水泥中不溶物不得大于 0.75%。

Ⅱ型硅酸盐水泥中不溶物不得大于 1.50%。

2.烧失量

Ⅰ型硅酸盐水泥中烧失量不得大于 3.0%。

Ⅱ型硅酸盐水泥中烧失量不得大于 3.5%。

普通水泥中烧失量不得大于 5.0%。

3.氧化镁

水泥中氧化镁的含量不宜超过 5.0%。如果水泥经压蒸安定性试验合格，则水泥中氧化镁的含量允许放宽到 6.0%。

4.二氧化硫

硅酸盐水泥、普通水泥、火山灰质水泥、粉煤灰水泥和复合水泥中三氧化硫的含量不得超过 3.5%；矿渣水泥中三氧化硫的含量不得超过 4.0%。

5.细度

硅酸盐水泥以比表面积表示，不小于 $300m^2/kg$；普通水泥、矿渣水泥、火山灰质水泥、粉煤灰水泥和复合水泥以筛余表示，$80\mu m$ 方孔筛筛余不大于 10% 或 $45\mu m$ 方孔筛筛余不大于 30%。

6.凝结时间

硅酸盐水泥初凝不小于 45min，终凝不大于 390min；普通水泥、矿渣水泥、火山灰质水泥、粉煤灰水泥和复合水泥初凝不小于 45mim，终凝不大于 600min。

7.安定性

用沸煮法检测必须合格。

8.强度

水泥强度等级按规定龄期的抗压强度和抗折强度来划分,各强度等级水泥的各龄期强度不得低于表10—1中的数值。

表10—1 水泥各龄期强度

品种	强度等级	抗压强度/MPa		抗折强度/MPa	
		3d	28d	3d	28d
硅酸盐水泥	42.5	17.0	42.5	3.5	6.5
	42.5R	22.0	42.5	4.0	6.5
	52.5	23.0	52.5	4.0	7.0
	52.5R	27.0	52.5	5.0	7.0
	62.5	28.0	62.5	5.0	8.0
	62.5R	32.0	62.5	5.5	8.0
普通水泥	32.5	11.0	32.5	2.5	5.5
	32.5 R	16.0	32.5	3.5	5.5
	42.5	16.0	42.5	3.5	6.5
	42.5 R	21.0	42.5	4.0	6.5
	62.5	22.0	62.5	4.0	7.0
	62.5 R	26.0	62.5	5.0	7.0
矿渣水泥 火山灰质水泥 粉煤灰水泥	32.5	10.0	32.5	2.5	5.5
	32.5 R	15.0	32.5	3.5	5.5
	42.5	15.0	42.5	3.5	6.5
	42.5 R	19.0	42.5	4.0	6.5
	62.5	21.0	62.5	4.0	7.0
	62.5 R	23.0	62.5	4.5	7.0

续表

品种	强度等级	抗压强度/MPa		抗折强度/MPa	
		3d	28d	3d	28d
复合水泥	32.5	11.0	32.5	2.5	5.5
	32.5 R	16.0	32.5	3.5	5.5
	42.5	16.0	42.5	3.5	6.5
	42.5 R	21.0	42.5	4.0	6.5
	62.5	22.0	62.5	4.0	7.0
	62.5 R	26.0	62.5	5.0	7.0

9.废品与不合格品

废品:氧化镁、三氧化硫、初凝时间、安定性任一项不符合标准规定。

不合格品:细度、终凝时间、不溶物和烧失量中任一项不符合标准规定或混合材料掺假量超过最低限度和强度低于商品强度等级的指标。水泥包装标志中水泥品种、强度等级、生产者名称和出厂编号不全。

二、水泥的取样方法

(一)取样送样规则

首先,要掌握所购买的水泥的生产厂是否具有产品生产许可证。

水泥委托检验样必须以每一个出厂水泥编号为一个取样单位,不得有两个以上的出厂编号混合取样。

水泥试样必须在同一编号不同部位处等量采集,取样点至少在20点以上,经混合均匀后用防潮容器包装,重量不少于12kg。

委托单位必须逐项填写检验委托单,如水泥生产厂名、商标、水泥品种、强度等级、出厂编号或出厂日期、工程名称、全套物理检验项目等。用于装饰的水泥应进行安定性的检验。水泥出厂日期超过三个月应在使用前作复检。

进口水泥一律按上述要求进行。

(二)取样单位及样品总量

水泥出厂前需按标准规定进行编号,每一编号为一取样单位。施工现场取样，应以同一水泥厂、同品种、同强度等级、同期到达的同一编号水泥为一个取样单位。取样应有代表性，可连续取，也可从20个以上不同部位取等量样品，总量至少12kg。

（三）编号与取样

水泥出厂前按同品种、同强度等级编号和取样。袋装水泥和散装水泥应分别进行编号和取样。每一编号为一取样单位。水泥出厂编号按水泥厂年生产能力规定，即：

(1)120万t以上，不超过1 200t为一编号；

(2)60万t以上至120万t，不超过1 000t为一编号；

(3)30万t以上至60万t，不超过600t为一编号；

(4)10万t以上至30万t，不超过400t为一编号；

(5)10万t以下，不超过200t为一编号。

取样方法按《水泥取样方法》(GB/T 12573—2008)的规定进行。当散装水泥运输工具的容量超过该厂规定出厂编号吨数时，允许该编号的数量超过取样规定吨数。

（四）袋装水泥取样

采用取样管取样。随机选择20个以上不同的部位，将取样管插入水泥适当深度，用大拇指按住气孔，小心抽出取样管。将所取样品放入洁净、干燥、不易受污染的容器中。

（五）散装水泥取样

采用槽形管状取样器取样，当所取水泥深度不超过2m时，采用槽形管状取样器取样。通过转动取样器内管控制开关，在适当位置插入水泥一定深度，关闭后小心抽出。将所取样品放入洁净、干燥、不易受污染的容器中。

（六）交货与验货

交货时水泥的质量验收可抽取实物试样以其检验结果为依据，也可以水泥厂同编号水泥的检验报告为依据。采取何种方法验收由买卖双方商定，并在合同或协议中说明。

以抽取实物试样的检验结果为依据时，买卖双方应在发货前或交货地共同取样和签封。取样方法按《水泥取样方法》(GB/T12573—2008)进行,取样数量为20kg,缩分为二等份。一份由卖方保存40天,一份由买方按规定的项目和方法进行检验。

在40天以内,买方检验认为产品质量不符合本标准要求,而卖方又有异议时,则双方应将卖方保存的另一份试样送省级或省级以上国家认可的水泥质量监督检验机构进行仲裁检验。

以水泥厂同编号水泥的检验报告为验收依据时,在发货前或交货时买方在同编号水泥中抽取试样,双方共同签封后保存三个月;或委托卖方在同编号水泥中抽取试样,签封后保存三个月。

在三个月内,买方对水泥质量有疑问时,则买卖双方应将签封的试样送省级或省级以上国家认可的水泥质量监督检验机构进行仲裁检验。

(七)运输与储存

水泥在运输与储存时不得受潮和混入杂物,不同品种和强度等级的水泥应分别储运,不得混杂。

三、结果判定与处理

通用水泥的合格判定应满足通用水泥的技术要求;废品水泥必须淘汰,不得应用于建筑工程;不合格品水泥应依据具体情况,可适当用于建筑工程的次要部位。

第三节　粗集料

一、粗集料概述

在混凝土中，砂、石起骨架作用，称为骨料或集料，其中粒径大于5mm的集料称为粗集料。普通混凝土常用的粗集料有碎石及卵石两种。碎石是天然岩石、卵石或矿山废石经机械破碎、筛分制成的，粒径大于5mm的岩石颗粒。卵石是由自然风化、水流搬运和分选、堆积而成的、粒径大于5mm的岩石颗粒。

由于集料在混凝土中占有大部分的体积，所以，混凝土的体积主要是由集料的真密度所支配，设计混凝土配合比需了解的密度是指包括非贯穿毛细孔在内的集料单位体积的质量。这一概念上与物体的真密度不同，这样的密度称为表观密度，集料的表观密度在计算体积时包括内部集料颗粒的空隙，因此，越是多孔材料其表观密度越小，集料的强度越低，稳定性越差。集料在自然堆积状态下的密度称为堆积密度，其反映自然状态下的空隙率，堆积密度越大，需要水泥填充的空隙就越少；堆积密度越小即集料的颗粒级配越差，需要填充空隙的水泥浆就越多，混凝土拌合物的和易性就越不易得到保证。

二、粗集料的技术要求

（一）颗粒级配

颗粒级配又称（粒度）级配。由不同粒度组成的散状物料中各级粒度所占的数量。常以占总量的百分数来表示，有连续级配和单粒级配两种。连续级配是石子的粒径从大到小连续分级，每一级都占适当的比例。连续级配的颗粒大小搭配连续合理，用其配制的混凝土拌合物工作性好，不易发生离析，在工程中应用较多。但其缺点是，当最大粒径较大（大于40mm）时，天然形成的连续级配往往与理论最佳值有偏差，且在运输、堆放过程中易发生离析，影响级配的均匀合理性。单粒级配是石子粒级不连续，人为剔去某些中间粒级的颗粒而形成的级配方式。单粒级配能更有效降低石子颗粒之间的空隙率，使水泥达到最大程度的节约,但由于粒径相差较大,故易和混凝土易发生离析,单粒级配需按设计进行掺配而成。

粗集料中公称粒级的上限称为最大粒径。当集料粒径增大时,其比表面积减小,混凝土的水泥用量也减少,故在满足技术要求的前提下,粗集料的最大粒径应尽量选大一些。在钢筋混凝土工程中,粗集料的粒径不得大于混凝土结构截面最小尺寸的1/4,并不得大于钢筋最小净距的3/4。对于混凝土实心板,其最大粒径不宜大于板厚的1/3,并不得超过40 mm。泵送混凝土用的碎石,不应大于输送管内径的1/3,卵石不应大于输送管内径的2/5。

(二)针、片状颗粒含量

卵石和碎石颗粒的长度大于该颗粒所属相应粒级的平均粒径2.4倍者,为针状颗粒;厚度小于平均粒径0.4倍者,为片状颗粒。粗集料中针、片状颗粒过多,会使混凝土的和易性变差,强度降低,故粗集料的针、片状颗粒含量应控制在一定范围内。卵石和碎石的针、片状颗粒含量应符合表10—2的规定。

表10—2 针、片状颗粒含量

混凝土强度	≥C30	C25~C15
针、片状颗粒含量(按质量计)/%	≤15	≤25

(三)含泥量

含泥量是指粒径小于0.080 mm的颗粒含量。碎石或卵石的含泥量应分别符合表10—3的规定。

表10—3 碎石或卵石中的含泥量

混凝土强度等级	≥C60	C55~C30	≤C25
含泥量(按质量计)/%	≤0.5	≤1.0	≤2.0

对于有抗冻、抗渗或其他特殊要求的混凝土,其含泥量不应大于1.0%;等于或小于C10等级的混凝土含泥量可放宽到2.5%。

(四)泥块含量

泥块含量是指集料中粒径大于5 mm,经水洗、手捏后变成小于2.5 mm的颗粒含量。碎石或卵石的泥块含量应符合表10—4的规定。

表 10－4　碎石或卵石中的泥块含量

混凝土强度等级	≥C60	C55～C30	≤C25
泥块含量(按质量计)/%	≤0.5	≤1.0	≤2.0

对于有抗冻、抗渗或其他特殊要求的混凝土，其泥块含量不应大于 0.5%；小于或等于 C10 等级的混凝土，泥块含量可放宽到 2.5%。

(五)压碎指标值

压碎指标值是指碎石或卵石抵抗压碎的能力。碎石或卵石的压碎指标值应符合表 10－5、表 10－6 的规定。

表 10－5　碎石的压碎指标值

岩石品种	混凝土强度等级	碎石压碎值指标/%
水成岩	C55～C40	≤10
	≤C35	≤16
变质岩或深成的火成岩	C55～C40	≤12
	≤C35	≤20
喷出的火成岩	C55～C40	≤13
	≤C35	≤30

表 10－6　卵石的压碎指标值

混凝土强度等级	C55～C40	≤C35
压碎指标值/%	≤12	≤16

混凝土强度等级大于或等于 C60 时，应进行岩石抗压强度检验，其他情况下如有怀疑或认为有必要时，也可以进行岩石的抗压强度检验。岩石的抗压强度与混凝土强度等级之比不应小于 1.5，且火成岩强度不宜低于 80MPa，变质岩不宜低于 60MPa，水成岩不宜低于 30MPa。

(六)坚固性指标

坚固性是指碎石或卵石在气候、环境变化或其他物理因素作用下抵抗碎裂的能力。碎石或卵石的坚固性指标应符合表 10－7 的规定。

表 10—7 碎石或卵石的坚固性指标

混凝土所处的环境条件及其性能要求	5次循环后的质量量损失/%
在严寒及寒冷地区室外使用，并经常处于潮湿或干湿交替状态下的混凝土，有腐蚀性介质作用或经常处于水位变化区的地下结构或有抗疲劳、耐磨、抗冲击等要求的混凝土	≤8
在其他条件下使用的混凝土	≤12

有腐蚀性介质作用或经常处于水位变化区的地下结构或有抗疲劳、耐磨、抗冲击等要求的混凝土用碎石或卵石，其质量损失不应大于8%。

(七)有害物质含量

碎石或卵石的硫化物和硫酸盐含量以及卵石中有机质等有害物质含量应符合表10—8的规定。

表 10—8 碎石或卵石中的有害物质含量

项目	质量要求	项目	质量要求
硫化物及硫酸盐含量（折算成 SO_3，按质量计）/%	≤1.0	卵石中有机质含量（用比色法试验）	颜色不应深于标准色，深于时应配制成混凝土进行强度对比试验，抗压强度比不应小于0.95

如发现有颗粒状硫酸盐或硫化物杂质的碎石或卵石，则要求进行专门检验，确认能满足混凝土耐久性要求时方可采用。

(八)碱活性粗集料

碱活性粗集料是指能与水泥或混凝土中的碱发生化学反应的集料。重要工程的粗集料应进行碱活性检验。

三、粗集料的取样及选用

(一)取样

使用大型工具(如火车、货船或汽车)运输的,以 400mm^3 或 600t 为一验收批,使用小型工具运输的(如马车)以 200mm^3 或 300t 为一验收批,不足上述数量者仍为一验收批。

在料堆上取样时,取样部位应均匀分布。取样前先将取样部位表层铲除,然后从不同部位抽取大致等量的石子 15 份(顶部、中部和底部各由均匀分布的五个不同部位),组成一组样品。

从皮带运输机上取样时,应用接料器在皮带运输机机尾的出料处定时抽取大致等量的石子 8 份,组成一组样品。

从火车、汽车、货船上取样时,从不同部位和深度抽取大致等量的石子 16 份,组成一组样品。

若检验不合格时,应重新取样。对不合格项,进行加倍复验。若仍有一个试样不能满足标准要求,应按不合格品处理。

(二)选用

粗集料最大粒径应符合下列要求:

(1)不得大于混凝土结构截面最小尺寸的 1/4,并不得大于钢筋最小净距的 3/4;

(2)对于混凝土实心板,其最大粒径不宜大于板厚的 1/3,并不得超过 40mm;

(3)泵送混凝土用的碎石,不应大于输送管内径的 1/3,卵石不应大于输送管内径的 2/5。

四、粗集料的检验与判定

(一)检测项目

对于石子,每一验收批应检测其颗粒级配、含泥量、泥块含量、针片状颗粒含量、压碎指标、表观密度、堆积密度等。对于重要工程的混凝土所使用的碎石和卵石,应进行碱活性检验或应根据需要增加检测项目。

(二)工程现场粗集料的检验

见证送检必须逐项填写检验委托单中的各项内容,如委托单位、建设单位、工程名称、工程部位、见证单位、见证人、送样人、集料品种、规格、产地、进场日期、代表数量、检验项目、执行标准等。

(三)粗集料的判定

粗集料的判定应满足粗集料的技术要求,若不能满足要求,可以进行复验。若仍有一个试样不能满足标准要求,应按不合格品处理。

第四节　细集料

细集料(砂)是指在自然或人工作用下形成的粒径小于5mm的颗粒,也称为普通砂。砂按来源分为天然砂、人工砂、混合砂。天然砂是由自然条件作用而形成的,按其产源不同,可分为河砂、海砂、山砂。人工砂是岩石经除土开采、机械破碎、筛分而成的。混合砂是由天然砂与人工砂按一定比例组合而成的砂。

一、砂的技术指标

(一)细度模数

砂的粗细程度按细度模数μ_f可分为粗、中、细三级,其范围应符合下列要求,粗砂:μ_f=3.7~3.1;中砂:μ_f=3.0~2.3;细砂:μ_f=2.2~1.6。

(二)颗粒级配

砂的颗粒级配是表示砂大小颗粒的搭配情况。在混凝土中砂之间的空隙是由水泥浆填充,为达到节约水泥提高强度的目的,就应尽量减小砂颗粒之间的空隙,因此,就要求砂要有较好的颗粒级配。

砂的颗粒级配区划分,除特细砂外,砂的颗粒级配可按公称直径630μm筛孔的累计筛余量(以质量百分率计)分成三个级配区,砂的颗粒级配应符合表10—9的规定。

表10—9　砂的颗粒级配区

级配区 公称粒径　累计筛余/%	Ⅰ区	Ⅱ区	Ⅲ区
5.00 mm	10~0	10~0	10~0
2.50 mm	35~5	25~0	15~0
1.25 mm	65~35	50~10	25~0

续表

公称粒径 累计筛余/% 级配区	Ⅰ区	Ⅱ区	Ⅲ区
630 μm	85～71	70～41	40～16
315 μm	95～80	92～70	85～55
160 μm	100～90	100～90	100～90

砂的颗粒级配应处于表中某一区域内。

砂的实际颗粒级配与表中的累计筛余百分率比,除公称粒径为5.00mm和630μm(表中斜体所标数值)的累计筛余百分率外,其余公称粒径的累计筛余百分率可稍有超出分界线,但总超出量不应大于5%。

当砂的颗粒级配不符合要求时,宜采用相应的技术措施,并经试验证明能确保混凝土质量后,方允许使用。

配制混凝土时宜优先选用Ⅱ区砂。当采用Ⅰ区砂时,应提高砂率,并保持足够的水泥用量,满足混凝土的和易性;当采用Ⅲ区砂时,宜适当降低砂率;当采用特细砂时,应符合相应的规定。

(三)含泥量

砂的含泥量是指砂中粒径小于0.080mm的颗粒含量。对于有抗冻、抗渗或其他特殊要求的混凝土,其含泥量不应大于3.0%。砂中含泥量应符合表10－10的规定。

表10－10 砂中的含泥量

混凝土强度等级	＞C60	C60～C30	≤C25
含泥量(按质量计)/%	≤2.0	≤3.0	≤5.0

(四)泥块含量

砂泥块含量是指砂中粒径大于1.25mm,经水洗、手捏后变成小于0.630mm的颗粒含量。砂中的泥块含量应符合表10－11的规定。

表 10—11　砂中的泥块含量

混凝土强度等级	≥C60	C55～C30	≤C25
泥块含量(按质量计)/%	≤0.5	≤1.0	≤2.0

对于有抗冻、抗渗或其他特殊要求的混凝土,其泥块含量不应大于 1.0%。

(五)有害物质

砂中不应混有草根、树叶、树枝、塑料、煤块、炉渣等杂物。砂中如含有云母、轻物质、有机物、硫化物及硫酸盐、氯盐等,其含量应符合表 10—12 的规定。

表 10—12　砂中的有害物质含量

有害物质名称	含量限值
云母含量(按质量计)/%	≤2.0
轻物质含量(按质量计)/%	≤1.0
硫化物及硫酸盐含量(折算成 SO_3 按质量计)/%	≤1.0
有机物含量(用比色法试验)	颜色不应深于标准色。当颜色深于标准色时,应按水泥胶砂强度试验方法进行强度对比试验,抗压强度比不应低于 0.95

(六)坚固性

砂坚固性是指砂在气候、环境变化或其他物理因素作用下抵抗碎裂的能力。砂的坚固性指标应符合表 10—13 的规定。

表 10—13　砂的坚固性指标

项目	循环后的质量损失
5 次循环后的质量损失/%	<10

(七)表观密度、堆积密度、空隙率

砂的表观密度是指集料颗粒单位体积的质量。砂的堆积密度是指集料在自然堆积状态下单位体积的质量。砂的空隙率是指集料按规定方法颠实后单位体积的质量。

(八)碱活性粗集料

碱活性粗集料是指能与水泥或混凝土中的碱发生化学反应的集料。重要工程的粗集料应进行碱活性检验。

二、砂的取样

供货单位应提供产品合格证或质量检验报告。购货单位应按同产地、同规格分批验收。使用大型工具(如火车、货船或汽车)运输的,以 400mm³ 或 600t 为一验收批;使用小型工具运输的(如马车),以 200mm³ 或 300t 为一验收批,不足上述数量者仍为一验收批。

从料堆上取样时,取样部位应均匀分布。取样前应先将取样部位表层铲除,然后由各部位抽取大致相等的砂 8 份,组成各自一组样品。

从皮带运输机上取样时,应在皮带运输机机尾的出料处用接料器定时抽取砂 4 份,组成各自一组样品。

从火车、汽车、货船上取样时,应从不同部位和深度抽取大致相等的砂 8 份,组成各自一组样品。每批取样量应多于试验用样量的一倍,工程上常规检测时约取 20kg。

三、细集料的检验与判定

(一)检测项目

工程现场砂的每一验收批应检测其细度模数、颗粒级配、含泥量、泥块含量、表观密度、堆积密度等。对于重要工程的混凝土所使用的砂,应进行碱活性检验或应根据需要增加检测项目。

(二)工程现场砂的检验

见证送检必须逐项填写检验委托单中的各项内容,如委托单位、建设单位、工程名称、工程部位、见证单位、见证人、送样人、砂品种、规格、产地、进场日期、代表数量、检验项目、执行标准等。

(三)细集料的判定

细集料的判定应满足细集料的技术要求,若不能满足要求,可以进行复验。若仍有一个试样不能满足标准要求,应按不合格品处理。

第五节　混凝土

一、混凝土概述

混凝土是由胶凝材料，粗细集料、水以及必要时加入的外加剂和掺合料按一定比例配制，经均匀搅拌，密实成型，养护硬化而成的一种人工石材。

混凝土具有原料丰富、价格低廉、生产工艺简单的特点，因而使其用量越来越大。同时，混凝土还具有抗压强度高、耐久性好、强度等级范围宽等特点。这些特点使其使用范围十分广泛，不仅在各种土木工程中使用，就是造船业、机械工业、海洋开发、地热工程等，混凝土也是重要的材料。

（一）混凝土的分类

1.按胶凝材料分类

（1）无机胶凝材料混凝土，如水泥混凝土、石膏混凝土、硅酸盐混凝土、水玻璃混凝土等。

（2）有机胶结料混凝土，如沥青混凝土、聚合物混凝土等。

2.按表观密度分类

混凝土按照表观密度的大小，可分为重混凝土、普通混凝土、轻质混凝土三种。这三种混凝土不同之处就是集料不同。

重混凝土：表观密度大于 2 500 kg/m^3，是用特别密实和特别重的集料制成的。如重晶石混凝土、钢屑混凝土等，它们具有不透 X 射线和 γ 射线的性能。

普通混凝土：普通混凝土是我们在建筑中常用的混凝土，其表观密度为 1 950～2 500 kg/m^3，集料为砂、石。

轻质混凝土：表观密度小于 1 950 kg/m^{3}的混凝土。它可以分为以下三类：

（1）轻集料混凝土，其表观密度为 800～1 950 kg/m^3，轻集料包括浮石、火山渣、陶粒、膨胀珍珠岩、膨胀矿渣、矿渣等。

（2）多空混凝土（泡沫混凝土、加气混凝土），其表观密度为 300～1 000 kg/m^3。泡沫混凝土是由水泥浆或水泥砂浆与稳定的泡沫制成的。加气混凝土是由水泥、水与发气剂制成的。

(3)大孔混凝土(普通大孔混凝土、轻集料大孔混凝土),其组成中无细集料。普通大孔混凝土的表观密度为1 500～1 900 kg/m³,是用碎石、软石、重矿渣作集料配制的。轻集料大孔混凝土的表观密度为500～1 500 kg/m³,是用陶粒、浮石、碎砖、矿渣等作为集料配制的。

3.按使用功能分类

结构混凝土、保温混凝土、装饰混凝土、防水混凝土、耐火混凝土、水工混凝土、海工混凝土、道路混凝土、防辐射混凝土等。

4.按施工工艺分类

离心混凝土、真空混凝土、灌浆混凝土、喷射混凝土、碾压混凝土、挤压混凝土、泵送混凝土等。按配筋方式分有素(即无筋)混凝土、钢筋混凝土、钢丝网水泥、纤维混凝土、预应力混凝土等。

5.按拌合物的和易性分类

干硬性混凝土、半干硬性混凝土、塑性混凝土、流动性混凝土、高流动性混凝土、流态混凝土等。

6.按配筋分类

素混凝土、钢筋混凝土、预应力混凝土。

上述各类混凝土中,用途最广、用量最大的为普通混凝土。对一些有特殊使用要求的混凝土,还应提出特殊的性能要求。如对地下工程混凝土,要求具有足够的抗渗性;路面混凝土,要求具有足够的抗弯性和较好的耐磨性;低温下工作的混凝土,要求具有足够的抗冻性;外围结构混凝土,除要求具有足够的强度外,还要有保温、绝热性能等。

(二)混凝土拌合物的性能

混凝土在未凝结硬化以前,称为混凝土拌合物。它必须具有良好的和易性,便于施工,以保证能获得良好的浇灌质量;混凝土拌合物凝结硬化以后,应具有足够的强度,以保证建筑物能安全地承受设计荷载;并应具有必要的耐久性。

1.和易性

和易性是指混凝土拌合物易于施工操作(拌和、运输、浇灌、捣实)并能获致质量均匀、成型密实的性能。和易性是一项综合的技术性质,包括有流动性、黏聚性和保水性等三个方面的含义。

流动性是指混凝土拌合物在本身自重或施工机械振捣的作用下,能产生流动,并均匀密实地填满模板的性能。流动性的大小取决于混凝土拌合物中用水量或水泥浆含量的多少。

黏聚性是指混凝土拌合物在施工过程中其组成材料之间有一定的黏聚力,不致产生分层和离析的性能。黏聚性的大小主要取决于细集料的用量以及水泥浆的稠度等。

保水性是指混凝土拌合物在施工过程中,具有一定的保水能力,不致产生严重泌水的性能。保水性差的混凝土拌合物,由于水分分泌出来会形成容易透水的孔隙,从而降低混凝土的密实性。

2.影响混凝土和易性的因素

(1)水胶比。水胶比是指水泥混凝土中水的用量与水泥用量之比。在单位混凝土拌合物中,集浆比确定后,即水泥浆的用量为一固定数值时,水胶比决定水泥浆的稠度。水胶比较小,则水泥浆较稠,混凝土拌合物的流动性也较小,当水胶比小于某一极限值时,在一定施工方法下就不能保证密实成型;反之,水胶比较大,水泥浆较稀,混凝土拌合物的流动性虽然较大,但黏聚性和保水性却随之变差。当水胶比大于某一极限值时,将产生严重的离析、泌水现象。因此,为了使混凝土拌合物能够密实成型,所采用的水胶比值不能过小,为了保证混凝土拌合物具有良好的黏聚性和保水性,所采用的水胶比值又不能过大。由于水胶比的变化将直接影响到水泥混凝土的强度。因此,在实际工程中,为增加拌合物的流动性而增加用水量时,必须保证水胶比不变,同时增加水泥用量,否则将显著降低混凝土的质量,决不能以单纯改变用水量的办法来调整混凝土拌合物的流动性。

(2)砂率。砂率是指混凝土中砂的质量占砂石总质量的百分率。砂率表征混凝土拌合物中砂与石相对用量比例。由于砂率变化,可导致集料的空隙率和总表面积的变化。当砂率过大时,集料的空隙率和总表面积增大,在水泥浆用量一定的条件下,混凝土拌合物就显得干稠,流动性小;当砂率过小时,虽然集料的总表面积减小,但由于砂浆量不足,不能在粗集料的周围形成足够的砂浆层起润滑作用,因而使混凝土拌合物的流动性降低。更严重的是影响了混凝土拌合物的黏聚性与保水性,使拌合物显得粗涩、粗集料离析、水泥浆流失,甚至出现溃散等不良现象。因此,在不同的砂率中应有一个合理砂率值。混凝土拌合物的合理砂率是指在用水量和水泥用量一定的情况下,能使混凝土拌合物获得最大流动性,且能保持黏聚性。

(3)单位体积用水量。单位体积用水量是指在单位体积水泥混凝土中,所加入水的质量,它是影响水泥混凝土工作性的最主要的因素。新拌混凝土的流动性主要是依靠集料及水泥颗粒表面吸附一层水膜,从而使颗粒之间比较润滑。而黏聚性也主要是依靠水的表面张力作用,如用水量过少,则水膜较薄,润滑效果较差;而用水量过多,毛细孔被水分填满,表面张力的作用减小,混凝土的黏聚性变差,易泌水。因此,用水量的多少直接影响着水泥混凝土的工作性。当粗集料和细集料的种类和比例确定后,在一定的水胶比范围内(W/C=0.4~0.8),水泥混凝土的坍落度主要取决于单位体积用水量,而受其他因素的影响较小,这一规律称为固定加水量定则。

(三)混凝土的力学性能

1.混凝土强度

(1)立方体抗压强度及强度等级。混凝土立方体抗压标准强度(f_{cu},k)是指按标准方法制作和养护的边长为150mm的立方体试件,在28d后用标准试验方法测得的抗压强度总体分布中具有不低于95%保证率的抗压强度值。根据《混凝土结构设计规范》(GB50010—2010)的规定,普通混凝土划分为十四个等级,即C15、C20、C25、C30、C35、C40、C45、C50、C55、C60、C65、C70、C75、C80。例如,强度等级为C30的混凝土是指30MPa≤f_{cu},k<35MPa。

(2)混凝土的抗拉强度。混凝土的抗拉强度只有抗压强度的1/10~1/20,且随着混凝土强度等级的提高,比值降低。混凝土在工作时一般不依靠其抗拉强度。但抗拉强度对于抗开裂性有重要意义,在结构设计中抗拉强度是确定混凝土抗裂能力的重要指标。有时也用它来间接衡量混凝土与钢筋的粘结强度等。

(3)混凝土的抗折强度。混凝土的抗折强度是指混凝土的抗弯曲强度。对于混凝土路面强度设计,必须满足抗压与抗折强度值的要求。

(四)影响混凝土强度的因素

1.水泥的强度和水胶比

水泥的强度和水胶比是决定混凝土强度的最主要因素。水泥是混凝土中的胶结组分,其强度的大小直接影响混凝土的强度。在配合比相同的条件下,水泥的强度越高,混凝土强度也越高。当采用同一水泥(品种和强度相同)时,混凝土的强度主要取决于水胶比:在混凝土能充分密实的情况下,水胶比越大,水泥石中的孔隙越多,强度越低,与集料粘结力也越小,混凝土的强度就越低;

反之,水胶比越小,混凝土的强度越高。

2.集料的影响

集料的表面状况影响水泥石与集料的粘结,从而影响混凝土的强度。碎石表面粗糙,粘结力较大;卵石表面光滑,粘结力较小。因此,在配合比相同的条件下,碎石混凝土的强度比卵石混凝土的强度高。集料的最大粒径对混凝土的强度也有影响,集料的最大粒径越大,混凝土的强度越小。砂率越小,混凝土的抗压强度越高;反之,混凝土的抗压强度越低。

3.外加剂和掺合料

在混凝土中掺入外加剂,可使混凝土获得早强和高强性能,混凝土中掺入早强剂,可显著提高早期强度;掺入减水剂可大幅度减少拌合用水量,在较低的水胶比下,混凝土仍能较好地成型密实,获得很高的28d强度。在混凝土中加入掺合料,可提高水泥石的密实度,改善水泥石与集料的界面粘结强度,提高混凝土的长期强度。因此,在混凝土中掺入高效减水剂和掺合料,是制备尚强和尚性能混凝土必需的技术措施。

4.养护的温度和湿度

混凝土的硬化是水泥水化和凝结硬化的结果。养护温度对水泥的水化速度有显著的影响,养护温度高,水泥的初期水化速度快,混凝土早期强度高。湿度大能保证水泥正常水化所需水分,有利于强度的增长。

在20℃以下,养护温度越低,混凝土抗压强度越低,但在20℃~30℃时,养护温度对混凝土的抗压强度影响不大。养护湿度越高,混凝土的抗压强度越高;反之,混凝土的抗压强度越低。

(五)混凝土的长期性能和耐久性能

混凝土的长期性是指混凝土在实际使用条件下抵抗各种破坏因素的作用,长期保持强度和外观完整性的能力。混凝土的耐久性是指结构在规定的使用年限内,在各种环境条件作用下,不需要额外的费用加固处理而保持其安全性、正常使用和可接受的外观能力。简单地说,混凝土材料的耐久性指标一般包括抗渗性、抗冻性、抗侵蚀性、混凝土的碳化、碱-集料反应。

1.抗渗性

抗渗性是指混凝土抵抗水、油等液体在压力作用下渗透的性能。它直接影响混凝土的抗冻性和抗侵蚀性。混凝土本质上是一种多孔性材料,混凝土的抗渗性主要与其密度及内部孔隙的大小和构造有关。混凝土内部的互相连通的孔隙和毛细管通路，以及由于在混凝土施工成型时振捣不实产生的蜂窝、孔洞，都会造成混凝土渗水。

混凝土的抗渗性我国一般采用抗渗等级表示，抗渗等级是按标准试验方法进行试验，用每组 6 个试件中 4 个试件未出现渗水时的最大水压力来表示的。如分为 P4、P6、P8、P10、P12 五个等级，即相应表示能抵抗 0.4MPa、0.6MPa、0.8MPa、1.0MPa 及 1.2MPa 的水压力而不渗水。

影响混凝土抗渗性的主要因素是水胶比，水胶比越大，水分越多，蒸发后留下的孔隙越多，其抗渗性越差。

2.抗冻性

混凝土的抗冻性是指混凝土在水饱和状态下，经受多次冻融循环作用，能保持强度和外观完整性的能力。在寒冷地区，特别是在接触水又受冻的环境下的混凝土，要求具有较高的抗冻性能。由于混凝土内部孔隙中的水在负温下结冰后体积膨胀造成的静水压力和因冰水蒸汽压的差别推动未冻水向冻结区的迁移所造成的渗透压力。当这两种压力所产生的内应力超过混凝土的抗拉强度，混凝土就会产生裂缝，多次冻融使裂缝不断扩展直至破坏。

混凝土的密实度、孔隙构造和数量、孔隙的充水程度是决定抗冻性的重要因素。因此，当混凝土采用的原材料质量好、水胶比小、具有封闭细小孔隙（如掺入引气剂的混凝土）及掺入减水剂、防冻剂等，其抗冻性都较高。

3.抗侵蚀性

混凝土的抗侵蚀性与所用水泥的品种、混凝土的密实程度和孔隙特征有关。密实和孔隙封闭的混凝土，环境水不易侵入，故其抗侵蚀性较强。所以，提高混凝土抗侵蚀性的措施，主要是合理选择水泥品种、降低水胶比、提高混凝土的密实度和改善孔结构。

4.混凝土的碳化

混凝土的碳化作用是二氧化碳与水泥石中的氢氧化钙作用，生成碳酸钙和水。碳化过程是二氧化碳由表及里向混凝土内部逐渐扩散的过程。因此，气体扩散规律决定了碳化速度的快慢。碳化引起水泥石化学组成及组织结构的变化，从而对混凝土的化学性能和物理力学性能有明显的影响，主要是对碱度、强度和收缩的影响。

碳化对混凝土性能既有有利的影响，也有不利的影响。碳化使混凝土的抗压强度增大，其原因是碳化放出的水分有助于水泥的水化作用，而且碳酸钙减少了水泥石内部的孔隙。由于混凝土的碳化层产生碳化收缩，对其核心形成压力，而表面碳化层产生拉应力，可能产生微细裂缝，而使混凝土抗拉、抗折强度降低。

5.碱一集料反应

碱一集料反应是指硬化混凝土中所含的碱（NaOH 和 KOH）与集料中的活性成分发生反应，生成具有吸水膨胀性的产物，在有水的条件下吸水膨胀，导致混凝土开裂的现象。

混凝土只有含活性二氧化硅的集料、有较多的碱和有充分的水三个条件同时具备时才发生碱一集料反应。因此，可以采取以下措施抑制碱一集料反应：选择无碱活性的集料；在不得不采用具有碱活性的集料时，应严格控制混凝土中总的碱量；掺用活性掺合料，如硅灰、矿渣、粉煤灰（高钙高碱粉煤灰除外）等，对碱一集料反应有明显的抑制效果。活性掺合料与混凝土中的碱起反应，反应产物均匀分散在混凝土中，而不是集中在集料表面，不会发生有害的膨胀，从而降低了混凝土的含碱量，起到抑制碱一集料反应的作用；控制进入混凝土的水分。碱一集料反应要有水分，如果没有水分，反应就会大为减少乃至完全停止。因此，要防止外界水分渗入混凝土，以减轻碱一集料反应的危害。

二、取样方法

（一）混凝土试样取样的依据

（1）《混凝土结构工程施工质量验收规范》（GB50204—2015）；

（2）《普通混凝土力学性能试验方法标准》（GB/T50081—2002）；

（3）《混凝土强度检验评定标准》（GB/T50107—2010）。

（二）普通混凝土试样标准

（1）普通混凝土立方体抗压强度、抗冻性和劈裂抗拉强度试件为正方体，试件尺寸按表 10－14 采用，每组 3 块。

表 10－14　混凝土试件尺寸选用

集料最大粒径/mm	试件尺寸/mm×mm×mm
31.5	100×100×100（非标准试件）
40	150×150×150（标准试件）
63	200×200×200（非标准试件）

混凝土强度等级<C60时,用非标准试件测得的强度值均应乘以尺寸换算系数。当混凝土强度等级≥C60时,宜采用标准试件;使用非标准试件时,尺寸换算系数应由试验确定。

在特殊情况下,可采用Φ150mm×300mm的圆柱体标准试件或Φ100mm×200mm和Φ200mm×400mm的圆柱体非标准试件。

(2)普通混凝土轴心抗压强度试验和静力受压弹性模量试验,采用150mm×150mm×300mm的棱柱体作为标准试件,前者每组3块,后者每组6块。

(3)普通混凝土抗折强度试验,采用150mm×150mm×600mm(或550mm)的棱柱体作为标准试件,每组3块。

(4)普通混凝土抗渗性能试验试件采用顶面直径为175mm,底面直径为185mm,高度为150mm的圆台体或直径与高度均为150mm的圆柱体试件,每组6块。试块在移入标准养护室以前,应用钢丝刷将顶面的水泥薄膜刷去。

(5)普通混凝土与钢筋粘结力(握裹力)试件为长方形棱柱体,尺寸为100mm×100mm×200mm,集料的最大粒径不得超过30mm;棱柱体中心Φ6光圆钢筋,表面光滑程度一致,粗细均匀,钢筋一端露出混凝土棱柱体端面10～20mm,钢筋另一端露出混凝土棱柱体端面50～60mm,每组6块。

(6)普通混凝土收缩试件尺寸为100mm×100mm×515mm,(两端面)预留埋设不锈钢珠的凹槽。装上钢珠后,两钢珠顶端间距离(试块总长)约为540mm,每组3块。

(7)普通混凝土中钢筋锈蚀试验,采用100mm×100mm×300mm的棱住体试件,埋入的钢筋为直径6mm、长299mm的普通低碳钢,每组3块。

(三)混凝土试件的取样

1.现场搅拌混凝土

根据《混凝土结构工程施工质量验收规范》(GB50204—2015)和《混凝土强度检验评定标准》(GB/T50107—2010)的规定,用于检查结构构件混凝土强度的试件,应在混凝土的浇筑地点随机抽取。取样与试件留置应符合以下规定:

(1)每拌制100盘但不超过100m^3的同配合比的混凝土,取样次数不得少于一次。

(2)每工作班拌制的不足100盘时,其取样次数不得少于一次。

(3)当一次连续浇筑超过1 000m^3时,每200m^3取样不得少于一次。

(4)每一楼层取样不得少于一次。

(5)每次取样应至少留置一组标准养护试件,同条件养护试件的留置组数应根据实际需要确定。

2.结构实体检验用同条件养护试件

根据《混凝土结构工程施工质量验收规范》(GB50204—2015)的规定,结构实体检验用同条件养护试件的留置方式和取样数量应符合以下规定:

(1)对涉及混凝土结构安全的重要部位应进行结构实体检验。其内容包括混凝土强度、钢筋保护层厚度、结构位置与尺寸偏差以及合同约定的项目,必要时可检验其他项目。

(2)同条件养护试件应由各方在混凝土浇筑入模处见证取样。

(3)同一强度等级的同条件养护试件的留置不宜少于10组,留置数量不应少于3组。

(4)当试件达到等效养护龄期时,方可对同条件养护试件进行强度试验。所谓等效养护龄期,就是逐日累计养护温度达到600℃·d,且龄期宜取14～60d。一般情况,温度取当天的平均温度。

3.预拌(商品)混凝土

预拌(商品)混凝土,除应在预拌混凝土厂内按规定留置试块外,混凝土运到施工现场后,还应根据《预拌混凝土》(GB/T14902—2012)规定取样。

(1)用于交货检验的混凝土试样应在交货地点采取。每100m^3相同配合比的混凝土取样不少于一次;一个工作班拌制的相同配合比的混凝土不足100m^3时,取样也不得少于一次;当在一个分项工程中连续供应相同配合比的混凝土量大于1000m^3时,其交货检验的试样为每200m^3混凝土取样不得少于一次。

(2)用于出厂检验的混凝土试样应在搅拌地点采取,按每100盘相同配合比的混凝土取样不得少于一次;每一工作班组相同的配合比的混凝土不足100盘时,取样也不得少于一次。

(3)对于预拌混凝土拌合物的质量,每车应目测检查;混凝土坍落度检验的试样,每100m^3相同配合比的混凝土取样检验不得少于一次;当一个工作班相同配合比的混凝土不足100m^3时,取样也不得少于一次。

4.混凝土抗渗试块

根据《地下工程防水技术规范》(GB50108—2008)的规定,混凝土抗渗试块按下列规定取样:

(1)连续浇筑混凝土量500m^3以下时,应留置两组(12块)抗渗试块。

(2)每增加250～500m^3混凝土,应增加留置两组(12块)抗渗试块。

(3)如果使用材料、配合比或施工方法有变化时,均应另行仍按上述规定留置。

(4)抗渗试块应在浇筑地点制作,留置的两组试块其中一组(6块)应在标准养护室养护,另一组(6块)与现场相同条件下养护,养护期不得少于28 d。

根据《混凝土结构工程施工质量验收规范》(GB 50204—2015)的规定,混凝土抗渗试块取样按下列规定:对有抗渗要求的混凝土结构,其混凝土试件应在浇筑地点随机取样。同一工程、同一配合比的混凝土,取样不应少于一次,留置组数可根据实际需要确定。

5.粉煤灰混凝土

(1)粉煤灰混凝土的质量,应以坍落度(或工作度)、抗压强度进行检验。

(2)现场施工粉煤灰混凝土的坍落度的检验,每工作班至少测定两次,其测定值允许偏差为±20 mm。

(3)对于非大体积粉煤灰混凝土每拌制100 m^3,至少成型一组试块;大体积粉煤灰混凝土每拌制500 m^3,至少成型一组试块。不足上列规定数量时,每工作组至少成型一组试块。

6.试件制作要求

试模应符合《混凝土试模 KJG 237—2008》中技术要求的规定。应定期对试模进行自检,自检周期宜为三个月。

(1)在制作试件前应将试模清擦干净,并在其内壁涂以脱模剂。

(2)试件用振动台成型时,混凝土拌合物应一次装入试模,装料应用抹刀沿试模内壁略加插捣,并使混凝土拌合物高出试模上口,振动时应防止试模在振动台上自由跳动。振动应持续到混凝土表面出浆为止,刮除多余的混凝土并用抹刀抹平。

(3)振动台应符合《混凝土试验用振动台》(JG/T 245—2009)中技术要求的规定。

(4)试件用人工插捣时,混凝土拌合物应分两层装入试模,每层装料厚度应大致相等。插捣用的钢制捣棒应为:长600 mm,直径16 mm,端部磨圆。插捣按螺旋方向从边缘向中心均匀进行。插捣底层时,捣棒应达到试模底面;插捣上层时,捣棒应穿入下层深度为20～30 mm。插捣时振捣棒应保持垂直,不得倾斜,并用抹刀沿试模内壁插入数次。每层的插捣次数应根据试件的截面而定,一般为每100 cm^2截面面积不应少于12次。插捣完后,刮除多余的混凝土,并用抹刀抹平。

(5)采用标准养护的试件,应在温度为(20±5)℃的环境中静置一昼夜～两昼夜,然后编号、拆模。拆模后的试件应立即放在温度为(20±2)℃、湿度为95%以上的标准养护室中养护或在温度为(20±2)℃的不流动的 $Ca(OH)_2$ 饱和溶液中养护。标准养护室内,试件应放在架上,彼此间距应为 10～20 mm,并应避免用水直接淋刷试件。

采用与构筑物或构件同条件养护的试件,成型后即应覆盖表面,试件的拆模时间可与实际构件的拆模时间相同,拆模后,试件仍需保持同条件养护。

7.混凝土试件的见证送样

混凝土试件必须由施工单位送样人会同建设单位(或委托监理单位)见证人(有见证人员证书)一起陪同送样。进试验室时,应认真填写好"委托单"上所要求的全部内容,如工程名称、使用部位、设计强度等级、制作日期、配合比、坍落度等。

三、结果判定与处理

(一)坍落度法

坍落度试验适用于公称最大粒径小于或等于 40 mm,坍落度不小于 10 mm 的混凝土拌合物稠度测试。

坍落度试验应按下列步骤进行:

(1)湿润坍落度筒及其他用具,并把筒放在不吸水的钢性水平底板上,然后用脚踩住两边的脚踏板,使坍落度筒在装料时保持位置固定。

(2)把按要求取得的混凝土试样用小铲分三层均匀地装入桶内,使捣实后每层高度为筒高的 1/3 左右。每层用捣棒插捣 25 次。插捣应沿螺旋方向由外向中心进行,各次插捣应在截面上均匀分布。插捣筒边混凝土时,捣棒可以稍稍倾斜。插捣底层时,捣棒应贯穿整个深度,插捣第二层和顶层时,捣棒应插捣本层至下一层的表面。

浇灌顶层时,混凝土应灌到高出筒口。插捣过程中,如混凝土沉落到低于筒口,则应随时添加。顶层插捣完后,刮去多余的混凝土,并用抹刀抹平。

(3)清除筒边底板上的混凝土后,垂直平稳地提起坍落度筒。坍落度筒的提离过程应在 5～10 s 内完成。

从开始装料到提坍落度筒的整个过程应不间断地进行,并应在 150 s 内完成。

(4)提起坍落度筒后,测量筒高与坍落后混凝土试件最高点之间的高度差,即为该混凝土拌合物的坍落度值。

坍落度筒提离后,如混凝土发生崩坍或一边剪坏现象,则应重新取样另行测定。如第二次试验仍出现上述现象,则表示该混凝土和易性不好,应予记录备查。

(5)观察坍落后的混凝土试件的黏聚性及保水性。黏聚性的检查方法是用捣棒在已坍落的混凝土锥体侧面轻敲打。此时,如果锥体逐渐下沉,则表示黏聚性良好;如果锥体倒塌、部分崩裂或出现离析现象,则表示黏聚性不好。

保水性以混凝土拌合物中稀浆析出的程度来评定,坍落度筒提起后如有较多的稀浆从底部析出,锥体部分的混凝土也因失浆而集料外露,则表明此混凝土拌合物保水性不好。如坍落度筒提起后无稀浆或仅有少量稀浆,自底部析出,则表示此混凝土拌合物保水性良好。

(6)混凝土拌合物坍落度以毫米为单位,结果表达精确至5mm。

(二)维勃稠度法

维勃稠度法适用于集料最大粒径不超过40mm、维勃稠度为5～30s的混凝土拌合物的稠度测定。坍落度不大于50mm或干硬性混凝土和维勃稠度大于30s的特干硬性混凝土拌合物的稠度,可采用增实因数法来测定。维勃稠度试验应按下列步骤进行:

(1)将维勃稠度仪置于坚实、水平的地面上,润湿容器、坍落度筒、喂料斗内壁及其他用具。

(2)将喂料斗转到坍落度筒上方扣紧,校正容器位置,使其轴线与喂料斗轴线重合,然后拧紧固定螺钉。

(3)按标准规定装料、捣实。

(4)转离喂料斗,垂直提起坍落度筒,应防止钢纤维混凝土试体横向扭动。

(5)将透明圆盘转到钢纤维混凝土圆台体上方,放松测杆螺钉,降下圆盘轻轻接触钢纤维混凝土顶面,拧紧定位螺钉。

(6)开启振动台,同时用秒表计时。振动到透明圆盘的底面被水泥浆布满的瞬间,停表计时,并关闭振动台,秒表读数精确至1s。

（三）抗压强度

混凝土立方体试件抗压强度按下式计算：

$$f_{cu}=F/A \tag{式 10－1}$$

式中 f_{cu}——混凝土立方体抗压强度（MPa）；

F——极限荷载（N）；

A——受压面积（mm^2）。

混凝土立方体抗压强度计算应精确至 0.1MPa。

混凝土试件强度代表值的确定应符合下列规定：

(1)取三个试件强度的算术平均值作为该组试件的强度代表值；

(2)当一组试件中强度的最大值或最小值中如有一个与中间值的差值超过中间值的 15％时，则取中间值作为该组试件的强度代表值；

(3)当一组试件中强度的最大值和最小值与中间值之差均超过 15％，该组试件的强度不应作为评定的依据。

混凝土强度等级小于 C60 时，非标准试件的抗压强度应乘以尺寸换算系数，并应在报告中注明。当混凝土强度等级大于等于 C60 时，宜用标准试件，使用非标准试件时，换算系数由试验确定。

第六节　基础回填材料

一、基础回填材料概述

(一)土的组成

土的物质成分包括有作为土骨架的固态矿物颗粒、孔隙中的水及其溶解物质以及气体。因此,土是由颗粒(固相)、水(液相)和气(气相)所组成的三相体系。

(二)黏土的可塑性指标

1.液限

流动状态过渡到可塑状态分界含水量。

液限 w_L可采用平衡锥式液限仪测定。

2.塑限

可塑状态下的下限含水量。

塑限 ω_p是用搓条法测定的。

3.液性指数

液性指数 I_L是表示天然含水量与界限含水量相对关系的指标,可塑状态的土的液性指数为 0～1,液性指数越大,表示土越软;液性指数大于 1 的土处于流动状态;液性指数小于 0 的土则处于固体状态或半固体状态。

4.塑性指数

可塑性是黏性土区别于砂土的重要特征。可塑性的大小用土处在塑性状态的含水量变化范围来衡量,从液限到塑限含水量的变化范围越大,土的可塑性越好。这个范围称为塑性指数(I_p)。$I_p = w_L - \omega_p$,$10 < I_p \leqslant 10$ 为粉质黏土,$I_p > 17$ 为黏土。

塑性指数习惯上用不带%的数值表示。塑性指数是黏土的最基本、最重要的物理指标之一,它综合地反映了黏土的物质组成,广泛应用于土的分类和评价。

(三)击实试验

(1)取一定量的代表性风干土样,对于轻型击实试验为 20 kg,对于重型击实试验为 50 kg。

(2)将风干土样碾碎后过 5 mm 的筛(轻型击实试验)或过 20 mm 的筛(重型击实试验),将筛下的土样搅匀,并测定土样的风干含水率。

(3)根据土的塑限预估最优含水率,加水湿润制备不少于 5 个含水率的试样,含水率一次相差为 2%,且其中有两个含水率大于塑限,两个含水率小于塑限,一个含水率接近塑限。

按下式计算制备试样所需的加水量:

$$m_{\omega}=0.01m_{0}\times(w_{1}-w_{2})/(1+0.01w_{0}) \quad \text{式 } 10-2$$

式中 m_{ω}——所需的加水量(g);

m_{0}——风干土样质量(g);

w_{0}—干土样含水率,按小数计;

w_{1}——要求达到的含水率,按小数计。

(4)将试样 2.5 kg(轻型击实试验)或 5.0 kg(重型击实试验)平铺于不吸水的平板上,按预定含水率用喷雾器喷洒所需的加水量,充分搅和并分别装入塑料袋中静置 24 h。

(5)将击实筒固定在底板上,装好护筒,并在击实筒内壁涂一薄层润滑油,将搅和的试样 2~5 kg 分层装入击实筒内。两层接触土面应刨毛,击实完成后,超出击实筒顶的试样高度应小于 6 mm。

(6)取下导筒,用刀修平超出击实筒顶部和底部的试样,擦净击实筒外壁,称击实筒与试样的总质量,准确至 1 g,并计算试样的湿密度。

(7)用推土器将试样从击实筒中推出,从试样中心处取两份一定量土料(轻型击实试验 15~30 g,重型击实试验 50~100 g)测定土的含水率,两份土样含水率的差值应不大于 1%。

二、取样方法

(一)取样数量

土样取样数量,应依据现行国家标准及所属行业或地区现行标准执行。

(1)柱基、基槽管沟、基坑、填方和场地平整的回填:

柱基:抽检柱基的10%,但不少于5组;

基槽管沟:每层按长度20～50m取一组,但不少于一组;

基坑:每层100～500m^2取一组,但不少于一组;

填方:每层100～500m^2取一组,但不少于一组;

场地平整:每层400～900m^2取一组,但不少于一组。

(2)灌砂或灌水法所取数量可较环刀法适当减少。

(二)取样须知

(1)采取的土样应具有一定的代表性,取样量应能满足试验的要求。

(2)鉴于基础回填材料基本上是扰动土,在按设计要求及所定的测点处,每层应按要求夯实,采用环刀取样时,应注意以下事项:

①现场取样必须是在见证人监督下,由取样人员按要求在测点处取样,而取样、见证人员必须通过资格考核。

②取样时,应使环刀在测点处垂直而下,并应在夯实层2/3处取样。

③取样时,应注意免使土样受到外力作用,环刀内充满土样,如果环刀内土样不足,应将同类土样补足。

④尽量使土样受最低程度的扰动,并使土样保持天然含水量。

⑤如果遇到原状土测试情况,除土样尽可能免受扰动外,还应注意保持土样的原状结构及其天然湿度。

(三)土样存放及运送

在现场取样后,原则上应及时将土样运送到试验室。土样存放及运送中,还应注意以下事项:

1.土样存放

(1)将现场采取的土样,立即放入密封的土样盒或密封的土样筒内,同时贴上相应的标签。

(2)如无密封的土样盒和密封的土样筒时,可将取得的土样用砂布包裹,并用蜡融封密实。

(3)密封的土样宜放在室内常温处,使其避免日晒、雨淋及冻融等有害因素的影响。

2.土样运送

关键问题是使土样在运送过程中少受振动。

(四)送样要求

为确保基础回填的公正性、可靠性和科学性,有关人员应认真、准确地填写好土样试验的委托单、现场取样记录及土样标签的有关内容。

1.土样试验委托单

在见证人员的陪同下,送样人员应准确填写下述内容:

委托单位、工程名称、试验项目、设计要求、现场土样的鉴别名称、夯实方法、测点标高、测点编号、取样日期、取样地点、填单日期、取样人、送样人、见证人以及联系电话等。同时,应附上测点平面图。

2.现场取样记录

测点标高、部位及相对应的取样日期;取样人、见证人。

3.土样标签

标签纸以选用韧质纸为佳,土样标签编号应与现场取样记录上的编号一致。

三、结果判定与处理

(一)填土压实的质量检验

(1)填土施工过程中应检查排水措施,每层填筑厚度、含水量控制和压实程序。

(2)填土经夯实后,要对每层回填土的质量进行检验,一般采用环刀法取样测定土的干密度,符合要求才能填筑上层。

(3)按填筑对象不同,规范规定了不同的抽取标准:基坑回填,每 20～$50m^3$ 取样一组;基槽或管沟,每层按长度 20～50m 取样一组;室内填土,每层按 100～$500m^2$ 取样一组;场地平整填方每层按 400～$900m^2$ 取样一组。取样部位在每层压实后的下半部,用灌砂法取样应为每层压实后的全部深度。

(4)每项抽检之实际干密度应有 90%以上符合设计要求,其余 10%的最低值与设计值的差不得大于 $0.08t/m^3$,且应分散,不得集中。

(5)填土施工结束后应检查标高、边坡坡高、压实程度。

（二）处理程序

(1)填土的实际干密度应不小于实际规定控制的干密度：当实测填土的实际干密度小于设计规定控制的干密度时，则该填土密实度判为不合格，应及时查明原因后，采取有效的技术措施进行处理，然后再对处理好后的填土重新进行干密度检验，直到判为合格为止。

(2)填土没有达到最优含水量时：当检测填土的实际含水量没有达到该填土土类的最优含水量时，可事先向松散的填土均匀洒适量水，使其含水量接近最优含水量后，再加振、压、夯实后，重新用环刀法取样，检测新的实际干密度，务必使实际干密度不小于设计规定控制的干密度。

(3)当填土含水量超过该填料最优含水量时：尤其是用黏性土回填，当含水量超过最优含水量再进行振、压、夯实时易形成“橡皮土”，这就需采取如下技术措施后，还必须使该填料的实际干密度不小于设计规定控制的干密度。

①开槽晾干。

②均匀地向松散填土内掺入同类干性黏土或刚化开的熟石灰粉。

③当工程量不大，而且以夯压成“橡皮土”，则可采取“换填法”，即挖去已形成的“橡皮土”后，填入新的符合填土要求的填料。

④对黏性土填土的密实措施中，决不允许采用灌水法。因黏性水浸后，其含水量超过黏性土的最优含水量，在进行压、夯实时，易形成“橡皮土”。

(4)换填法用砂(或砂石)垫层分层回填时：

①每层施工中，应按规定用环刀现场取样，并检测和计算出测试点砂样的实际干密度。

②当实际干密度未达到设计要求或事先由试验室按现场砂样测算出的控制干密度值时，应及时通知现场：在该取样处所属的范围进行重新振、压、夯实；当含水量不够时(即没达到最优含水量)，应均匀地加洒水后再进行振、压、夯实。

③经再次振压实后，还需在该处范围内重新用环刀取样检测，务必使新检测的实际干密度达到规定要求。

第十一章 桩基承载力检测技术

第一节 桩基概述

桩基础是现在应用非常广泛的一种基础形式，而且桩基础历史悠久。早在新石器时代，人们为了防止猛兽侵犯，曾在湖泊和沼泽地里栽木桩筑平台来修建居住点。这种居住点称为湖上住所。在中国，最早的桩基是在浙江省河姆渡的原始社会居住的遗址中发现的。到宋代，桩基技术已经比较成熟。在《营造法式》中载有临水筑基第一节。到了明、清两朝，桩基技术更趋完善，如清朝《工部工程做法》一书对桩基的选料、布置和施工方法等方面都有了规定。从北宋一直保存到现在的上海市龙华镇龙华塔（建于北宋太平兴国二年，977 年）和山西太原市晋祠圣母殿（建于北宋天圣年间，1023—1031 年），都是中国现存的采用桩基的古建筑。

人类应用木桩经历了漫长的历史时期，直到 19 世纪后期，钢筋、水泥和钢筋混凝土相继问世，木桩逐渐被钢桩和钢筋混凝土桩取代。最先出现的是打入式预制桩，随后发展了灌注桩。后来，随着机械设备的不断改进和高层建筑对桩基的需要产生了很多新的桩型，开辟了桩利用的广阔天地。近年来，由于高层建筑和大型构筑物的大量兴建，桩基显示出卓越的优越性，其巨大的承载潜力和抵御复杂荷载的特殊本质以及对各种地质条件的良好适应性，使桩基已成为高层建筑的主要基础。

桩基工程除因受岩石工程条件、基础与结构设计、机土体系相互作用、施工以及专业技术水平和经验等因素的影响而具有复杂性外，桩的施工还具有高度的隐蔽性，发现质量问题难，事故处理更难。特别是近年来许多新型桩型，给施工工艺的控制措施提出了更高的要求。因此，桩基检测工作是整个桩基工程中不可缺少的环节，只有提高桩基检测工作的质量和检测评定结果的可靠性，才能真正地确保桩基工作的质量安全。人类活动的日益增多和科学技术的进步，使得这一领域的理论研究和工程运用都得到了较大的发展。但是桩基检测是一项复杂的系统工程，如何快速、准确地检验工程桩的质量，以满足日益增长的桩基工程的需要是目前土木工程界十分关心的问题。

桩基础如果出现问题将直接危及主体结构的正常使用与安全。我国每年的用桩量超过300万根，其中，沿海地区和长江中下游软土地区占70%～80%。如此大的用桩量，如何保证质量，一直备受建设、施工、设计、勘察、监理各方以及建设行政主管部门的关注。桩基工程除因受岩土工程条件、基础与结构设计、桩土体系相互作用、施工以及专业技术水平和经验等关联因素的影响而具有复杂性外，桩的施工还具有高度的隐蔽性，发现质量问题难，事故处理更难。因此，基桩检测工作是整个桩基工程中不可缺少的重要环节。只有提高基桩检测工作质量和检测评定结果的可靠性，才能真正做到确保桩基工程质量与安全。基桩检测技术是用特定的设备、仪器检测基桩的某些指标如承载力、桩身完整性等，从而给出整个桩基工程关于施工质量的评价。20世纪80年代以来，我国基桩检测技术得到了飞速地发展。

一、桩基的基本知识

（一）桩基的定义

桩基础简称桩基，是深基础应用最多的一种基础形式，主要用于地质条件较差或者建筑要求较高的情况，如图11－1所示。由桩和连接桩顶的桩承台组成的深基础或由柱与桩基连接的单桩基础，简称基桩。由基桩和连接于桩顶的承台共同组成。若桩身全部埋于土中，承台底面与土体接触，则称为低承台桩基；若桩身上部露出地面而承台底位于地面以上，则称为高承台桩基。建筑桩基通常为低承台桩基础。桩基础作为建筑物的主要形式，近年来发展迅速。

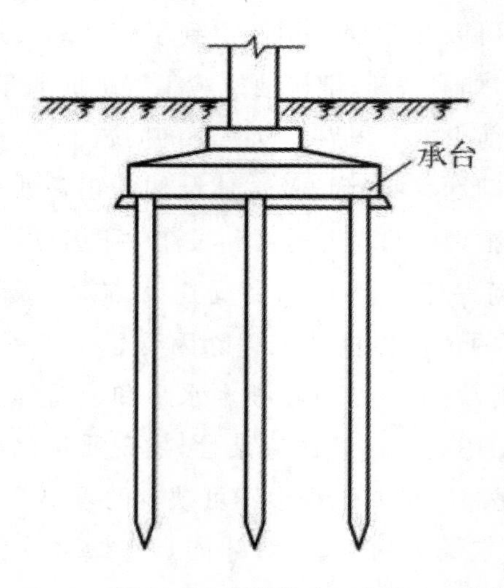

图 11—1　桩基础示意图

(二)桩基的作用和特点

桩基的作用是将上部建筑物的荷载传递到深处承载力较强的土层上，或将软弱土层挤密实以提高地基土的承载能力和密实度。

(1)桩支承于坚硬的(基岩、密实的卵砾石层)或较硬的(硬塑黏性土、中密砂等)持力层，具有很高的竖向单桩承载力或群桩承载力，足以承担高层建筑的全部竖向荷载(包括偏心荷载)。

(2)桩基具有很大的竖向单桩刚度(端承桩)或群刚度(摩擦桩)，在自重或相邻荷载的影响下，不产生过大的不均匀沉降，并确保建筑物的倾斜不超过允许范围。

(3)凭借巨大的单桩侧向刚度(大直径桩)或群桩基础的侧向刚度及其整体抗倾覆能力，抵御由于风和地震引起的水平荷载与力矩荷载，保证高层建筑的抗倾覆稳定性。

(4)桩身穿过可液化土层而支承于稳定的坚实土层或嵌固于基岩，在地震造成浅部土层液化与震陷的情况下，桩基凭靠深部稳固土层仍具有足够的抗压与抗拔承载力，从而确保高层建筑的稳定，且不产生过大的沉陷与倾斜。常用的桩型主要有预制钢筋混凝土桩、预应力钢筋混凝土桩、钻(冲)孔灌注桩、人工挖孔灌注桩、钢管桩等，其适用条件和要求在《建筑基桩检测技术规范》(JGJ 106—2014)(以下简称《规范》)中有明确的规定。

(三)桩基的适用范围

桩基多用于地震区、湿陷性黄土地区、软土地区、膨胀土地区和冻土地区。通常在下列情况下,可以采用桩基:

(1)当建筑物荷载较大,地基软弱,采用天然地基时地基承载力不足或沉降量过大时,需采用桩基。

(2)即使天然地基承载力满足要求,但因采用天然地基时沉降量过大,或是建筑物较为重要,对沉降要求严格时,需采用桩基。

(3)高层建筑物或构筑物在水平力作用下为防止倾覆,可采用桩基来提高抗倾覆稳定性,此时部分桩将受到上拔力;对限制倾斜有特殊要求时,往往也需要采用桩基。

(4)为防止新建建筑物地基沉降对邻近建筑物产生影响,对新建建筑物可采用桩基,以避免这种危害。

(5)设有大吨位的重级工作制吊车的重型单层工业厂房,吊车载重量大,使用频繁,车间内设备平台多,基础密集,且一般均有地面荷载,因而地基变形大,这时可采用桩基。

(6)精密设备基础安装和使用过程中对地基沉降及沉降速率有严格要求;动力机械基础对允许振幅有一定要求。这些设备基础常常需要采用桩基础。

(7)在地震区,采用桩穿过液化土层并伸入下部密实稳定土层,可消除或减轻液化对建筑物的危害。

(8)浅层土为杂填土或欠固结土时,采用换填或地基处理困难较大或处理后仍不能满足要求,采用桩基是较好的解决方法。

(9)已有建筑物加层、纠偏、基础托换时可采用桩基。

(四)桩基的分类

1.按受力情况分类

(1)端承桩。端承桩是穿过软弱土层而达到坚硬土层或岩层上的桩,上部结构荷载主要由岩层阻力承受,施工时,以控制贯入度为主,桩尖进入持力层深度或桩尖标高可作参考。

(2)摩擦桩。完全设置在软弱土层中,将软弱土层挤密实,以提高土的密实度和承载能力,上部结构的荷载由桩尖阻力和桩身侧面与地基土之间的摩擦阻力共同承受,施工时,以控制桩尖设计标高为主,贯入度可作参考。

2.按承台位置的高低分

(1)高承台桩基础。承台底面高于地面,它的受力和变形不同于低承台桩基础,一般应用在桥梁、码头工程中。

(2)低承台桩基础。承台底面低于地面,一般用于房屋建筑工程中。

3.按施工方法分类

(1)预制桩。预制桩是在预制构件厂或施工现场预制,用沉桩设备在设计位置上将其沉入土中的桩。预制桩可分为混凝土预制桩、钢桩和木桩;沉桩方式为锤击打入、振动打入和静力压入等。

预制桩的优点:桩的单位面积承载力较高,由于其属挤土桩,桩打入后其周围的土层被挤密,从而提高地基承载力;桩身质量易于保证和检查;适用于水下施工;桩身混凝土的密度大,抗腐蚀性能强;施工工效高。因其打入桩的施工工序较灌注桩简单,工效也高。

预制桩的缺点:单价相对较高;锤击和振动法下沉的预制桩施工时,振动噪声大,影响周围环境,不宜在城市建筑物密集的地区使用,一般需改为静压桩机进行施工;预制桩是挤土桩,施工时易引起周围地面隆起,有时还会引起已就位邻桩上浮;受起吊设备能力的限制,单节桩的长度不能过长,一般为10余米。长桩需接桩时,接头处形成薄弱环节,如不能确保全桩长的垂直度,则将降低桩的承载能力,甚至还会在打桩时出现断桩;不易穿透较厚的坚硬地层,当坚硬地层下仍存在需穿过的软弱层时,则需辅以其他施工措施,如采用预钻孔(常用的引孔方法)等。

(2)灌注桩。灌注桩是在桩位处成孔,然后放入钢筋骨架,再浇筑混凝土而成的桩。种类繁多,大体可归纳为沉管灌注桩和钻(冲、磨、挖)孔灌注桩两类;采用套管或沉管护壁、泥浆护壁和干作业等方法成孔。

灌注桩的优点:适用于不同土层;桩长可因地改变,没有接头;仅承受轴向压力时,只需配制少量构造钢筋,需配制钢筋笼时,按工作荷载要求布置,节约了钢材(相对于预制桩是按吊装、搬运和压桩应力来设计钢筋);正常情况下,比预制桩经济;单桩承载力大(采用大直径钻孔和挖孔灌注桩时振动小、噪声小。

灌注桩的缺点:桩身质量不易控制,容易出现断桩、缩颈、露筋和夹泥的现象;桩身直径较大,孔底沉积物不易清除干净(除人工挖孔灌注桩外),因而单桩承载力变化较大;一般不宜用于水下桩基。

4.按施工材料分类

(1)混凝土桩。由钢筋混凝土材料制作,分方形实心断面桩和圆柱体空心断面桩两类。钢筋混凝土桩是我国目前广泛采用的一种桩型。

混凝土桩的优点：承载力较高，受地下水变化影响较小；制作便利，既可以现场预制，也可以工厂化生产；可根据不同地质条件，生产各种规格和长度的桩；桩身质量可靠，施工质量比灌注桩易于保证；施工速度快。

混凝土桩的缺点：因设计范围内地层分布很不均匀，基岩持力层顶面起伏较大，桩的预制长度较难掌握；打入时冲击力大，对预制桩本身强度要求高，其成本较高。

(2)钢桩。由钢材料制作，常用的有开口或闭口的钢管桩以及 H 型钢桩等。在沿海及内陆冲积平原，土质很厚(深达 50～60 m)的软土层采用一般桩基，沉桩需很大的冲击力，常规钢筋混凝土桩很难适应，此时多用钢桩。

钢桩的优点：重量轻，钢性好，装卸、运输方便，不易损坏；承载力高，桩身不易损坏，并能获得极大的单桩承载力；沉桩接桩方便，施工速度快。

钢桩的缺点：抗腐蚀性较差；耗钢量大，工程造价较高；打桩机设备比较复杂，振动及噪声较大。

(3)木桩。木桩常用松木、杉木制作。其直径(尾径)为 160～260 mm，桩长一般为 4～6 m。木桩现在已经很少使用，只在木材产地和某些应急工程中使用。

木桩的优点：木材自重小，具有一定的弹性和韧性；便于加工、运输和设置。

木桩的缺点：承载力很小；在干湿交替的环境中极易腐烂。

(4)砂石桩。砂桩和砂石桩统称砂石桩，是指用振动、冲击或水冲等方式在软弱地基中成孔后，再将砂或砂卵石(砾石、碎石)挤压入土孔中，形成大直径的砂或砂卵石(砾石、碎石)所构成的密实桩体，它是处理软弱地基的一种常用的方法。砂石桩地基主要适用于挤密松散砂土、素填土和杂填土等地基，对建在饱和黏性土地基上主要不以变形控制的工程，也可采用砂石桩作置换处理。

(5)灰土桩。主要用于地基加固。灰土桩地基是挤密桩地基处理技术的一种，是利用锤击将钢管打入土中侧向挤密成孔，将钢管拔出后在桩孔中分层回填 2∶8 或 3∶7 灰土夯实而成，与桩间土共同组成复合地基以承受上部荷载。

5.按成桩方法分类

(1)非挤土桩：干作业法、泥浆护壁法、套管护壁法。

(2)部分挤土桩：部分挤土灌注桩、预钻孔打入式预制桩、打入式敞口桩。

(3)挤土桩：挤土灌注桩、挤土预制桩(打入或静压)。

6.按桩径大小分类

(1)小桩:$d=250$ mm(d 为桩身设计直径);

(2)中等直径桩:250 mm$<d<$800 mm;

(3)大直径桩:$d=800$ mm。

二、桩基质量检测基本规定

(一)桩基检测的方法

桩基质量通常存在两个方面的问题:一是属于桩身完整性,常见的缺陷有夹泥、断裂、缩颈、护颈、混凝土离析及桩顶混凝土密实度较差等;二是灌注混凝土前清孔不彻底,孔底沉淀厚度超过规定极限,影响承载力。目前的桩基检测方法主要也是针对这两个问题。

桩身完整性是指桩身长度和截面尺寸、桩身材料密实性和连续性的综合状况。常用桩身完整性检测方法有超声波检测法、钻芯法、低应变动力检测法等。

超声波检测法是根据声波透射或折射原理,在桩身混凝土内发射并接收超声波,通过实测超声波在混凝土介质中传播的历时、波幅和频率等参数的相对变化来分析、判断桩身完整性的检测方法。超声脉冲波在混凝土中传播速度的快慢,与混凝土的密实程度有直接关系,声速高则混凝土密实,反之则混凝土不密实。当有空洞或裂缝存在时,超声脉冲波只能绕过空洞或裂缝传播到接收换能器,因此,传播的路程增大,测得声时必然偏长或声速降低。混凝土内部有着较大的声阻抗差异,并存在许多声学界面。超声脉冲波在混凝土中传播时,遇到蜂窝、空洞或裂缝等缺陷,便在缺陷界面发生反射和散射,声能被衰减,其中,频率较高的成分衰减更快,因此,接收信号的波幅明显降低,频率明显减小或者频率谱中高频成分明显减少。利用这些声波特征参数(声时、波幅和频率)来判别桩身的完整性。

钻芯法是指采用岩芯钻探技术和施工工艺,在桩身上沿长度方向钻取混凝土芯样及桩端岩土芯样,通过对芯样的观察和测试,用以评价成桩质量的检测方法。它是目前常用的方法,测定结果能较好地反映粉喷桩的整体质量。

低应变动力检测法是在桩顶施加低能量冲击荷载,实测加速度(或速度)时程曲线,运用一维线性波动理论的时程和频域进行分析,对被检桩的完整性进行评判的检测方法。低应变动力检测法类型反射波法、机械阻抗法、水电效应法、动力参数法、共振法、球击法等。目前应用最为广泛的有反射波法和机械阻抗法。

基桩承载力检测有两种方法：一种是静荷载试验法，另一种是高应变动力检测法。

静荷载试验检测：利用堆载或锚桩等反力装置，由千斤顶施力于单桩，并记录被测对象的位移变化，由获得的力与位移曲线（Q-s），或位移时间曲线（s-$\lg t$）等资料判断基桩承载力。

高应变动力检测：用重锤冲击桩顶，使桩土产生足够的相对位移，以充分激发桩周土阻力和桩端支承力，安装在桩顶以下桩身两侧的力和加速度传感器接收桩的应力波信号，应用应力波理论分析处理力和速度时程曲线，从而判定桩的承载力和评价桩身质量完整性。

（二）桩基检测的数量

（1）当设计有要求或满足下列条件之一时，施工前应采用静载试验确定单桩竖向抗压承载力特征值：设计等级为甲级、乙级的桩基；地质条件复杂、桩施工质量可靠性低；本地区采用的新桩型或新工艺。检测数量在同一条件下不应少于 3 根，且不宜少于总桩数的 1%；当工程桩总数在 50 根以内时，不应少于 2 根。

（2）打入式预制桩有下列条件要求之一时，应采用高应变法进行试打桩的打桩过程监测：控制打桩过程中的桩身应力；选择沉桩设备和确定工艺参数；选择桩端持力层。在相同施工工艺和相近地质条件下，试打桩数量不应少于 3 根。

（3）混凝土桩的桩身完整性检测的抽检数量应符合下列规定：

①柱下三桩或三桩以下的承台抽检桩数不得少于 1 根。

②设计等级为甲级或地质条件复杂。成桩质量可靠性较低的灌注桩，抽检数量不应少于总桩数的 30%，且不得少于 20 根；其他桩基工程的抽检数量不应少于总桩数的 20%，且不得少于 10 根。

（注：对端承型大直径灌注桩，应在上述两款规定的抽检桩数范围内，选用钻芯法或声波透射法对部分受检桩进行桩身完整性检测。抽检数量不应少于总桩数的 10%。地下水位以上且终孔后桩端持力层已通过核验的人工挖孔桩，以及单节混凝土预制桩，抽检数量可适当减少，但不应少于总桩数的 10%，且不应少于 10 根）

(4)对单位工程内且在同一条件下的工程桩,当符合下列条件之一时,应采用单桩竖向抗压承载力静载试验进行验收检测:设计等级为甲级的桩基;地质条件复杂、桩施工质量可靠性低;本地区采用的新桩型或新工艺;挤土群桩施工产生挤土效应。抽检数量不应少于总桩数的1%,且不少于3根;当总桩数在50根以内时,不应少于2根。

第二节　单桩竖向抗压静载试验

一、单桩竖向抗压静载试验概述

单桩竖向抗压静载试验采用接近于竖向抗压桩的实际工作条件的试验方法，确定单桩竖向抗压承载力，是目前公认的检测基桩竖向抗压承载力最直观、最可靠的试验方法。适用于能达到试验目的的刚性桩（如素混凝土桩、钢筋混凝土桩、钢桩等）及半刚性桩（如水泥搅拌桩、高压旋喷桩等）。

单桩竖向抗压静载试验法技术简单，还能提供可靠度较高的实测数据，能够较直接地反映出桩在实际工作中的状况。但是，单桩竖向抗压静载试验检测周期较长，对工期有一定的影响，费用较高，对检测环境要求高，设备安装与搬运极为不便。对承载力较高的桩，检测费用也急剧增加，有时也很难实现采用静载荷试验来检测承载力很高的大直径灌注桩。

单桩竖向抗压静载试验主要用于确定单桩竖向抗压极限承载力；判定竖向抗压承载力是否满足设计要求；通过桩身内力及变形测试测定桩侧、桩端阻力、验证高应变法及其他检测方法的单桩竖向抗压承载力检测结果。单桩竖向抗压静载试验和工程验收为设计提供依据。

二、桩的极限状态和破坏模式

（一）桩基础的承载力

单桩承载力的确定是桩基设计的重要内容，而要正确地确定单桩承载力又必须了解桩—土体系的荷载传递，包括桩侧摩阻力和桩端阻力的发挥性状与破坏机理。

（二）桩的荷载传递机理

地基土对桩的支承由两部分组成：桩端阻力和桩侧摩阻力。实际上，桩侧摩阻力和桩端阻力不是同步发挥的。

竖向荷载施加于桩顶时，桩身的上部首先受到压缩而发生相对于土的向下位移，于是桩周土在桩侧界面上产生向上的摩阻力。荷载沿桩身向下传递的过程就是不断克服这种摩阻力并通过它向土中扩散的过程。

对 10 根桩长为 27～46 m 的大直径灌注桩的荷载传递性能的足尺试验表明，桩侧发挥极限摩阻力所需要的位移很小，黏性土为 1～3 mm，无黏性土为 5～7 mm；除两根支承于岩石的桩外，其余各桩(桩端持力层为卵石、砾石、粗砂或残积粉质黏土)在设计工作荷载下，端承力都小于桩顶荷载的 10%。

(三)单桩荷载传递的基本规律

基础的功能在于把荷载传递给地基土。作为桩基主要传力构件的桩是一种细长的杆件，它与土的界面主要为侧表面，底面只占桩与土的接触总面积的很小部分(一般低于 1%)，这就意味着桩侧界面是桩向土传递荷载的重要的甚至是主要的途径。

竖向荷载施加于桩顶时，桩身的上部首先受到压缩而发生相对于土的向下位移，于是桩周土在桩侧界面上产生向上的摩阻力。荷载沿桩身向下传递的过程就是不断克服这种摩阻力并通过它向土中扩散的过程。

设桩身轴力为 Q，桩身轴力是桩顶荷载 N 与深度 Z 的函数，$Q=f(N、Z)$。

桩身轴力 Q 沿着深度而逐渐减小；在桩端处 Q 则与桩底土反力 Q_P 相平衡，同时，桩端持力层土在桩底土反力 Q_P 作用下产生压缩，使桩身下沉，桩与桩间土的相对位移又使摩阻力进一步发挥。随着桩顶荷载 N 的逐级增加，对于每级荷载，上述过程周而复始地进行，直至变形稳定为止，于是荷载传递过程结束。

由于桩身压缩量的累积，上部桩身的位移总是大于下部，因此，上部的摩阻力总是先于下部发挥出来；桩侧摩阻力达到极限之后就保持不变；随着荷载的增加，下部桩侧摩阻力被逐渐调动出来，直至整个桩身的摩阻力全部达到极限，继续增加的荷载就完全由桩端持力层土承受；当桩底荷载达到桩端持力层土的极限承载力时，桩便发生急剧的、不停滞的下沉而破坏。

桩的长径比 L/d 是影响荷载传递的主要因素之一，随着长径比 L/d 的增大，桩端土的性质对承载力的影响减小，当长径比 L/d 接近 100 时，桩端土性质的影响几乎等于零。发现这一现象的重要意义在于纠正了“桩越长，承载力越高”的片面认识。希望通过加大桩长将桩端支承在很深的硬土层上以获得高的端阻力的方法是很不经济的，增加了工程造价但并不能提高很多的承载力。

桩的破坏模式主要取决于桩周围的土的抗剪强度以及桩的类型。大体可分为5种破坏模式。

第(1)种情况：桩端支撑在很硬的地层上，桩周土层太软弱，对桩体的约束力或侧向抵抗力很低，桩的破坏类似于柱子的压屈。

第(2)种情况：桩(桩径相对较大)穿过抗剪强度较低的土层，达到高强度的土层。假如在桩端以下没有较软弱的土层，那么，当荷载 P 增加时将出现整体剪切破坏，因为桩端以上的软弱土层不能阻止滑动土楔的形成。桩杆摩阻力的作用是很小的，因为下面的土层将阻止出现大的沉降。荷载沉降曲线类似于密实土上的浅基础。

第(3)种情况：桩周土的抗剪强度相当均匀，很可能出现刺入破坏。在荷载—沉降曲线上没有竖直向的切线，没有明确的破坏荷载。荷载由桩端阻力及表面摩阻力共同承担。

第(4)种情况：上部下层的抗剪强度较大，桩尖处的土层软弱。桩上的荷载由摩阻力支撑，桩端阻力不起作用。这种情况下是不适于采用桩基的。

第(5)种情况：桩上作用着拔出荷载，桩端阻力为零。

三、仪器设备及桩头处理

(一)单桩竖向静载试验设备

静载试验设备主要包括钢梁、锚桩或压重等反力装置；千斤顶、油泵加载装置；压力表、压力传感器或荷载传感器等荷载测量装置；百分表或位移传感器等位移测量装置组成。

1.反力装置

静载试验加载反力装置包括锚桩横梁反力装置、压重平台反力装置、锚桩压重联合反力装置、地锚反力装置、岩锚反力装置、静力压机等，最常用的有压重平台反力装置和锚桩横梁反力装置，可依据现场实际条件来合理选择。

(1)钢梁。压重平台反力装置的主梁和次梁是受均布荷载作用，而锚桩横梁反力装置的主梁和次梁则受集中荷载作用。主梁的最大受力区域在梁的中部，所以，在实际加工制作时，一般在主梁的中部占1/4～1/3主梁长度处进行加强处理。

(2)锚桩横梁反力装置。锚桩横梁反力装置就是将被测桩周围对称的几根锚桩用锚筋与反力架连接起来，依靠桩顶的千斤顶将反力架顶起，由被连接的锚桩提供反力，是大直径灌注桩静载试验最常用的加载反力系统，由试桩、锚桩、主梁、次梁、拉杆、锚笼、千斤顶等组成。锚桩、反力梁装置提供的反力不应小于预估最大试验的1.2～1.5倍。当采用工程桩作锚桩时，锚桩数量不得少于4根。当要求加载值较大时，有时需要6根甚至更多的锚桩，应注意监测锚桩的上拔量。

(3)压重平台反力装置。压重平台反力装置就是在桩顶使用钢梁设置一承重平台，上堆重物，依靠放在桩头上的千斤顶将平台逐步顶起，从而将力施加到桩身。压重平台反力装置由重物、次梁、主梁、千斤顶等构成，常用的堆重重物为砂包和钢筋混凝土构件，少数用水箱、砖、铁块等，甚至就地取土装袋。反力装置的主梁可以选用型钢，也可以用自行加工的箱梁，平台形状可以依据需要，设置为方形或矩形。压重不得少于预估最大试验荷载的1.2倍，且压重宜在试验开始之前一次加上，并均匀稳固地放置于平台之上。《规范》要求压重施加于地基土的压应力不宜大于地基土承载力特征值的1.5倍，有条件时宜利用工程桩作为堆载支点。

(4)锚桩压重联合反力装置。锚桩压重联合反力装置应注意两个方面的问题：一是当各锚桩的抗拔力不一样时，重物应相对集中在抗拔力较小的锚桩附近；二是重物和锚桩反力的同步性问题，拉杆应预留足够的空隙，保证试验前期锚桩暂不受力，先用重物作为试验荷载，试验后期联合反力装置共同起作用。当试桩最大加载量超过锚桩的抗拔能力时，可在横梁上放置或悬挂一定重物，由锚桩和重物共同承受千斤顶加载反力。

(5)地锚反力装置。地锚反力装置根据螺旋钻受力方向的不同可分斜拉式和竖直式，斜拉式中的螺旋钻受土的竖向阻力和水平阻力，竖直式中的螺旋钻只受土的竖向阻力，是适用于较小桩(吨位在1 000kN以内)的试验加载。这种装置小巧轻便、安装简单、成本较低，但存在荷载不易对中、油压产生过冲的问题，若在试验中一旦拔出，地锚试验将无法继续下去。

2.加载和荷载测量装置

静载试验均采用千斤顶与油泵相连的形式，由千斤顶施加荷载。荷载测量可采用以下两种形式：一是通过放置在千斤顶上的荷重传感器直接测定；二是通过并联于千斤顶油路的压力表或压力传感器测定油压，根据千斤顶率，定曲线换算荷载。

(1)千斤顶。目前市场上有两类千斤顶，一类是单油路千斤顶，另一种是双油路千斤顶。不论采用哪一类千斤顶，油路的“单向阀”应安装在压力表和油泵之间，不能安装在千斤顶和压力表之间，否则压力表无法监控千斤顶的实际油压值。选择千斤顶时，最大试验荷载对应的千斤顶出力宜为千斤顶量程的30%～80%。当采用两台及以上千斤顶加载时，为了避免受检桩偏心受荷，千斤顶型号、规格应相同且应并联同步工作。工作时，将千斤顶在试验位置点正确对正放置，并使千斤顶位于下压和上顶的传力设备合力中心轴线上。

(2)压力表。精密压力表使用环境温度为(20±3)℃，空气相对湿度不大于80%，当环境温度太低或太高时应考虑温度修正。采用压力表测定油压时，为保证静载试验测量精度，压力表准确度等级应优于或等于0.4级，不得使用1.5级压力表作加载控制。根据千斤顶的配置和最大试验荷载要求，合理选择油压表(量程有25MPa、40MPa、60MPa、100MPa等)。最大试验荷载对应的油压不宜小于压力表量程的1/4，也不宜大于压力表量程的2/3。

(3)荷重传感器和压力传感器。选用荷重传感器和压力传感器要注意量程和精度问题，测量误差不应大于1%。压力表、油泵、油管在最大加载时的压力不应超过规定工作压力的80%。

3.移位称测量装置

(1)基准梁。基准梁宜采用工字钢，高跨比不宜小于1/40，一端固定在基准桩上，另一端简支于基准桩上，以减少温度变化引起的基准梁挠曲变形。不应简单地将基准梁放置在地面上，或不打基准桩而架设在砖上。在满足规范规定的条件下，基准梁不宜过长并应采取有效遮挡措施以减少温度变化和刮风下雨、振动及其他外界因素的影响，尤其在昼夜温差较大且白天有阳光照射时更应注意。一般情况下，温度对沉降的影响为1～2mm。

(2)基准桩。《规范》要求试桩、锚核压重平台支墩边和基准桩之间的中心距离大于4倍试桩和锚桩的设计直径且大于2.0m。考虑到现场试验中的困难，《规范》对部分间距的规定放宽为“不小于3D”(D为试桩、锚桩或地锚的设计直径或边宽，取其较大者)。

(3)百分表和位移传感器。沉降测量宜采用位移传感器或大量程百分表。常用的百分表量程有50mm、30mm、10mm，《规范》要求沉降测量误差不大于0.1%FS，分辨力优于或等于0.01mm。沉降测定平面宜在桩顶200mm以下位置，最好不小于0.5倍桩径，测点表面需经一定处理，使其牢固地固定于桩身；不得在承压板上或千斤顶上设置沉降观测点，避免因承压板变形导致沉降观测数据失实。在量测过程中要经常注意即将发生的位移是否会很大，以致可能造成测杆与测点脱离接触或测杆被顶死的情况，所以要及时观察调整。

（二）桩头处理

静载试验前需对试验桩的桩头进行加固处理。混凝土桩桩头处理应先凿掉桩顶部的松散破碎层和低强度混凝土，露出主筋，冲洗干净桩头后再浇筑桩帽。

（1）桩帽顶面应水平、平整、桩帽中轴线与原桩身上部的中轴线严格对中，桩帽面积大于等于原桩身截面面积，桩帽截面形状可为圆形或方形。

（2）桩帽主筋应全部直通至桩帽混凝土保护层之下，如原桩身露出主筋长度不够时，应通过焊接加长主筋，各主筋应在同一高度上，桩帽主筋应与原桩身主筋按规定焊接。

（3）距桩顶1倍桩径范围内，宜用3～5mm厚的钢板围裹，或距桩顶1.5倍桩径范围内设置箍筋，间距不宜大于150mm。桩帽应设置钢筋网片3～5层，间距为80～150mm。

（4）桩帽混凝土强度等级宜比桩身混凝土提高1～2级，且不低于C30。

（5）新接桩头宜用C40的混凝土将原桩身接长。在接桩前必须将原桩头浮浆及泥土等清理干净且打毛至完整的水平截面，以保证新接桩头与原桩头紧密结合；浇筑混凝土时必须充分振捣，以保证接桩质量。

四、检测技术

单桩竖向抗压静载试验如下：

（一）现场检测

现场检测应符合以下规定：

（1）试验桩的桩型尺寸、成桩工艺和质量控制标准应与工程桩一致。

（2）试验桩桩顶部宜高出试坑底面，试坑底面宜与桩承台底标高一致。

（3）对作为锚桩用的灌注桩和有接头的混凝土预制桩，检测前宜对其桩身完整性进行检测。

（二）试验加、卸载方式应符合下列规定

（1）加载应分级进行，采用逐级等量加载；分级荷载宜为最大加载量或预估

极限承载力的1/10,其中,第一级可取分级荷载的两倍。

(2)卸载应分级进行,每级卸载量取加载时分级荷载的两倍,且应逐级等量卸载。

(3)加、卸载时应使荷载传递均匀、连续、无冲击,且每级荷载在维持过程中的变化幅度不得超过分级荷载的±10%。

(三)慢速维持荷载法试验

(1)加载应分级进行,每级荷载施加后按第5min、第15min、第30min、第45min、第60min测读桩顶沉降量,以后每隔30min测读一次。

(2)试桩沉降相对稳定标准:每一小时内的桩顶沉降量不超过0.1mm,并连续出现两次(从分级荷载施加后第30min开始,按1.5h连续三次每30min的沉降观测值计算)。

(3)当桩顶沉降速率达到相对稳定标准时,再施加下一级荷载。

(4)卸载时应分级进行,每级荷载维持1h,按第15min、第30min、第60min测读桩顶沉降量后,即可卸下一级荷载。卸载至零后,应测读桩顶残余沉降量,维持时间为3h,测读时间为第15min、第30min,以后每隔30min测读一次桩顶残余沉降量。

(四)快速维持荷载法

(1)加载应分级进行,每级荷载施加后按第5min、第15min、第30min测读桩顶沉降量,以后每隔15min测读一次。

(2)试桩沉降相对稳定标准:加载时每级荷载维持时间不少于1h,最后15min时间间隔的桩顶沉降增量小于相邻15min时间间隔的桩顶沉降增量。

(3)当桩顶沉降速率达到相对稳定标准时,再施加下一级荷载。

(4)卸载应分级进行,每级荷载维持15min,按第5min、第15min测读桩顶沉降量后,即可卸下一级荷载。卸载至零后,应测读桩顶残余沉降量,维持时间为2h,测读时间为第5min、第10min、第15min、第30min,以后每隔30min测读一次。

(五)终止加载条件

当出现下列情况之一时,可终止加载:

(1)某级荷载作用下,桩顶沉降量大于前一级荷载作用下沉降量的5倍,且桩顶总沉降量超过 40mm。

(2)某级荷载作用下，桩顶沉降量大于前一级荷载作用下沉降量的两倍，且经 24h 尚未达到相对稳定标准。

(3)已达到设计要求的最大加载值且桩顶沉降达到相对稳定标准。

(4)当荷载沉降曲线呈缓变形时，可加载至桩顶总沉降量 60～80 mm；当桩端阻力尚未充分发挥时，可根据具体要求加载至桩顶累计沉降量超过 80 mm。

(六)试验资料记录

静载试验资料应准确记录。试验前应收集工程地质资料、设计资料、施工资料等，填写桩静载试验概况表。概况表包括三部分信息：一是有关拟建工程资料；二是试验设备资料；三是受检桩试验前后表观情况及试验异常情况的记录。试验过程记录表可按表 11－1 记录，应及时记录百分表调表等情况，如果沉降量突然增大，荷载无法稳定，还应记录桩“破坏”时的残余油压值。

表 11－1　桩静载试验概况

工程名称		工程地点		建设单位		委托单位	
承建单位		质量监督机构		设计单位		勘察单位	
监理单位		基桩施工单位		结构形式		层数	
建筑面积/m²		工程桩总数		混凝土设计强度等级			
桩型		持力层		单桩承载力特征值/kN			
桩径/mm		设计桩长/m		试验最大荷载/kN			
千斤顶编号及校准公式				压力表编号			

(七)单桩静载试验报告

单桩静载试验结束后，提供试验报告，报告中应包含以下内容：工程概况，工程名称，工程地点，试验日期，试验目的，检测仪器设备，测试方法和原理简介，工程地质概况，设计资料和施工记录，桩位平面图，有关检测数据、表格、曲线，试验的异常情况说明，检测结果及结论，相关人员签名加盖检测报告专用章和计量认证章。

五、检测数据分析

确定单桩竖向抗压承载力时，应绘制竖向荷载一沉降（Q-s）曲线、沉降一时间对数（s-lg$t$）曲线，也可绘制 s-lg$Q$、lg$s$-lg$Q$ 等其他辅助分析所需曲线。

单桩竖向抗压极限承载力应按下列方法分析确定：

（1）根据桩顶沉降随荷载的变化特征确定，对于陡降型 Q-s 曲线，应取其发生明显陡降段的起点所对应的荷载值。

（2）根据桩顶沉降随时间的变化特征确定，应取（s-lg$t$）曲线尾部出现明显向下曲折的前一级荷载值。

（3）对于缓变型 Q-s 曲线，宜根据沉降量，宜取 $s=40$ mm 对应的荷载值；当桩长大于 40 m 时，宜考虑桩身弹性压缩量；对直径大于或等于 800 mm 的桩，可取 $s=0.05D$（D 为桩端直径）对应的荷载值。

六、静载试验中的若干问题

（一）休止时间的影响

桩在施工过程中不可避免地对桩周土造成扰动，引起土体强度降低，引起桩的承载力下降，以高灵敏度饱和黏性土中的摩擦桩最显。随着休止时间的增加，土体重新固结，土体强度逐渐恢复提高，桩的承载力也逐渐增加。成桩后桩的承载力随时间而变化的现象称为桩的承载力时间（或歇后）效应，我国软土地区这种效应尤为明显。研究资料表明，时间效应可使桩的承载力比初始值增长40%～400%。其变化规律一般是起初增长速度较快，随后逐渐减慢，待达到一定时间后趋于相对稳定，其增长的快慢和幅度与土性和类别有关。除非在特定的土质条件和成桩工艺下积累大量的对比数据，否则很难得到承载力的时间效应关系。另外，桩的承载力包括两层含义，即桩身结构承载力和支撑桩结构的地基岩土承载力，桩的破坏可能是桩身结构破坏或支撑桩结构的地基岩土承载力达到了极限状态，多数情况下桩的承载力受后者制约。如果混凝土强度过低，桩可能产生桩身结构破坏而地基土承载力尚未完全发挥，且桩身产生的压缩量较大，检测结果不能真正反映设计条件下桩的承载力与桩的变形情况。因此，对于承载力检测，应同时满足地基土休止时间和桩身混凝土龄期（或设计强度)双重规定,若验收检测工期紧无法满足休止时间规定时,应在检测报告中注明。

(二)压重平台对试验的影响

压重平台由主梁及副梁组成,主梁及副梁为不同型号的工字钢。千斤顶与主梁接触,千斤顶上的力与压重平台相互作用形成反力施加于基桩。由于作用于桩或复合地基上的加载点为千斤顶与主梁的接触面,所以,主梁工字钢的厚薄、数量多少、长短很重要。如果主梁工字钢太薄,在加载后期承受不了千斤顶向上的顶力,容易产生变形、扭曲、弯曲;如果主梁工字钢数量少,将不能承受压重平台的重量,产生向下的变形,同时在加载后期也会扭曲变形,影响平台的平衡及安全;如果压重平台太小,堆载高度太高,不安全也不便于操作,而且需选用大型号的工字钢,不经济也不便于搬运。

(三)边堆载边试验

为了避免试验前主梁压实千斤顶,或出现安全事故,可边堆载边试验,应满足《规范》规定的“每级荷载在维持过程中的变化幅度不得超过分级荷载的10%”,试验结果应该是可靠的。在实际操作中应注意:试验过程中继续吊装的荷载一部分由支撑墩来承担,一部分由受检桩来承担,桩顶实际荷载可能大于本级要求的维持荷载值,若超过规定应适当卸荷。

(四)偏心问题

造成偏心的因素:制作的桩帽轴心与原桩身轴线严重偏离;支墩下的地基土不均匀变形;用于锚桩的钢筋预留量不匹配,锚桩之间承受荷载不同步;采用多个千斤顶,千斤顶实际合力中心与桩身轴线严重偏离。是否存在偏心受力,可以通过四个对称安装的百分表或位移传感器的测量数据分析得出。四个测点的沉降差不宜大于3～5mm,不应大于10mm。

(五)防护问题

试验梁就位后应及时加设防风、防倾支护措施,该设施不得妨碍梁体加载变形。对试验用仪表、电器应设有防雨、防摔等保护措施。加载试验时,应注意观察试验台及试验梁的变形。卸载必须统一指挥,分级同步缓慢卸载;不得个别顶严重超前卸载,以免造成卸载滞后顶受力过大而发生人身、设备事故。

第三节　单桩竖向抗拔静载试验

单桩竖向抗拔静载试验一般按设计要求确定最大加载量，为设计提供依据的试验桩，应加载至桩侧岩土阻力达到极限状态或桩身材料达到设计强度；工程桩验收检测时，施加的上拔荷载不得小于单桩竖向抗拔承载力特征值的2.0倍或使桩顶产生的上拔量达到设计要求的限值。

一、仪器设备

单桩竖向抗拔静荷载试验设备装置基本与单桩竖向抗压静载试验装置相同，但是其使用及安装方式不尽相同。

（一）反力装置

抗拔试验反力装置宜采用反力桩（或工程桩）提供支座反力，也可根据现场情况采用天然地基提供支座反力；反力架系统应具有不小于极限抗拔力1.2倍的安全系数。

采用反力桩（或工程桩）提供支座反力时，反力桩顶面应平整并具有一定的强度。为保证反力梁的稳定性，应注意反力桩顶面直径（或边长）不宜小于反力梁的梁宽；否则，应加垫钢板以确保试验设备安装的稳定性。

采用天然地基提供反力时，两边支座处的地基强度应相近，且两边支座与地面的接触面积宜相同，施加于地基的压应力不宜超过地基承载力特征值的1.5倍，避免加载过程中两边沉降不均造成试桩偏心受拉，反力梁的支点重心应与支座中心重合。

（二）加载装置

加载装置采用油压千斤顶，千斤顶的安装有两种方式：一种是千斤顶放在试桩的上方、主梁的上面，因拔桩试验时千斤顶安放在反力架上面，比较适用于一个千斤顶的情况，特别是穿心张拉千斤顶，当采用两台以上千斤顶加载时，应采取一定的安全措施，防止千斤顶倾倒或其他意外事故发生。如对预应力管桩进行抗拔试验，可采用穿心张拉千斤顶，将管桩的主筋直接穿过穿心张拉千斤顶的各个孔，然后锁定，进行试验。另一种是将两个千斤顶分别放在反力桩或支承墩的上面、主梁的下面，千斤顶顶主梁，通过“抬”的形式对试桩施加上拔荷载。对大直径、高承载力的桩，宜采用后一种形式。

（三）荷载量测装置

荷载可用放置于千斤顶上的应力环、应变式压力传感器直接测定，也可采用连接于千斤顶上的标准压力表测定油压，根据千斤顶荷载－油压率定曲线换算出实际荷载值。一般来说，桩的抗拔承载力远低于抗压承载力，在选择千斤顶和压力表时，应注意量程问题，特别是试验荷载较小的试验桩，采用“抬”的形式时，应选择相适应的小吨位千斤顶。对大直径、高承载力的试桩，可采用两台或四台千斤顶对其加载。当采用两台及两台以上千斤顶加载时，为了避免受检桩偏心受荷，千斤顶型号、规格应相同且应并联同步工作。

（四）位移量测装置

位移量测装置主要由基准桩、基准梁和百分表或位移传感器组成。

（五）测试仪器设备

与单桩竖向抗压静载试验所使用的仪器设备一致。

二、现场检测

（一）桩头处理及系统检查

（1）对受检桩进行桩头处理，保证在试验过程中，不会因桩头破坏而终止试验。

对预应力管桩进行植筋处理，并且对桩头应用夹具夹紧，防止拉裂桩头；对混凝土灌注桩，对桩顶部做出处理，并且预留出足够的主筋长度。

（2）对现场使用的仪器进行检查，对现场的锚拉钢筋等进行详细的检查，对现场的场地等进行处理等。

（二）试验中的加载方法

《建筑基桩检测技术规范》（JGJ 106－2014）中规定抗拔静载试验宜采用慢

速维持荷载法。需要时，也可采用多循环加、卸载方法。慢速维持法的加卸载分级、试验方法及稳定标准同抗压试验。每级加载为设计或预估单桩极限抗拔承载力的 1/10～1/8，每级荷载达到稳定标准后加下一级荷载，直至满足加载终止条件，然后分级卸载到零。

三、试验资料记录

静载试验资料应准确记录。试验前应收集工程地质资料、设计资料、施工资料等，填写桩静载试验概况表。概况表包括三部分信息：一是有关拟建工程资料；二是试验设备资料，如千斤顶、压力表、百分表的编号等；三是受检桩试验前后表观情况及试验异常情况的记录。试验油压值应根据千斤顶校准公式计算确定。试验应及时记录百分表调表等情况，如果上拔量突然增大，荷载无法稳定，还应记录桩“破坏”时的残余油压值。

四、检测数据分析与判定

（一）绘制表格

绘制单桩竖向抗拔静荷载试验上拔荷载和上拔量之间的 U-δ 曲线以及 δ-$\lg t$ 曲线；当进行桩身应力、应变量测时，尚应根据量测结果整理出有关表格，绘制桩身应力、桩侧阻力随桩顶上拔荷载的变化曲线；必要时绘制相对位移 δ-U/U_u（U_u 为桩的竖向抗拔极限承载力）曲线，以了解不同入土深度对抗拔桩破坏特征的影响。

（二）单桩竖向抗拔承载力极限值的确定

1.根据上拔量随荷载变化的特征确定

对陡变型 U-δ 线，取陡升起始点对应的荷载值。对陡变型的 U-δ 曲线（图 11－4），可根据 U-δ 曲线的特征点来确定，大量试验结果表明，单桩竖向抗拔 U-δ 曲线大致上可划分为三段：第Ⅰ段为直线段，U-δ 按比例增加；第Ⅱ段为曲线段，随着桩土相对位移的增大，上拔位移量比侧阻力增加的速率快；第Ⅲ段又呈直线段，此时即使上拔荷载增加很小，桩的位移量仍急剧上升，同时桩周地面往往出现环向裂缝。第Ⅲ段起始点所对应的荷载值即为桩的竖向抗拔极限承

载力 U_u。

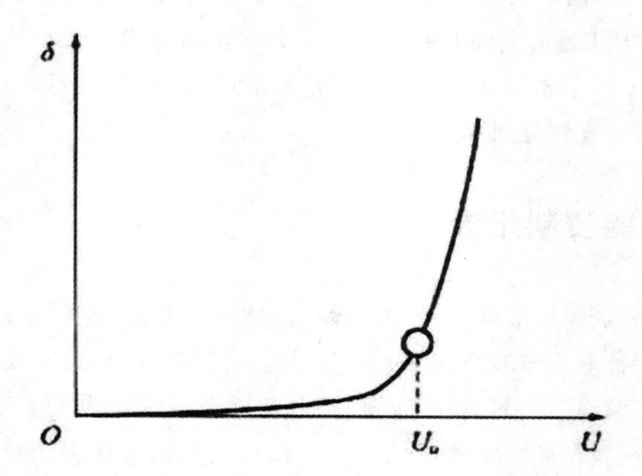

图 11－4　陡变型 U-δ 曲线确定单桩竖向抗拔极限承载力

2.根据上拔量随时间变化的特征确定

取 δ-lg$t$ 曲线斜率明显变陡或曲线尾部明显弯曲的前一级荷载值，如图 11－5 所示。

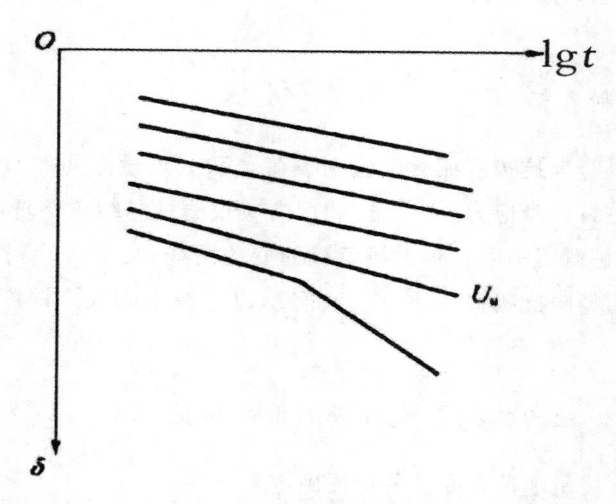

图 11－5　根据 δ-lg$t$ 曲线确定单桩竖向抗拔极限承载力

当在某级荷载下抗拔钢筋断裂时，取其前一级荷载为该桩的抗拔极限承载力值。这里所指的“断裂”，是指因钢筋强度不足情况下的断裂。如果因抗拔钢筋受力不均匀，部分钢筋因受力太大而断裂时，应视为该桩试验失效，并进行补充试验，此时不能将钢筋断裂前一级荷载作为极限荷载。

根据 lg$U$-lgδ 曲线来确定单桩竖向抗拔极限承载力时，可取 lg$U$-lgδ 双对数曲线第二拐点所对应的荷载为桩的竖向极限抗拔承载力。当根据 δ-lg$U$ 曲线来确定单桩竖向抗拔极限承载力时,可取 δ-lg$U$ 曲线的直线段的起始点所对应的荷载值作为桩的竖向抗拔极限承载力。

工程桩验收检测时,混凝土桩抗拔承载力可能受抗裂或钢筋强度制约,而土的抗拔阻力尚未发挥到极限,若未出现陡变型 U-δ 线、δ-lg$t$ 曲线斜率明显变陡或曲线尾部明显弯曲等情况,应综合分析判定,一般取最大荷载或取上拔量控制值对应的荷载作为极限荷载,不能轻易外推。

3.当在某级荷载下抗拔钢筋断裂时,应取前一级荷载值

工程桩验收检测时,混凝土桩抗拔承载力可能受抗裂或钢筋强度制约,时土的抗拔阻力尚未充分发挥,只能取最大试验荷载或上拔量控制值所对应的荷载作为极限荷载,不能轻易外推。当然,在上拔量或抗裂要求不明确时,试验控制的最大加载值就是钢筋强度的设计值。

(三)抗拔承载力特征值的确定

单桩竖向抗拔极限承载力统计值按以下方法确定:单桩竖向抗拔承载力特征值按单桩竖向抗拔极限承载力极限值的50%取值。当工程桩不允许带裂缝工作时,应取桩身开裂的前一级荷载作为单桩竖向抗拔承载力特征值,并与按极限荷载50%取值确定的承载力特征值相比,取低值。

第十二章　桩基完整性检测技术

第一节　概述

桩身完整性的定义为反映桩身截面尺寸相对变化、桩身材料密实性和连续性的综合定性指标。桩身完整性是一个综合定性指标，而非严格的定量指标。其类别是按缺陷对桩身结构承载力的影响程度划分的。连续性包含桩长不够的情况。因动测法只能估算桩长，桩长明显偏短时，给出断桩的结论是正常的。而钻芯法则不同，可准确测定桩长。作为完整性定性指标之一的桩身截面尺寸小，由于定义为“相对变化”，所以先要确定一个相对衡量尺度。但检测时，桩径是否减小可能会比照以下条件之一：

(1)按设计桩径；

(2)根据设计桩径，并针对不同成桩工艺的桩型按施工验收规范考虑桩径的允许负偏差；

(3)考虑充盈系数后的平均施工桩径。

第二节　低应变法

一、基本原理

低应变反射波法是建立在一维波动理论基础上，将桩假设为一维弹性连续杆，在桩身顶部进行竖向激振产生应力，应力波沿着桩身向下传播，当桩身存在明显差异的界面（如桩底、断桩和严重离析等）或桩身截面面积变化（如缩径或扩径）部位，波阻抗将发生变化，产生反射波，通过安装在桩顶的传感器接收反射信号，对接收的反射信号进行放大、滤波和数据处理，可以识别来自桩身不同部位的反射信息。利用波在桩体内传播时纵波波速、桩长与反射时间之间的对应关系，通过对反射信息的分析计算，判断桩身混凝土的完整性及根据平均波速校核桩的实际长度，判定桩身缺陷程度及位置。

二、仪器设备

仪器设备一般由检测仪器、传感器和激振设备三大部分构成，配置反射波法信号分析处理软件。

现行《建筑基桩检测技术规范》(JGJ 106)对仪器设备的要求如下：

(1)检测仪器的主要技术性能指标应符合现行行业标准《基桩动测仪》(JG/T 518)的有关规定；

(2)瞬态激振设备应包括能激发宽脉冲和窄脉冲的力锤和锤垫；力锤可装有力传感器；稳态激振设备应为电磁式稳态激振器，其激振力可调，扫频范围为10～2 000Hz。

目前国内使用较广泛的基桩动测仪器有：武汉中岩科技股份有限公司生产的 RSM 系列基桩动测仪、美国的 PIT 等。基桩动测仪在野外较恶劣环境条件下使用，因此选择仪器既要考虑仪器的动态性能满足测试要求、测试软件对实测信号的再处理功能，也要综合考虑仪器的可靠性、维修性、安全性和经济性等。

低应变反射波法中常用的传感器有加速度传感器、速度传感器。速度传感器的动态范围一般小于 60dB;而加速度传感器的动态范围可达到 140～160dB。加速度传感器可满足反射波法测桩对频率范围的要求,速度传感器则应选择宽频带的高阻尼速度传感器。

激振设备可根据要求改变激振频率和能量,满足不同检测目的,来判断异常波的位置、特征,从而推定出桩身缺陷位置和程度。考虑到对基桩检测信号的影响,激振设备应从锤头材料、冲击能量、接触面积、脉冲宽度等方面进行考虑。

三、现场检测

现场检测一般遵循如下步骤。

(一)资料收集

检测人员在进行测试之前,首先要了解该工程的概貌,内容包括建筑物的类型、桩基础的种类、设计指标、地质情况、施工队的素质和工作作风以及甲方现场管理人员、监理人员的情况等。检测工作开始以前,应借阅基础设计图纸及有关设计资料、有效的地质勘察报告、桩基础的施工记录、甲方现场管理人员、监理人员的现场工作日志等。

(二)桩位选择与桩头处理

为了确保检测信号能有效、清楚地反映桩基的完整性,测试前应按照规范要求考察桩身混凝土的龄期,使之具备足够的强度,因此《建筑基桩检测技术规范》(JGJ 106)要求:当采用低应变法或声波透射法检测时,受检桩混凝土强度不应低于设计强度的 70%,且不应低于 15MPa。

测试工作的负责人应会同设计者、甲方人员及监理人员,参考现场施工记录和工作日志,选择被检测桩的桩位。

桩顶条件和桩头处理好坏直接影响测试信号的质量,因此务必进行桩头处理,处理后应保证桩头的材质、强度与桩身相同,桩头的截面尺寸不宜与桩身有明显差异;桩顶面应平整、密实,并与桩轴线基本垂直。灌注桩应凿去桩顶浮浆或松散、破损部分,露出坚硬的混凝土表面;桩顶表面应平整干净且无积水;妨碍正常测试的桩顶外露主筋应割掉。对预应力管桩,当法兰盘与桩身混凝土之间结合紧密时,可不进行处理;否则,应采用电锯将桩头锯平。

当桩头与承台或垫层相连时，相当于桩头处存在很大的截面阻抗变化，对测试信号会产生影响。因此，测试时桩头应与混凝土承台断开；当桩头侧面与垫层相连时，除非对测试信号没有影响，否则应断开。

（三）传感器安装

现行《建筑基桩检测技术规范》(JGJ 106)要求：根据桩径大小，桩心对称布置2～4个安装传感器的检测点：实心桩的激振点应选择在桩中心，检测点宜在距桩中心2/3半径处；空心桩的激振点和检测点宜为桩壁厚的1/2处，激振点和检测点与桩中心连线形成的夹角宜为90°。

当桩径较大或桩上部横截面尺寸不规则时，除按规范规定的激振点和检测点位置采集信号外，还应根据实测信号特征，改变激振点和检测点的位置采集信号。

《建筑基桩检测技术规范》(JGJ 106)对传感器安装做了如下规定：

(1)安装传感器部位的混凝土应平整，传感器安装底面与桩顶面之间不得留有缝隙，安装部位混凝土凹凸不平时应磨平；传感器安装应与桩顶面垂直；用耦合剂粘结时，应具有足够的粘结强度，粘结层应尽可能薄；

(2)激振点与测量传感器安装位置应避开钢筋笼的主筋影响，应远离钢筋笼的主筋，其目的是减少外露主筋对测试产生干扰信号。若外露主筋过长而影响正常测试时，应将其割短。

低应变检测时，传感器的安装尤为重要，安装的好坏将直接影响信号的质量，传感器与桩顶面之间应该刚性接触为一体，这样传递特性最佳，测试的信号也接近桩顶面的质点运动。所以传感器与桩顶面应该粘结牢固，保证有足够的粘结强度。传感器用耦合剂粘结时，粘结层应尽可能薄，试验表明，耦合剂较厚会降低传感器的安装谐振频率，传感器安装越牢固则传感器安装的谐振频率越高。常用的耦合剂有口香糖、黄油、橡皮泥、石膏等，必要时可采用冲击钻打孔安装方式。

（四）激振

为了采集比较理想的信号，《建筑基桩检测技术规范》(JGJ 106)对激振操作做了下列规定。

(1)激振方向应沿桩轴线方向，这是为了有效地减少敲击时的水平分量。

(2)瞬态激振应通过现场敲击试验，选择合适质量的激振力锤和软硬适宜的锤垫;宜用宽脉冲获取桩底或桩身下部缺陷反射信号,宜用窄脉冲获取桩身上部缺陷反射信号;通过改变锤的质量及锤头材料,可改变冲击入射波的脉冲宽度及频率成分。当按前面操作尚不能识别桩身浅部阻抗变化趋势时,应在测量桩顶速度响应的同时测量锤击力,根据实测力和速度信号起始峰的比例失调情况判断桩身浅部阻抗变化程度。

(3)稳态激振应在每一个设定频率下,为避免频率变换过程产生失真信号,应具有足够的稳定激振时间,以获得稳定的激振力和响应信号,并应根据桩径、桩长及桩周土约束情况调整激振力大小。稳态激振器的安装方式及好坏对测试结果起着很大的作用。为保证激振系统本身在测试频率范围内不至于出现谐振,激振器的安装宜采用柔性悬挂装置,同时在测试过程中应避免激振器出现横向振动。

(五)仪器参数设置

《建筑基桩检测技术规范》(JGJ 106)对测试参数做了下列规定:

(1)时域信号记录的时间段长度应在 $2L/c$(L 为桩长,c 为波速)时刻后延续不少于 5ms;幅频信号分析的频率范围上限不应小于 2 000Hz;

(2)设定桩长应为桩顶测点至桩底的施工桩长,设定桩身截面面积应为施工截面面积;

(3)桩身波速可根据本地区同类型桩的测试值初步设定;

(4)采样时间间隔或采样频率应根据桩长、桩身波速和频域分辨率合理选择;时域信号采样点数不宜少于 1 024 点。

合理设置采样间隔、采样点数、增益、模拟滤波、触发方式等,其中增益应结合冲击入射波能量以及锤击点与传感器安装点间的距离大小通过现场对比试验确定;采样间隔和采样点数应根据受检桩桩长和桩身波速来确定。

(六)信号采集与判断

对信号采集后,必须在现场对信号的质量进行判断。《建筑基桩检测技术规范》(JGJ 106)具体要求如下:

(1)根据桩径大小,桩心对称布置 2~4 个安装传感器的检测点;

(2)与桩径较大或桩上部横截面尺寸不规则时,除应按规定的激振点和检测点位置采集信号外,还应根据实测信号特征,改变激振点和检测点的位置采集信号;

(3)不同检测点及多次实测时域信号一致性较差时,应分析原因,增加检测点数量;

(4)信号不应失真和产生零漂,信号幅值不应大于测量系统的量程;

(5)每个检测点记录的有效信号数不宜少于3个;

(6)应根据实测信号反映的桩身完整性情况,确定采取变换激振点位置和增加检测点数量的方式再次测试或结束测试。

对现场检测人员的要求绝不能仅满足于熟练操作仪器,因为只有通过检测人员对所采集信号曲线在现场的合理、快速判断,才有可能决定下一步激振点、检测点以及敲击方式(锤重、锤垫等)的选择。因影响测试信号的因素很多,它们往往使信号曲线畸变,导致桩身质量的误判,因此,检测时应随时检查采集信号的质量,判断实测信号是否反映桩身完整性特征,不同检测点及多次实测时域信号一致性较差,应分析原因,增加检测点数量。

四、检测数据分析与判断

(一)信号处理

数字滤波是波形分析处理的重要手段之一,是对采集的原始信号进行加工处理,将测试信号中无用的或次要成分的波滤除掉,使波形更容易分析判断,在实际工作中,多采用低通滤波。而低通滤波频率上限的选择尤为重要,选择过低,容易掩盖浅层缺陷;选择过高,起不到滤波的作用。

在现场信号采集过程中,桩底反射信号不明显的情况经常发生,这时指数放大是非常有用的一种功能。它可以确保在桩头信号不削波的情况下,使桩底部信号得以清晰地显现出来;是提高桩中下部和桩底信号识别能力的有效手段。有时指数放得太大,会使曲线失真,过分突出桩深部的缺陷,也会使测试信号明显不归零,影响桩身质量的分析判断,如果结合原始曲线,适当地对曲线进行指数放大,作为显示深部缺陷和桩底的一种手段,它还是一种非常有用的功能。

(二)桩身波速平均值确定

桩身波速平均值的确定应符合下列要求:

(1)当桩长已知、桩底反射信号明确时,应在地基条件、桩型、成桩工艺相同的基桩中，选取不少于5根Ⅰ类桩的桩身波速值，按下列公式计算其平均值：

$$C_m = \frac{1}{n}\sum_{i=1}^{n} C_i \qquad \text{式 12－1}$$

$$C_i = \frac{2000L}{\Delta T} \qquad \text{式 12－2}$$

$$C_i = 2L \cdot \Delta f \qquad \text{式 12－3}$$

式中 C_m——桩身波速的平均值(m/s)；

C_i——第 i 根受检桩的桩身波速值(m/s)，且 $|C_i - C_m|/C_m$ 不宜大于5%；

L——测点下桩长(m)；

ΔT——速度波第一峰与桩底反射波峰间的时间差(ms)；

Δf——幅频曲线上桩底相邻谐振峰间的频差(Hz)；

n——参加波速平均值计算的基桩数量($n \geqslant 5$)。

(2)当无法满足第(1)条要求时，波速平均值可根据本地区相同桩型及成桩工艺的其他桩基工程的实测值，结合桩身混凝土的骨料品种和强度等级综合确定。

为分析不同时段或频段信号所反映的桩身阻抗信息、核验桩底信号并确定桩身缺陷位置，需要确定桩身波速及其平均值。波速除与桩身混凝土强度有关外，还与混凝土的骨料品种、粒径级配、密度、水灰比、成桩工艺(导管灌注、振捣、离心)等因素有关。波速与桩身混凝土强度整体趋势上呈正相关关系，即强度高、波速高，但二者并非一一对应关系。在影响混凝土波速的诸多因素中，强度对波速的影响并非首位。

(三)缺陷位置确定

桩身缺陷位置应按下列公式计算：

$$x = \frac{1}{2000} \cdot \Delta t_x \cdot c \qquad \text{式 12－4}$$

$$x = \frac{1}{2} \cdot \frac{c}{\Delta f'} \qquad \text{式 12－5}$$

式中 x——桩身缺陷至传感器安装点的距离(m)；

Δt_x——速度波第一峰与缺陷反射波峰间的时间差(ms)；

c——受检桩的桩身波速(m/s)，无法确定时可用桩身波速的平均值 c_m 替代；

$\Delta f'$——幅频信号曲线上缺陷相邻谐振峰间的频差(Hz)。

通过低应变反射波法确定桩身缺陷的位置是有误差的，其原因如下：

(1)缺陷位置处 Δt_x 和 $\Delta f'$ 存在读数误差；采样点数不变时，提高时域采样频率则降低了频域分辨率；波速确定的方式及用抽样所得平均值 c_m 替代某具体桩身段波速带来的误差。

(2)尺寸效应的影响。低应变反射波法的理论基础是一维弹性杆纵波理论。采用一维弹性杆纵波理论的前提是激励脉冲频谱中的有效高频谐波分量波长 λ_0 与被检基桩的半径 R 之比应足够大($\lambda_0/R \geqslant 10$)，否则平截面假设不成立，即"一维纵波沿杆传播"的问题转化为应力波沿具有一定横向尺寸柱体传播的三维问题；另一方面，激励脉冲的波长与桩长相比又必须比较小，否则桩身的运动更接近刚体，波动性状不明显，从而对准确探测桩身缺陷特别是浅部缺陷深度产生不利影响。显然桩的横向、纵向尺寸与激励脉冲波长的关系本身就是矛盾的，这种尺寸效应在大直径桩(包括管桩)和浅部严重缺陷桩的实际测试中尤为突出。

五、桩身完整性评价

桩身完整性类别应结合缺陷出现的深度、测试信号衰减特性以及设计桩型、成桩工艺、地基条件、施工情况，分别根据《建筑基桩检测技术规范》(JGJ 106)桩身完整性分类表的规定和桩身完整性判定所列实测时域信号特征或幅频信号特征进行综合分析判定。

第三节 高应变法

所谓“高”应变试桩，是相对于“低”应变试桩而言的。高应变动力试桩利用几十甚至几百千牛的重锤打击桩顶，使桩产生的位移接近常规静载试桩的沉降量级，以便使桩侧和桩端岩土阻力较大乃至充分发挥，即桩周土全部或大部分产生塑性变形，直观表现为桩出现贯入度。不过，对嵌入坚硬基岩的端承型桩、超长的摩擦型桩，不论是静载还是高应变试验，欲使桩下部及桩端岩土进入塑性状态，从概念上讲似乎不大可能。

低应变动力试桩采用几牛至几百牛的手锤、力棒或上千牛的铁球锤击桩顶，或采用几百牛出力的电磁激振器在桩顶激振，桩一土系统处于弹性状态，桩顶位移比高应变低 2～3 个数量级。

高应变桩身应变量通常在 0.1‰～1.0‰范围内。对普通钢桩，超过 1.0‰的桩身应变已接近钢材屈服台阶所对应的变形；对混凝土桩，视混凝土强度等级的不同，桩身出现明显塑性变形对应的应变量为 0.5‰～1.0‰。低应变桩身应变量一般小于 0.01‰。

众所周知，钢材和在很低应力应变水平下的混凝土材料具有良好的线弹性应力一应变关系。混凝土是典型的非线性材料，随着应力或应变水平的提高，其应力一应变关系的非线性特征趋于显著。打入式混凝土预制桩在沉桩过程中已历经反复的高应力水平锤击，混凝土的非线性大体上已消除，因此高应变检测时的锤击应力水平只要不超过沉桩时的应力水平，其非线性就可忽略。但对灌注桩，锤击应力水平较高时，混凝土的非线性会多少表现出来，直观反映是通过应变式力传感器测得的力信号不归零（混凝土出现塑性变形），所得的一维纵波波速比低应变法测得的波速低。

高应变法检测桩身完整性具有锤击能量大，可对缺陷程度定量计算，连续锤击可观察缺陷的扩大和逐步闭合情况等优点。但和低应变法一样，检测的仍是桩身阻抗变化，一般不宜判定缺陷性质。在桩身情况复杂或存在多处阻抗变化时，可优先考虑用实测曲线拟合法判定桩身完整性。桩身完整性判定可采用以下方法进行：

(1)采用实测曲线拟合法判定时，拟合所选用的桩土参数应按承载力拟合时的有关规定；根据桩的成桩工艺，拟合时可采用桩身阻抗拟合或桩身裂隙（包括混凝土预制桩的接桩缝隙）拟合。

(2)桩身完整性系数 β 和桩身缺陷位置 x 应分别按公式计算。

β 的计算公式用桩顶实测力和速度表示为

$$\beta=\frac{F(t_1)+F(t_x)-2R_x+Z\cdot[V(t_1)-V(t_x)]}{F(t_1)-F(t_x)+Z\cdot[V(t_1)+V(t_x)]} \quad \text{式 12—6}$$

式中　t_x——缺陷反射峰对应的时刻；

R_x——缺陷以上部位土阻力的估计值，等于缺陷反射波起始点的力与速度乘以桩身截面力学阻抗之差值。

这里，Z 为传感器安装点处的桩身阻抗，相当于等截面均匀桩缺陷以上桩段的桩身阻抗。显然式 12—6 对等截面桩桩顶下的第一个缺陷程度计算才严格成立。缺陷位置按下式计算：

$$x=c\cdot\frac{t_x-t_1}{2} \quad \text{式 12—7}$$

式中　x——桩身缺陷至传感器安装点的距离。

(3)出现下列情况之一时，桩身完整性判定宜按工程地质条件和施工工艺，结合实测曲线拟合法或其他检测方法综合进行：

①桩身有扩径；

②混凝土灌注桩桩身截面渐变或多变；

③力和速度曲线在第一峰附近不成比例，桩身浅部有缺陷；

④锤击力波上升缓慢；

⑤等截面桩且缺陷深度 x 以上部位的土阻力 R_x 出现卸载回弹时。

具体采用实测曲线拟合法分析桩身扩径、桩身截面渐变或多变的情况时，应注意合理选择土参数，因为土阻力（土弹簧刚度和土阻尼）取值过大或过小，一定程度上会产生掩盖或放大作用。

高应变法锤击的荷载上升时间通常在 1～3 ms 范围，因此对桩身浅部缺陷的定位存在盲区，不能定量给出缺陷的具体部位，也无法根据公式来判定缺陷程度，只能根据力和速度曲线不成比例的情况来估计浅部缺陷程度；当锤击力波上升缓慢时，可能出现力和速度曲线不成比例的似浅部阻抗变化情况，但不能排除土阻力的耦合影响。对浅部缺陷桩，宜用低应变法检测并进行缺陷定位。

第四节　孔中摄像法

孔中摄像法是一种直观的探查方法，能起到其他方法无法实现的直观、可视化效果，主要用于预制空心桩和钻有钻孔的灌注桩，对预制空心桩，由于土塞的影响(即使采用桩内清孔的方法一般也不能清孔到桩底，否则会破坏桩底持力层)，采用孔中摄像法检测时一般难以进行整桩检测，故而多数情况下仅作为一种辅助检测手段，用来对低应变等其他检测方法结果的验证。对进行钻芯法检测的灌注桩，可以进行整个钻孔深度范围内的检测，也可在有疑问的深度范围内进行验证检测。

一般而言，建议在对桩孔或钻孔进行清孔并排除积水后进行检测，这样效果好，视频和图像资料清楚。当然在孔壁无附着物且孔内积水透明度较高，能保证水下图像、视频清晰的条件下也可进行水下检测。

一、仪器设备

孔中摄像检测仪应包括摄像头、信号采集仪、深度测量装置、连接电缆，并宜配置扶正器。

(一)摄像头一般应符合的要求

(1)应采用宽视角全景彩色摄像头，成像分辨率不应低于100万像素，照度不低于0.1lx，可使用高清摄像头；

(2)应自带光源，亮度应连续可调，应满足检测的照度需求；

(3)应具有方位角识别记录功能；

(4)应具有防水功能且视窗清晰，结实耐用；

(5)水密性应满足10MPa水压不渗水。

(二)信号采集仪一般应符合的要求

(1)采用的信号采集仪成像分辨率不应低于1024×768像素，并具有深度记录装置和孔内探头定位装置；

(2)应能实时采集、存储摄像头传输的图像及视频数据；

(3)应具备图像快速无缝拼接、自动深度校正,全景视频图像和平面展开图像实时呈现;

(4)记录的图像及视频数据应有深度标识和方位角信息;

(5)采集仪应具有显示和播放功能。

(三)深度测量装置应符合的要求

(1)深度测量装置对探头下放时的深度进行相应的记录,深度测量精度应优于或等于 0.1mm;

(2)图像和视频标识深度与实际深度的偏差值不应大于总测试深度的 0.5%,且不应超过 400mm。

(四)连接电缆应符合的要求

(1)电缆线应具备信号传输指标的要求;

(2)电缆线应具有用于校正深度的深度标识,深度标识的间距不应大于 50cm;

(3)电缆线应具备足够的抗拉强度或配置辅助钢丝线,确保正常测试时不产生较大变形;

(4)电缆线的水密性应满足 10MPa 水压不渗水。

(五)图像分析软件应具备的功能

孔内电视成像仪应配备专业的图像分析处理软件。图像分析软件应具备以下功能:

(1)应具备图像分析、描述、编辑、转换输出及打印等功能;

(2)应具备几何尺寸和角度的量测功能,分辨率不宜小于 1mm,角度分辨率不宜小于 1°;

(3)应具有深度修正及方位角修正功能;

(4)在图像分析处理过程中,应保证源文件数据的完整性;

(5)应具备重新拼图、视频回放、三维展示功能。

二、现场检测

检测前应对受检桩进行孔内清理。无水条件下检测时,应排除孔中积水至检测深度以下不小于 1m;水中检测时,应清除孔中杂物至检测深度以下不小于 1.5m,孔中积水应保证有足够的透明度。

检测宜在清孔深度范围内全程检测,对其他方法检测时有疑问的范围应重点检测。

检测过程中应全面、清晰地记录桩孔内壁混凝土的图像,检测时可采取拍摄静态照片也可采用拍摄连续视频的方式进行。采用连续视频方式时,摄像头移动速度应缓慢以保证视频图像质量。

竖向或高倾斜度裂缝等缺陷是低应变检测方法难以发现的,采用孔中摄像法却可以发现,这也是这种方法的优势之一。此外,视频影像和静态照片各有优势,前者反映情况较为全面和连贯,而后者可以保证较高的清晰度,因此两者结合使用往往可以取得较好的效果。

三、检测数据分析与判定

桩身缺陷应根据静态照片和视频图像并结合低应变等其他方法的检测结果综合判定。

缺陷的描述,应包括缺陷的类型、深度、延伸长度、宽度、分布方位等,对裂缝类缺陷还应重点描述倾斜角度、裂缝张开或闭合情况等信息。桩身缺陷深度信息宜以本方法检测结果为准。

桩身完整性类别应结合缺陷出现的深度、程度、成桩工艺、地质条件、施工情况,按表 12－1 综合确定。

表 12－1　桩身完整性判定

类别	照片或视频图像特征
Ⅰ	检测深度范围内无缺陷,其他方法检测时也未发现缺陷
Ⅱ	仅存在局部闭合性的横向裂纹而无其他明显缺陷,基本不影响桩身承载能力的
Ⅲ	有明显可见的横向张开性裂纹,或存在其他较明显的缺陷,已明显影响桩身承载能力的
Ⅳ	存在贯穿全截面的横向张开性裂缝,或存在较明显竖向或倾斜裂缝,或存在桩身错位性断裂以及混凝土部分或全断面碎裂等情况,已严重影响桩身承载能力的

注:已经过钻芯法检测的桩,尚应结合钻芯法检测结果综合判定桩身完整性。

第五节　钻芯法

一、钻芯法检测概述

(一)钻芯法简介

采用岩芯钻探技术的施工工艺在桩身上沿长度方向钻取混凝土芯样及桩端岩土芯样,通过对芯样的观察和测试,用以评价成桩质量的检测方法称为钻孔取芯法,简称钻芯法。

在桩体上钻芯法是比较直观的,它不仅可以了解灌注桩的完整性,查明桩底沉渣厚度以及桩端持力层的情况,而且还是检验灌注桩混凝土强度的唯一可靠的方法,由于钻孔取芯法需要在工程桩的桩身上钻孔,所以不属于无损检测,通常适用于直径不小于800mm的混凝土灌注桩。钻芯法是检测现浇混凝土灌注桩的成桩质量的一种有效手段,不受场地条件的限制,特别适用于大直径混凝土灌注桩。钻芯法不仅可以直观测试灌注桩的完整性,而且能够检测桩长、桩底沉渣厚度以及桩底岩土层的性状。钻芯法还是检验灌注桩桩身混凝土强度的可靠的方法,这些检测内容是其他方法无法替代的。

在桩身完整性检测的多种方法中,钻芯法最为直观、可靠。但该法取样部位有局限性,只能反映钻孔范围内的小部分混凝土质量,存在较大的盲区,容易以点代面造成误判或漏判。钻芯法对查明大面积的混凝土疏松、离析、夹泥、空洞等比较有效,而对局部缺陷和水平裂缝等判断就不一定十分准确。另外,钻芯法还存在设备庞大、费工费时、价格昂贵的缺点。因此,钻芯法不宜用于大面积大批量的检测,而只能用于抽样检查,或作为对无损检测结果的验证手段。

(二)钻芯法的检测目的

钻芯法属于一种局部破损检测,它在对人工挖孔桩的完整性及承载力检测中得到广泛的采用。其检测的目的有以下三个:一是对芯样混凝土的胶结情况、有无气孔、蜂窝麻面、松散、断桩及强度检测,综合判定桩身完整性;二是判断桩底沉渣及持力层的岩土性状(强度)和厚度是否满足设计或《规范》要求;三是测定实际桩长与施工记录桩长是否一致。

（三）钻芯法的优点与缺点

1.钻芯法的优点

钻芯法检测可以直接观察桩身混凝土的情况，而且还能检测桩的实际长度与桩身混凝土实际抗压强度。可以准确判断和检测桩底沉渣厚度及其他缺陷，也直接观察桩身混凝土与持力层的胶结状况。若钻至桩底适当深度后，可判断持力层及其以下岩土性状，若为基岩还可做抗压试验判断岩石的饱和单轴抗压强度标准值以判定岩石的承载力。

2.钻芯法的缺点

钻芯法检测时间长、费用高、技术难度较高且属于有损检测，不适宜做普查检测；开孔位置不能任意选择，且对某些局部缺陷（缩径、扩径等）难以检测出，也有可能对局部微弱的缺陷夸大为严重缺陷而导致最后的误判，因此，其代表性存在争议；若桩长太长钻芯过程中可能会造成孔斜导致钢筋断裂无法修补，且对桩身及桩底持力层的局部破损，经修补后很难达到原始效果。

二、钻芯设备及检测技术

（一）钻芯设备

钻孔取芯法所需的设备随检测的项目而定。如仅检测灌注桩的完整性，则只需钻机即可；如要检测灌注桩混凝土的强度，则还需有锯切芯样的锯切机、加工芯样的磨平机和专用补平器，以及进行混凝土强度试验的压力机。

1.钻机

混凝土桩钻取芯样宜采用液压操纵的高速钻机。钻机应具有足够的刚度、操作灵活、固定和移动方便，并应有循环水冷却系统。水泵的排水量应为 50～160 L/min，泵压应为 1.0～2.0 MPa。严禁采用手把式或振动大的破旧钻机。钻机主轴的径向跳动不应超过 0.1 mm，工作时的噪声不应大于 90 dB。钻机应配备单动双管钻具以及相应的孔口管、扩孔器、卡簧、扶正稳定器和可捞取松软渣样的钻具。钻杆应顺直，直径宜为 50 mm。钻机宜采用国际 Φ50 mm 的方扣钻杆，钻杆必须平直。钻机应采用双管单动钻具。钻机取芯宜采用内径最小尺寸大于混凝土集料粒径两倍的人造金刚石薄壁钻头（通常内径为 100 mm 或

150 mm)。钻头胎体不得有肉眼可见的裂纹、缺边、少角、倾斜和喇叭口变形等。钻头的径向跳动不得大于 1.5 mm。钻机设备参数应符合以下规定:额定最高转速不低于 790 r/min;转速调节范围不少于 4 挡;额定配用压力不低于 1.5 MPa。

2.锯切机、磨平机和补平器

锯切芯样试件用锯切机应具有冷却系统和牢固夹紧芯样的装置,配套使用的金刚石圆锯片应具有足够刚度。

磨平机和补平器除保证芯样端面平整外,还应保证芯样端面与轴线垂直。

3.压力机

压力机的量程和精度应能满足芯样的强度要求,压力机应能平稳连续加载而无冲击。压力机的承压板必须具有足够刚度,板面必须光滑,球座灵活轻便。承压板的直径应不小于芯样的直径,也不宜大于直径的两倍,否则,应在上、下两端加辅助承压板。压力机的校正和检验应符合有关计量标准的规定。

(1)压力机主要技术要求:

①试验机最大试验力为 2 000 kN;

②油泵最高工作压力为 40 MPa;

③示值相对误差±2%;

④承压板尺寸为 320 mm×320 mm;

⑤承压板最大净距为 320 mm;

⑥测量范围为 0～800 kN 或 0～2 000 kN;

⑦刻度量分度值:0～800 kN 时为 2.5 kN/格或 0～2 000 kN 时 5 kN/格。

(2)仪器年检。压力试验机每年应至少检定一次。

(二)钻芯法检测方法

钻孔取芯的检测按以下步骤进行:

(1)钻芯孔数、位置的确定及桩头处理:根据相关规定,当桩的直径 $D<$ 1.2 m时,钻 1 孔,孔位距桩中心距离 10～15 cm 为宜;桩径 D 为 1.2～1.6 m 时,钻 2 孔,桩径 $D>$1.6 m 时,钻 3 孔,宜在距桩中心 0.15～0.25 D 位置开孔且均匀对称布置。对每根受检桩桩端持力层的钻探不应少于一孔,还应满足设计要求的钻探深度。

为了准确地测出桩中心,桩头最好开挖露出,否则应用经纬仪找出桩中心。确定钻孔位置:灌注桩的钻孔位置,应根据需要与委托方共同商议确定。一般当桩径小于 1 600 mm 时，宜选择在桩中心钻孔，当桩径大于或等于 1 600 mm 时，钻孔数不宜小于 2 个。

(2)安置钻机：钻孔位置确定以后，应对准孔位安置钻机。钻机就位并安放平稳后，应将钻机固定，以便工作时不致产生位置偏移。固定方法应根据钻机构造和施工现场的具体情况，分别采用顶杆支撑、配重或膨胀螺栓等方法。在固定钻机时，还应检查底盘的水平度，以保证钻杆以及钻孔的垂直度。

(3)施钻前的检查：施钻前应先通电检查主轴的旋转方向，当旋转方向为顺时针时，方可安装钻头。并调整钻机主轴的旋转轴线，使其成行走状态。

(4)开钻：开钻前先接水源和电源，将变速钮拨到所需转速，正向转动操作手柄，使合金钻头慢慢地接触混凝土表面，待钻头刃部入槽稳定后方可加压进行正常钻进。

(5)钻进取芯：在钻进过程中，应保持钻机的平衡，转速不宜小于 140 r/min，钻孔内的循环水流不得中断，水压应保证能充分排除孔内混凝土料屑，循环冷却水出口的温度不宜超过 30 ℃，水流量宜为 3～5 L/min。每次钻孔进尺长度不宜超过 1.5 m。钻到预定深度后，反向转动操作手柄，将钻头提升到混凝土桩顶，然后停水停电。提钻取芯时，应拧下钻头和胀圈，严禁敲打卸取芯样。卸取的芯样应冲洗干净后标上深度，按顺序置于芯样箱中。当钻孔接近可能存在断裂或混凝土可能存在疏松、离析、夹泥等质量问题的部位以及桩底时，应改用适当的钻进方法和工艺，并注意观察回水变色、钻进速度的变化等。

灌注桩钻孔取芯检测的取芯数目视桩径和桩长而定。通常至少每 1.5 m 应取 1 个芯样，沿桩长均匀选取，每个芯样均应标明取样深度，以便判明有无缺陷以及缺陷的位置。对于用于判明灌注桩混凝土强度的芯样，则根据情况，每一试桩不得少于 10 个。钻孔取芯的深度应进入桩底持力层不小于 1 m。

(6)补孔：在钻孔取芯以后，桩上留下的孔洞应及时进行修补，修补时宜用高于桩原来强度等级的混凝土来填充。由于钻孔孔径较小，填补的混凝土不易振捣密实，故应采用坍落度较大的混凝土浇灌，以保证其密实性。已硬化的混凝土，实际强度到底有多少，能否满足工程安全使用，是人们普遍关心的问题。在施工过程中，虽留有混凝土试样及试样的强度，但由于样品的制型的方式、养护条件等因素，导致样品与原状态有差异，往往不能反映工程的真实情况。因此，为了测定已建工程混凝土的实际强度，提供工程质量评定的科学依据，工程中经常采用钻孔取芯法来测定实际混凝土的强度。

三、芯样试件制作与抗压试验

(一)芯样试件的制作

1.芯样试件的检测资料

采用钻芯法检测结构混凝土强度前,宜具备下列资料:

(1)工程名称(或代号)及设计、施工、监理、建设单位名称。

(2)结构或构件种类、外形尺寸及数量。

(3)设计采用的混凝土强度等级。

(4)检测龄期,原材料(水泥品种、粗集料粒径等)和抗压强度试验报告。

(5)结构或构件质量状况和施工中存在问题的记录。

(6)有关的结构设计图和施工图等。

2.芯样试件取样部位

芯样应由结构或构件的下列部位钻取:

(1)结构或构件受力较小的部位。

(2)混凝土强度质量具有代表性的部位。

(3)便于钻芯机安放与操作的部位。

(4)避开主筋、预埋件和管线的位置。

3.混凝土芯样试件截取原则

《规范》中规定截取混凝土抗压芯样试件应符合下列规定:

(1)当桩长小于 10m 时,每孔可取 2 组芯样;当桩长大于 30m 时,每孔截取芯样不少于 4 组;当桩长为 10～30m 时,每孔截取 3 组芯样。

(2)上部芯样位置距桩顶设计标高不宜大于 1 倍桩径或超过 2m,下部芯样位置距桩底不宜大于 1 倍桩径或超过 2m,中间芯样宜等间距截取。

(3)缺陷位置能取样时,应截取一组芯样进行混凝土抗压试验。

(4)同一基桩的钻芯孔数大于 1 个,其中一孔在某深度存在缺陷时,应在其他孔的该深度处,截取 1 组芯样进行混凝土抗压试验。

(5)当桩底持力层为中、微风化岩层且岩芯可制作成试件时,应在接近桩底部位 1m 内截取岩石芯样;如遇分层岩性时,宜在各分层岩面取样。

(6)每组混凝土芯样应制作 3 个芯样抗压试件。

4.芯样试件的记录与保存

提取芯样时,需按正常的程序拧下钻头与扩孔器,禁止敲打取芯。对于岩石芯样需及时包装浸泡水中,以保证其原始性状。取出芯样后,应按回次顺序由上而下依次放入芯样箱,芯样侧面上需清出标示出回次数、块号、本回次总块数,并及时记录桩号及孔号、回次数、起至深度、块数、总块数。并对桩身混凝土芯样进行详细描述,主要包括混凝土钻进深度,芯样的连续性、完整性、胶结情况、表面光滑情况、断口吻合程度、混凝土芯是否为柱状、集料大小分布情况、气孔、蜂窝麻面、沟槽、破碎、夹泥、松散的情况,以及取样编号和取样位置;对桩端持力层的描述主要包括持力层钻进深度、岩土名称、芯样颜色、结构构造、裂隙发育程度、坚硬及风化程度,以及取样编号和取样位置,分层岩层应分别描述。最后进行拍照记录。

5.芯样试件的加工与测量

芯样试件加工应用双面锯切机,加工时需固定芯样,锯切平面应与芯样轴线垂直,锯切过程中还需淋水冷却锯片。若锯切后试件无法满足平整、垂直度要求时,应在磨平机上进行端面磨平,或者用水泥砂浆(或水泥净浆)、硫磺胶泥(或硫磺)等材料在专用补平装置上补平。试压前,需对芯样以下几何尺寸进行测量:平均直径,用游标卡尺在芯样中部两个相互垂直的位置进行测量,取两次算术平均值,精确至0.5mm;芯样高度,用钢卷尺或钢板直尺进行测量,精确至1mm;垂直度,用游标量角器测量两个端面与母线的夹角,精确至0.10°;平整度,用钢板尺或角尺紧靠在芯样端面上,一面转动钢板尺,一面用塞尺测量与芯样端面之间的缝隙。

所选试件还应满足以下要求:为了减少计算时对芯样高径比的修正,要求芯样高径比(h/d)应0.95~1.05;芯样试件沿高度任一截面直径与平均直径之间差值不应超过2mm;试件端面平整度是影响抗压强度的重要因素,因此,平整度在100mm长度内应低于0.1mm;端平面与轴线的不垂直度应低于20;试件平均直径应大于最大粒径的粗集料的两倍。

(二)芯样试件的抗压试验

1.芯样试件的试压

依据《规范》可知,芯样试件加工完成后就可立马进行抗压试验。试验需均匀地加荷:当混凝土强度等级小于C30时,加荷速率为0.3~0.5MPa/s;岩石类芯样试件和混凝土强度等级不小于C30时,加荷速率为0.5~0.8MPa/s。抗压后若发现混凝土试件平均直径低于其粗集料最大粒径的两倍且强度值不正常时，判该试件无效，其测出的强度值也无效，如条件许可，可重新截取试件做抗压，否则以其他两个强度的算术平均值为该组芯样抗压强度值，但是需在最后的报告中加以说明。

2.芯样试件检测分析与判定

芯样试件一般应在自然干燥状态下进行抗压试验。芯样试件的含水量对强度有一定影响，含水越多则强度越低。一般来说，强度等级高的混凝土强度降低较少，强度等级低的混凝土强度降低较多。因此，建议自然干燥状态与潮湿状态两种试验情况。当结构工作条件比较潮湿，需要确定潮湿状态下混凝土的强度时，芯样试件宜在(20±5)℃的清水中浸泡 40～48 h，从水中取出后立即进行试验。

混凝土芯样试件抗压强度应按下列公式计算：

$$f_{cu}=\frac{4p}{\pi d^2} \qquad \text{式 12—8}$$

式中 f_{cu} ——混凝土芯样试件抗压强度(MPa)，精确至 0.1 MPa；

P——芯样试件抗压试验测得的破坏荷载(N)；

D——芯样试件的平均直径(mm)。

3.成桩质量评价应按单桩进行

4.芯样检测报告

芯样检测完毕要出具芯样检测报告，检测报告应结论正确、用词规范。检测报告应包括下列内容：

(1)钻芯设备情况。

(2)检测桩数、钻孔数量、架空高度、混凝土芯进尺、持力层进尺、总进尺、混凝土试件组数、岩石试件组数、圆锥动力触探或标准贯入试验结果。

(3)芯样每孔柱状图。

(4)芯样单轴抗压强度试验结果。

(5)芯样彩色照片。

(6)异常情况说明。

第十三章　结构混凝土检测

第一节　概述

一、结构混凝土无损检测技术的形成和发展

混凝土无损检测(NDT:Nondestructive Testing)是指在不破坏混凝土内部结构和使用性能的情况下,利用声、光、热、电、磁和射线等方法,直接在构件或结构上测定混凝土某些适当的物理量,并通过这些物理量推定混凝土强度、均匀性、连续性、耐久性和存在的缺陷等的检测方法。

我国在 20 世纪 50 年代中期开始研究结构混凝土无损检测技术,开始引进瑞士、英国、波兰等国的回弹仪和超声仪,并结合工程应用开展了许多研究工作。20 世纪 60 年代初即开始批量生产回弹仪,并研制成功了多种型号的超声检测仪,在检测方法方面也取得了许多进展。20 世纪 70 年代以后,我国曾多次组织力量合作攻关,20 世纪 80 年代着手制定了一系列技术规程,并引进了许多新的检测技术,大大推进了结构混凝土无损检测技术的研究和应用。随着电子技术的发展,仪器的研制工作也取得了新的成就,并逐步形成了自己的生产体系。20 世纪 90 年代以来,无损检测技术继续向更深的层次发展,许多新技术得到应用,检测人员队伍不断壮大,素质迅速提高。纵观整个发展历程,我国无损检测技术的发展是非常迅速的,我们可以从下面几个方面叙述这一发展的过程。

(一)在测试技术方面的发展

1.测强方面

超声测强的主要影响因素:石子的品种、粒径、用量;钢筋的影响及修正;混

凝土湿度、养护方法的影响及修正；测试距离的影响及修正；测试频率的影响及修正等。

2.测裂缝方面

平测法测裂缝及修正距离的研究；钢筋的影响及修正；钻孔法测裂缝的研究和应用；斜测法测裂缝的研究及应用等。

3.测缺陷方面

概率判断法的进一步改进和完善；斜测交汇法的研究应用；缺陷尺寸估计；多参数综合判断的应用；波形方面的研究；频率测量方面的研究和应用；衰减系数、频谱分析应用和测定方法的研究；火灾后损伤层厚度的测定方法等。

在这时期，许多地区通过试验研究，制定了本地区的强度换算曲线，推动了超声回弹综合法的提高和应用。

随着超声检测技术的发展、应用的范围不断扩大、研究深度不断加深，从 20 世纪 50～60 年代主要在地上结构检测发展到地上和地（水）下，包括一些隐蔽工程，如灌注桩、地下防渗墙、水下结构的检测、坝基及灌浆效果的检测等；从一般两面临空的梁、柱、墩结构检测发展到单面临空的大体积检测；探测距离从 1～2 m 发展到 10～20 m；从以声速一个参数为主发展到声速、振幅、频率、波形多参数的综合运用。特别在超声探测缺陷、裂缝方面，形成了从测试方法、数据处理到分析判断的一整套技术，在实际工程应用中取得了良好效果，许多重大工程都采用了超声检测。

在应用的发展方面，20 世纪 80 年代中期有一个重大发展，这就是超声检测混凝土灌注桩。1984 年，湖南大学和河南省交通厅等单位首次运用超声法在灌注桩预埋钢管中进行检测，在郑州黄河大桥的灌注桩检测中取得成功并提出另一种判断桩内缺陷的方法，声参数—深度曲线相邻两点之间的斜率与差值之积，简称 PSD 判据。其后，还出现了其他一些判断分析方法。随后，许多单位都相继开展超声波检测混凝土灌注桩的研究和应用。由于声波法测桩具有不受桩长桩径的影响，探测结果精确、可靠，很快在国内普遍推广应用，特别是大型桥梁的桩基检测中已普遍采用声波法，取得了很好的社会和经济效益，成为超声法检测混凝土的一个新热点。

20 世纪 80 年代，除超声、回弹等无损检测方法日趋成熟外，中国建筑科学研究院又进行了钻芯法研究，哈尔滨建筑大学进行了后装拔出法的研究，使无损检测的内容进一步扩大。

作为上述研究成果的必然结果，我国在 20 世纪 80 年代开始制定了一系列有关混凝土无损检测的技术规程并进行了多次修订，其中包括《回弹法检测混凝土抗压强度技术规程》(JGJ/T23—2001)、《超声回弹综合法检测混凝土强度技术规程》(CECS02:88)、《超声法检测混凝土缺陷技术规程》(CECS21:2000)、《后装拔出法检测混凝土强度技术规程》(CECS69:94)、《基桩低应变动力检测规程》(JGJ/T93—1995)、《水运工程混凝土试验规程》(JTJ270—1998)及《水工混凝土试验规范》(SD105—1982)等行业标准和协会标准。随后，一些省市也编制了相应的地方规程。各项规程的不断完善，大大促进了无损检测技术的工程应用和普及。

进入20世纪90年代以来，我国建设工程质量管理引起广泛关注并提出一系列重大举措，从而进一步加强了无损检测技术在建设工程质量管理中的作用和责任，也进一步推动了检测方法方面的蓬勃发展，已有方法更趋成熟和普及，同时新的方法不断涌现。其中，雷达技术、红外成像技术、冲击回波技术等都进入了实用阶段，在声学检测技术方面的最大进展，则体现在对检测结果分析技术方面的突飞猛进，例如，在测缺技术方面，其分析判断方法由经验性判断上升为数值判据判断，又由数值判据上升为成像判断。测试仪器也由模拟型仪器发展成为数字型仪器，为信号分析提供了物质基础。

(二)检测仪器方面的发展

混凝土声测仪器与混凝土声测技术是在相互制约而又相互促进的过程中得到发展的，我国混凝土声测仪器的发展大致经历了四个阶段。

20世纪60年代是声波检测技术的开拓阶段，声测仪是电子管式的仪器，如UCT－2型、CIS－10型等，现已被淘汰。

20世纪70年代是超声检测方法研究及推广应用阶段，声测仪是晶体管化集成电路模拟超声仪，首先推出的是湘潭无线电厂的SYC－2型岩石声波检测仪，之后相继推出的是天津建筑仪器厂的SC－2型和汕头超声电子仪器厂的CTS－25型等，这类仪器一般具有示波及数码管显示装置，手动游标读取声学参量，市场拥有量约有几千台，为推动我国混凝土声测技术的发展发挥了重要作用。在20世纪70年代中期我国生产的非金属超声仪及其配套使用的换能器与国外同类仪器相比(如美国CNC公司的Pundit型、波兰的N2701、日本MARUT公司的Min－1150－03型等)，在技术性能方面已达到或超过它们的水平。

20世纪80年代是进一步发展与提高阶段，20世纪80年代初期国外推出了计算机控制的声波检测仪(如日本 OYO 公司的 5217A 型等),混凝土超声仪进入了数字化仪器阶段,数字化声学信号数据处理技术的应用,推动了声测技术的发展,而我国却由于多种原因在计算机的应用方面落后国外水平。20 世纪 80 年代末期,我国开始数字化混凝土超声仪的研究,之后以很快的速度发展,整机化的由计算机控制的声测仪产生于 20 世纪 80 年代末到 90 年代初,这批仪器均采用 Z80CPU,通过仪器与计算机的联系,实现了不同程度的声参量的自动检测,并具有一定的处理能力,使现场检测及后期数据处理速度大大加快。但由于受到数据采集速度以及存储容量和软件语言等方面的限制,无法实时动态地显示波形变化,难以承担需要大量处理单元和高速运算能力支持的信息处理工作,也不便于软件的再开发。作为初级数字化超声仪的代表型号为 CTS-35 型、CTS-45 型和 UTA2000A 型。

20 世纪 90 年代是追赶并超过国际水平的阶段,随着声测技术的发展,检测市场的扩大以及计算机技术的深入应用。自 20 世纪 90 年代中期以来,我国各种型号的数字式超声仪相继问世,首先推出的是北京市市政工程研究院(北京康科瑞公司)的 NM-2A 型,随后该型仪器不断更新,形成了 NM 系列。NM 系列超声仪的最大特点是在计算机和数据采集系统之间,通过高速数据传输(DMA)方式,实现了波形的动态实时显示,并以软硬件相结合的方式,创造性地解决了声学参量的自动判读技术,从而在高噪声、弱信号的恶劣测试条件下,仍然可快速准确地完成自动检测,大大提高了测试精度和测试效率,对超声检测技术的推广是有力的推动。之后相继推出的有岩海公司的 RS-UTOIC 型、同济大学的 U-Sonic 型、岩土所的 RSM—SY2 等。

在超声检测仪迅速发展的同时,其他检测方法的仪器也有了很大发展,其中包括各种型号的数显式回弹仪,轻便型钻孔取芯机、拔出仪、射钉仪、贯入仪、钢筋保护层厚度测定仪、钢筋锈蚀仪、脉冲瞬变电磁仪等。

总之,各种检测设备的研制和生产,为混凝土无损检测技术提供了良好的物质基础。

(三)学术交流的发展

自 20 世纪 70 年代后期,在中国建筑科学研究院的主持下,成立无损检测技术协作组以来,无损检测技术的学术交流活动从未间断。1985 年,中国建筑学会施工学术委员会下属的混凝土质量控制与非破损检测学组成立,挂靠单位为中国建筑科学研究院。其中,非破损检测部分后来改为属于中国土木工程学会混凝土及预应力混凝土学会下的建设工程无损检测委员会。1986年，中国水利学会施工专业委员会无损检测学组成立，挂靠南京水利科学研究院。中国声学学会下属的检测声学委员会，挂靠同济大学。

这些学术组织都在混凝土声学检测方面做过大量工作，组织多次学术交流会，出版论文集，推动了声波检测技术的发展。例如，土木工程学会建设工程无损检测委员会，从1984年起就主持召开过7次全国性的无破损检测学术交流会，出版了多期论文集。委员会还组织委员们翻译国外研究文集，编辑出版了两本国际土木工程无损检测会议论文集。另外，还邀请罗马尼亚、日本等国的专家来华讲学、交流。我国从事混凝土无损检测的工程技术人员也以各种形式参与国际交流，其中包括访问、进修、参加学术会议，参与实际工程检测及仪器展览等。这些交流活动无疑为我国混凝土无损检测技术的发展起了推动作用。

二、结构混凝土无损检测技术的工程应用

随着人们对工程质量的关注，以及无损检测技术的迅速发展和日臻成熟，促使无损检测技术在建设工程中的作用日益明显。它不但已成为工程事故的检测和分析手段之一，而且正在成为工程质量控制和构筑物使用过程中可靠性监控的一种工具。可以说，在整个施工、验收及使用过程中都有其用武之地。在以往的研究中主要集中在强度检测和缺陷探测两方面，为了满足新的需要还应进一步开拓新的检测内容，例如，混凝土耐久性的预测、已建结构物损伤程度的检测、早期强度检测，高性能混凝土强度及脆性的检测等。

三、结构混凝土常用无损检测方法的分类和特点

（一）结构混凝土常用无损检测方法的分类

依据无损检测技术的检测目的，通常可将无损检测方法分为五大类：

（1）检测结构构件混凝土强度值。

（2）检测结构构件混凝土内部缺陷如混凝土裂缝、不密实区和孔洞、混凝土结合面质量、混凝土损伤层等。

（3）检测几何尺寸如钢筋位置、钢筋保护层厚度、板面、道面、墙面厚度等。

（4）结构工程混凝土强度质量的匀质性检测和控制。

(5)建筑热工、隔声、防水等物理特性的检测。

应当指出,从当前的无损检测技术水平与实际应用情况出发,为达到同一检测目的,可以选用多种具有不同检测原理的检测方法,例如,结构构件混凝土强度的无损检测,可以利用回弹法、超声—回弹综合法、超声脉冲法、拔出法、钻芯法、射钉法等。这样为无损检测工作者提供了多种可能并可依据条件与趋利避害原则加以选用。

现将按检测目的、检测原理及方法综合分类列表,见表13—1。

表13—1 按检测目的、检测原理及方法综合分类

按检测目的分类	按检测原理及方法名称分类	测试量
①混凝土强度检测	压痕法	压力及压痕直径或深度
	射钉法	探针射入深度
	嵌试件法	嵌注试件的抗压强度
	回弹法	回弹值
	钻芯法	芯样抗压强度
	拔出法	拔出力
	超声脉冲法	超声脉冲传播速度
	超声回弹综合法	声速值和回弹值
	声速衰减综合法	声速值和衰减系数
	射线法	射线吸收和散射强度
	成熟度法	度、时积

续表

按检测目的分类	按检测原理及方法名称分类	测试量
②混凝土内部缺陷检测	超声脉冲法	声时、波高、波形、频谱、反射回波
	声发射法	声发射信号、事件记数、幅值分布能谱等
	脉冲回波法	应力波的时域、频域图
	射线法	穿透缺陷区后射线强度的变化
	雷达波反射法	雷达反射波
	红外热谱法	热辐射
③混凝土几何尺寸检测（如混凝土结构厚度、钢筋位置、钢筋保护层厚度检测）	冲击波反射法	应力波的时域
	电测法	混凝土的电阻率及钢筋的半电池电位
	磁测法	磁场强度
	雷达波反射法	雷达反射波
④混凝土质量物质性检测与控制	回弹法	回弹值
	敲击法	固有频率、对数衰减率
	声发射法	声发射信号、幅值分布能谱等
	超声脉冲法	超声脉冲传播速度
⑤建筑热工、隔声等物理特性检测	红外热谱法	热辐射
	电测法	混凝土的电阻率
	磁测法	磁场强度
	射线法	射线穿过被澜体的强度变化
	透气法	气流变化
	中子散射法	中子散射强度
	中子活化法	卢射线与丁射线的强度、半衰期

显然，从宏观角度分类，也可从对结构构件破坏与否的角度出发，分为三

大类：

(1)无损检测技术；

(2)半破损检测技术；

(3)破损检测技术。

本书所指的无损检测技术包括上述的无损检测技术及半破损检测技术两类。表 13－1 各种检测方法均可归纳进上述三种宏观分类检测技术中，在此不再赘述。至于破损检测，是指荷载破坏性检测，因费用昂贵、耗时较长，是在特别重要的结构，在十分必要时才予以采用，本书未包括此类试验内容。

(二)结构混凝土常用无损检测方法的特点

1.回弹法

回弹法是以在混凝土结构或构件上测得的回弹值和碳化深度来评定混凝土结构或构件强度的一种方法，它不会对结构或构件的力学性质和承载能力产生不利影响，在工程上已得到广泛应用。

回弹法使用的仪器为回弹仪，它是一种直射锤击式仪器，是用一弹击锤来冲击与混凝土表面接触的弹击杆，然后弹击锤向后弹回，并在回弹仪的刻度标尺上指示出回弹数值。回弹值的大小取决于与冲击能量有关的回弹能量，而回弹能量则反映了混凝土表层硬度与混凝土抗压强度之间的函数关系，即可以在混凝土的抗压强度与回弹值之间建立起一种函数关系，以回弹值来表示混凝土的抗压强度。回弹法只能测得混凝土表层的质量状况，内部情况却无法得知，这便限制了回弹法的应用范围，但由于回弹法操作简便，价格低廉，在工程上还是得到了广泛应用。

回弹法的基本原理是利用混凝土强度与表面硬度之间的关系，通过一定动能的钢杆件弹击混凝土表面，并测得杆件回弹的距离(回弹值)，利用回弹值与强度之间的相关关系来推定混凝土强度。

回弹法适用于工程结构普通混凝土抗压强度(以下简称混凝土强度)的检测，检测结果可作为处理混凝土质量问题的依据之一。回弹法不适用于表层与内部质量有明显差异或内部存在缺陷的混凝土结构或构件的检测。

利用回弹仪检测普通混凝土结构构件抗压强度的方法简称回弹法。回弹仪是一种直射锤击式仪器。回弹值大小反映了与冲击能量有关的回弹能量，而回弹能量反映了混凝土表层硬度与混凝土抗压强度之间的函数关系，反过来说，混凝土强度是以回弹值为变量的函数。

回弹值使用的仪器为回弹仪，回弹仪的质量及其稳定性是保证回弹法检测精度的重要技术关键。这个技术关键的核心是科学的规定并保证回弹仪工作时所应具有的标准状态。国内回弹仪的构造及零部件和装配质量必须符合国家计量检定规程《回弹仪检定规程》(JJG 817—2011)的要求。回弹仪按回弹冲击能量大小分为重型、中型、轻型。普通混凝土抗压强度≤C50 时通常采用中型回弹仪；混凝土抗压强度≥C60 时，宜采用重型回弹仪。轻型回弹仪主要用于非混凝土材料的回弹法。由于影响回弹法测强的因素较多，通过实践与专门试验研究发现，回弹仪的质量和是否符合标准状态要求是保证稳定的检测结果的前提。在此前提下，混凝土抗压强度与回弹法、混凝土表面碳化深度有关，即不可忽视混凝土表面碳化深度对混凝土抗压强度的影响。

此外，对长龄期混凝土，即对旧建筑的混凝土还应考虑龄期影响因素。

为规范回弹检测混凝土抗压强度，保证必要的检测质量，我国建设部(2008 年改为住房和城乡建设部)颁布了《回弹法评定混凝土抗压强度技术规程》(JGJ/T23—1985)，于 1985 年 8 月实施，经过先后几次修订，现行最新规范为《回弹法检测混凝土抗压强度技术规程》(JGJ/T 23—2011)。

2.超声法检测混凝土强度

通过超声法检测实践发现，超声在混凝土中传播的声速与混凝土强度值有密切的相关关系，于是超声法检测混凝土缺陷扩展到检测混凝土强度，其原理就是声速与混凝土的弹性性质有密切的关系，而混凝土弹性性质在相当程度上可以反映强度大小。从上述分析，可以通过试验建立混凝土由超声声速与混凝土强度产生的相关关系，它是一种经验公式，与混凝土强度等级、混凝土成分、试验数量等因素有关，混凝土中超声声速与混凝土强度之间通常呈非线性关系，在一定强度范围内也可采用线性关系。

显而易见，混凝土内超声声速传播速度受许多因素影响，如混凝土内钢筋配置方向、不同集料及粒径、混凝土水胶比、龄期及养护条件、混凝土强度等级，这些影响因素如不经修正都会影响检测误差大小，建立超声检测混凝土强度曲线时应加以综合考虑影响因素的修正。

3.超声回弹综合法检测混凝土强度

综合法检测混凝土强度是指应用两种或两种以上单一无损检测方法(力学的、物理的)，获取多种参量，并建立强度与多项参量的综合相关关系，以便从不同角度综合评价混凝土强度。

超声回弹综合法是综合法中经实践检验的一种成熟可行的方法。顾名思义,该法是同时利用超声法和回弹法对混凝土同一测区进行检测的方法。它可以弥补单一方法固有的缺欠,做到互补。例如,回弹法中的回弹值主要受表面硬度影响,但当混凝土强度较低时,由于塑性变形增大,表面硬度反应不敏感,又如当构件尺寸较大,内外质量有差异时,表面硬度和回弹值难以反映构件实际强度。相反,超声法的声速值是取决于整个断面的动弹性,主要以其密实性来反映混凝土强度,这种方法可以较敏感地反映出混凝土的密实性、混凝土内集料组成以及集料种类。此外,超声法检测强度较高的混凝土时,声速随强度变化而不敏感,由此粗略剖析可见,超声回弹综合法可以利用超声声速与回弹值两个参数检测混凝土强度,弥补了单一方法在较高强度区或在较低强度区各自的不足。通过试验建立超声波脉冲速度—回弹值—强度相关关系。

超声回弹综合法首先由罗马尼亚建筑及建筑经济科学研究院提出,并编制了有关技术规程,同时在罗马尼亚推广应用。中国从罗马尼亚引进这一方法,结合中国实际进行了大量试验,并在混凝土工程检测中广泛应用,在此基础上于1988年由中国工程建设标准化协会组织编制并发布了《超声回弹综合法检测混凝土强度技术规程》(CECS02:88)。

这种综合法最大的优点就是提高了混凝土强度检测精度和可靠性。许多学者认为综合法是混凝土强度无损检测技术的一个重要发展方向。目前,除上述超声回弹综合法已在我国广泛应用外,已被采用的还有超声钻芯综合法、回弹钻芯综合法、声速衰减综合法等。

4.钻芯法

利用钻芯机、钻头、切割机等配套机具,在结构构件上钻取芯样,通过芯样抗压强度直接推定结构构件强度或缺陷,无须通过立方体试块或其他参数等环节。它的优点是直观、准确、代表性强,其缺点是对结构构件有局部破损,芯样数量不可太多,而且价格也比较昂贵。钻芯法在国外的应用已有几十年历史,一般来说发达国家均制定有钻芯法检测混凝土强度的规程,国际标准化组织(ISO)也发布了《硬化混凝土芯样的钻取及抗压试验》(ISO/DIS 7034)国际标准草案。

我国从20世纪80年代开始,对钻芯法钻取芯样检测混凝土强度开展了广泛研究,目前,我国已广泛应用并已能配套生产供应钻芯机、人造金刚石薄壁钻头、切割机及其他配套机具,钻机和钻头规格可达十几种。中国工程建设标准化协会发布了《钻芯法检测混凝土强度技术规程》(CECS03:88),现行最新版本为《钻芯法检测混凝土强度技术规程》(CECS03—2007)。

钻芯法除用以检测混凝土强度外，还可通过钻取芯样方法检测结构混凝土受冻、火灾损伤深度、裂缝深度以及混凝土接缝、分层、离析、孔洞等缺陷。

钻芯法在原位上检测混凝土强度与缺陷是其他无损检测方法不可取代的一种有效方法。因此，国内外都主张把钻芯法与其他无损检测方法结合使用，一方面利用无损检测方法检测混凝土的均匀性，以减少钻芯数量，另一方面又利用钻芯法来校正其他方法的检测结果，以提高检测的可靠性。

5.拔出法检测混凝土强度

拔出法是指将安装在混凝土中的锚固件拔出，测出极限拔出力，利用事先建立的极限拔出力和混凝土强度之间的相关关系，推定被测混凝土结构构件的混凝土强度的方法。这种方法在国际上已有五十余年的历史，方法比较成熟。拔出法分为预埋(或先装)拔出法和后装拔出法两种。顾名思义，预埋拔出法是指预先将锚固件埋入混凝土中的拔出法，它适用于成批的、连续生产的混凝土结构构件，按施工程序要求及预定检测目的预先预埋好锚固件。例如，确定现浇混凝土结构拆模时的混凝土强度；确定现浇冷却后混凝土结构的拆模强度；确定预应力混凝土结构预应力张拉或放张时的混凝土强度；预制构件运输、安装时的混凝土强度；冬期施工时混凝土养护过程中的混凝土强度等。后装拔出法指混凝土硬化后，在现场混凝土结构上后装锚固件，可按不同目的检测现场混凝土结构构件的混凝土强度的方法。

尽管对极限拔出力与混凝土拔出破坏机理看法还不一致，但试验证明，在常用混凝土范围(≤C60)，拔出力与混凝土强度有良好的相关关系，检测结果与立方体试块强度的离散性较小，检测结果令人满意。

拔出法在北欧、北美国家得到广泛应用，被认为是现场应用方便、检测费用低廉，尤其适合用于现场控制。

国际上不少国家和国际组织发表了拔出法检测规程类文件。例如，美国著名的组织 ASTM 发表的《硬化混凝土拔出强度标准试验方法》(ASTMC—900—99)、国际标准化组织(ISO)发表了《硬化混凝土拔出强度的测定 KISO/DIS 8046)、中国工程建设标准化协会发布了协会标准《拔出法检测混凝土强度技术规程》(CECS69—2011)。

从以上分析可见，拔出法虽是一种微破损检测混凝土强度方法，但具有进一步推广与发展的前景。

6.超声法检测混凝土缺陷

超声法检测混凝土缺陷的基本概念是利用带波形显示功能的超声波检测

仪和频率为 20～25 kHz 的声波换能器，测量与分析超声脉冲波在混凝土中传播速度（声速）、首波幅度（波幅）、接收信号主频率（主频）等声参数，并根据这些参数及其相对变化，以判定混凝土中的缺陷情况。

混凝土结构，因施工过程中管理不善或者因自然灾害影响，致使在混凝土结构内部产生不同种类的缺陷。按其对结构构件受力性能、耐久性能、安装使用性能的影响程度，混凝土内部缺陷可区分为有决定性影响的严重缺陷和无决定性影响的一般缺陷。鉴于混凝土材料是一种非匀质的弹黏性各向异性材料，要求绝对一点缺陷都没有的情况是比较少见的，用户所关心的是不能存在严重缺陷，如有严重缺陷应及时处理。超声法检测混凝土缺陷的目的不是在于发现有无缺陷，而是在于检测出有无严重缺陷，要求通过检测判别出各种缺陷种类和判别出缺陷程度，这就要求对缺陷进行量化分析。属于严重缺陷的有混凝土内有明显不密实区或空洞，有大于 0.05 mm 宽度的裂缝；表面或内部有损伤层或明显的蜂窝麻面区等。以上缺陷是易发生的质量通病，常常引起甲乙双方争执的问题，故超声法检测混凝土缺陷受到了广大检测人员的关注。加拿大的莱斯利（leslied）、切斯曼（Cheesman）和英国的琼斯（Jons）、加特弗尔德（Garfield）率先把超声脉冲检测技术用于混凝土检测，开创了混凝土超声检测这一新领域。由于技术进步，超声仪已由 20 世纪 50～60 年代笨重的电子管单示波显示型发展到目前半导体集成化、数字化、智能化的轻巧仪器，而且测量参数从单一的声速发展到声速、波幅和频率等多参数，从定性检测发展到半定量或定量检测的水平。我国于 1990 年发布了《超声法检测混凝土缺陷技术规程》（CECS21:90），2000 年又发布了新修订的《超声法检测混凝土缺陷技术规程》（CECS 21—2000），这是当前超声法检测混凝土缺陷的技术依据。

7.冲击回波法

在结构表面施以微小冲击产生应力波，利用应力波在结构混凝土中传播时遇到缺陷或底面产生回波的情况，通过计算机接收后进行频谱分析并绘制频谱图。频谱图中的峰值即是应力波在结构表面与底面间或结构表面与内部缺陷间来回反射所形成的。由此，根据其中最高的峰值处的频率值可计算出被测结构的厚度，根据其他峰值处频率可推断有无缺陷及其所处深度。

冲击回波法是 20 世纪 80 年代中期发展起来的一种无损检测新技术，这种方法利用声穿透（传播）、反射，不需要两个相对测试面的原理，而只需在单面进行测试即可测得被测结构如路面、护坡、衬砌等厚度，还可检测出内部缺陷（如空洞、疏松、裂缝等）的存在及其位置。

美国在20世纪80年代研究了利用冲击回波法检测混凝土板中缺陷、预应力灌浆孔道中的密实性、裂缝深度、混凝土中钢筋直径、埋设深度等，均取得了令人满意的检测结果。

我国南京水利科学研究院在20世纪80年代末研制成功IES冲击反射系统，并在大型模拟试验板及工程实测实践中取得了成功，使冲击回波法在我国进入实用阶段。

8.雷达法

雷达法是利用近代军事技术的一种新检测技术。“雷达(radar)”是“无线侦察与定位”的英文缩写。由于雷达技术始于军事需要，受外因限制，雷达技术用于民用工程检测，在国内起步很晚，一直到20世纪90年代才开始。起先是上海用探地雷达探测地下管线、旧老建筑基础的地下桩基、古河道、暗浜等。

雷达法是以微波作为传递信息的媒介，依据微波传播特性，对被测材料、结构、物体的物理特性、缺陷作出无破损检测诊断的技术。

雷达法的微波频率为300MHz～300GHz，属电磁波，处于远红外线至无线电短波之间。雷达法引入无损检测领域内大大增强了无损检测能力和技术含量。利用雷达波对被测物体电磁特性敏感特点，可用雷达波检测技术检测并确定城市市政工程地下管线位置、地下各类障碍物分布、路面、跑道、路基、桥梁、隧道、大坝混凝土裂缝、孔洞、缺陷等质量问题；配合城市顶管、结构等施工工程不可或缺的有效手段。可以想象，雷达波测检技术会在今后城市地下空间开发领域大有用武之地。我国已在路面、跑道厚度检测，市政工程建设中开始应用并取得良好效果。

9.红外成像无损检测技术

红外成像无损检测技术是建设工程无损检测领域又一新的检测技术。将红外成像无损检测技术移植进建设工程领域是建设工程无损检测技术进步的一个生动体现，也是必然的发展结果。

红外线是介于可见红光和微波之间的电磁波。红外成像无损检测技术是利用被测物体连续辐射红外线的原理，概括被测物体表面温度场分布状况形成的热像图，显示被测物体的材料、组成结构、材料之间结合面存在的不连续缺陷，这就是红外成像无损检测技术原理。

红外成像无损检测技术是非接触的检测技术，可以对被测物体上下左右进行非接触的连续扫描、成像，这种检测技术不仅能在白天进行，而且在黑夜也可正常进行，故这种检测技术非常实用、简便。

红外成像无损检测技术，检测温度范围为－50℃～2000℃，分辨率可达0.1℃～0.02℃，精度非常高。

红外成像无损检测技术在民用建设工程中，可用于电力设备、高压电网安全运营检查、石化管道泄漏、冶炼设备损伤检查、山体滑坡检查、气象预报。在房屋工程中对房屋热能损耗检测，对墙体围护结构保温隔热性能、气密性、水密性检查更是具有其他方法无法替代的优点；利用红外成像无损检测技术是贯彻实施国家建设部(2008年改为住房和城乡建设部)要求实现建筑节能50％要求的有力和有效的检测手段。

10.磁测法

根据钢筋及预埋铁件会影响磁场现象而设计的一种方法，目前常用于检测钢筋的位置和保护层的厚度。

第二节 回弹法检测混凝土强度

一、回弹法的基本知识

(一)回弹法的简介

混凝土表面硬度与混凝土极限强度之间存在一定关系,物件的弹击重锤被一定弹力打击在混凝土表面上,其回弹高度和混凝土表面硬度存在一定关系。回弹法是用回弹仪弹击混凝土表面,并测出重锤被反弹回来的距离,以回弹值(即反弹距离与弹簧初始长度之比)作为与强度相关的指标来推定混凝土强度的一种方法。由于这种测量是在混凝土表面进行,所以应属于一种表面硬度法,是基于混凝土表面硬度和强度之间存在相关性而建立的一种检测方法。目前,回弹法也是国内应用最为广泛的结构混凝土抗压强度检测方法。但回弹法适用于普通混凝土抗压强度的检测,不适用于表层与内部质量有明显差异或内部存在缺陷的混凝土结构或构件的检测。

回弹法也具有其不可避免的缺点:不适用于表层与内部质量有明显差异或内部存在缺陷的混凝土结构或构件的检测;受水泥品种、集料粗细、集料粒径、配合比、混凝土碳化、龄期、模板、泵送、高强等诸多因素的影响,精度相对较低。

(二)回弹规则在我国的发展

1985 年 1 月,我国第一本非破损方法检验混凝土质量的专业标准《回弹法评定混凝土抗压强度技术规程》(JGJ 23—1985)(以下简称《规程》)经建设部(2008 年改为住房和城乡建设部)批准,于同年 8 月起正式施行。此《规程》总结了我国三十年来使用回弹法检验混凝土强度的经验和存在的问题。在此基础上于 1992 年和 2001 年又分别进行了修订,分别为《回弹法检测混凝土抗压强度技术规程》(JGJ/T 23—1992)和《回弹法检测混凝土抗压强度技术规程》(JGJ/T 23—2001)。

中华人民共和国住房和城乡建设部 2011 年发布的最新标准《回弹法检测混凝土抗压强度技术规程》(JGJ/T 23—2011),其主要修订内容包括增加了数字式回弹仪的技术要求和泵送混凝土测强曲线及测区(检测构件混凝土强度时的一个检测单元)强度测算表。

(三)回弹仪

1.回弹仪的工作原理

回弹仪的基本原理是用弹簧驱动重锤,重锤以恒定的动能撞击与混凝土表面垂直接触的弹击杆,使局部混凝土发生变形并吸收一部分能量,另一部分能量转化为重锤的反弹动能,当反弹动能全部转化成势能时,重锤反弹达到最大距离,仪器将重锤的最大反弹距离以回弹值(最大反弹距离与弹簧初始长度之比)的名义显示出来。

回弹仪具有以下特点:轻便、灵活、价廉、不需电源、易掌握、按钮采用拉伸工艺不易脱落、指针易于调节摩擦力,是适合现场使用的无损检测的首选仪器。

计算弹击锤回弹的距离 L' 和弹击锤脱钩前距弹击杆后端平面的距离 L 之比,并乘以 100,即得回弹值 R' 回弹值由仪器壳的刻度尺给出。

$$R=100\times L'/L \quad \text{式 13－1}$$

式中　R——回弹值;

L'——弹击锤向后弹回的距离;

L——冲击前弹击锤距弹击杆的距离。

2.影响回弹仪检测性能的主要因素

(1)机芯主要零件的装配尺寸。

(2)主要零件的质量。

(3)机芯装配质量。

3.仪器的检定

(1)回弹仪检定周期为半年,当回弹仪具有下列情况之一时,应由法定计量检定机构按行业标准《回弹仪检定规程》(JJG 817—2011)进行检定:

①新回弹仪启用前。

②超过检定有效期限。

③数字式回弹仪数字显示的回弹值与指针值读示值相差大于 1。

④经保养后,钢砧率定值不合格。

⑤遭受严重撞击或其他损害。

(2)回弹仪的率定试验应符合下列规定:

①率定试验宜在干燥、室温为 5 ℃～35 ℃的条件下进行。

②钢砧表面应干燥、清洁，并应稳固地平放在刚度大的物体上。

③回弹值取连续向下弹击三次的稳定回弹结果的平均值。

④率定试验应分四个方向进行，且每个方向弹击前，弹击杆旋转90°，每个方向的回弹平均值应为80±2。

(3)回弹仪率定试验所用的钢砧应每两年送授权计量检定机构检定或校准。

4.回弹仪的保养

(1)当回弹仪存在下列情况之一时应进行保养：

①弹击超过2000次；

②在钢砧上的率定值不合格；

③对检测值有怀疑时。

(2)回弹仪的保养应按下列步骤进行：

①先将弹击锤脱钩，取出机芯，然后卸下弹击杆，取出里面的缓冲压簧，并取出弹击锤、弹击拉簧和拉簧座。

②清洁机芯各零部件，并应重点清洗中心导杆、弹击锤和弹击杆的内孔和冲击面。清洗后，应在中心导杆上薄薄涂抹钟表油，其他零部件均不得抹油。

③清理机壳内壁，卸下刻度尺，检查指针，其摩擦力应为0.5～0.8 N。

④对于数字回弹仪，还应按产品要求的维护程序进行维护。

⑤保养时不得旋转尾盖上已定位紧固的调零螺丝；不得自制或更换零部件。

⑥保养后应进行率定试验。

回弹仪使用完毕后，应使弹击杆伸出机壳，并应清除弹击杆、杆前端球面以及刻度尺表面和外壳上的污垢、尘土。回弹仪不用时，应将弹击杆压入机壳内，经弹击后按下按钮锁住机芯，然后装入仪器箱。仪器箱平放在干燥阴凉处。当数字式回弹仪长期不用时，应取出电池。

二、回弹法检测混凝土强度的影响因素

采用回弹仪测定混凝土抗压强度就是根据混凝土硬化后其表面硬度（主要是混凝土内砂浆部分的硬度）与抗压强度之间的相关关系进行的。通常，影响混凝土的抗压强度与回弹值的因素很多，有些因素只对其中一项有影响，而对另一项不产生影响或影响甚微。弄清有哪些影响因素以及这些影响因素的作

用和影响程度，对正确制订及选择测强曲线、提高测试精度是非常重要的。

主要的影响因素有以下几种。

（一）原材料

混凝土抗压强度大小主要取决于其中的水泥砂浆的强度、粗集料的强度及二者的粘结力。混凝土的表面硬度除主要与水泥砂浆强度有关外，一般和粗集料与砂浆的粘结力以及混凝土内部性能关系并不明显。

1.水泥

当碳化深度为零或同一碳化深度下，用普通硅酸盐水泥、矿渣硅酸盐水泥及粉煤灰硅酸盐水泥的混凝土抗压强度与回弹值之间的基本规律相同，对测强曲线没有明显差别。自然养护条件下的长龄期试块，在相同强度条件下，已经碳化的试块回弹值高，龄期越长，此现象越明显。

2.细集料

普通混凝土用细集料的品种和粒径，只要符合《普通混凝土用砂质量标准及检验方法》(JGJ 52—2006)的规定，对回弹法测强没有显著影响。

3.粗集料

粗集料的影响，至今看法不统一，有的认为不同石子品种、粒径及产地对回弹法测强有一定影响，有的认为影响不大，认为分别建立曲线未必能提高测试精度。

（二）成型方法

只要成型后的混凝土基本密实，手工插捣和机振对回弹测强无显著影响。但对一些采用离心法、真空法、压浆法、喷射法和混凝土表层经过各种物理、化学方法处理成型的混凝土，应慎重使用回弹法的统一测强曲线，必须经过试验验证后方可使用。

（三）养护方法

标准养护与自然养护的混凝土含水率不同，强度发展不同，表面硬度也不同，尤其在早期，差异更明显。国内外资料都主张标准养护与自然养护的混凝土应有各自不同的校准曲线。蒸汽养护使混凝土早期速度增长较快，但表面硬度也随之增长，若排除混凝土表面湿度、碳化等因素的影响，则蒸汽养护混凝土的测强曲线与自然养护混凝土基本一致。

（四）湿度

湿度对回弹法测强有较大的影响。试验表明，湿度对于低强度混凝土影响较大，随着强度的增长，湿度的影响逐渐减小，对于龄期较短的较高强度的混凝土的影响已不明显。

（五）碳化

水泥经水化就游离出大约35%的$Ca(OH)_2$，混凝土表面受到空气中CO_2的影响，逐渐生成硬度较高的$CaCO_3$，这就是混凝土的碳化现象，它对回弹法测强有显著影响。随着硬化龄期的增长，混凝土表面一旦产生碳化现象后，其表面硬度逐渐增高，使回弹值与强度的增加速率不等，显著影响了f_{cu}-R的关系。对于三年内不同强度的混凝土，虽然回弹值随着碳化深度的增大而增大，但当碳化深度达到某一数值如等于6mm时，这种影响基本不再增长。

（六）模板

使用吸水性模板会改变混凝土表层的水胶比，使混凝土表面硬度增大，但对混凝土强度并无显著影响。

（七）其他

混凝土分层泌水现象使一般构件底边石子较多，回弹读数偏高；表层泌水，水胶比略大，面层疏松，回弹值偏低。

钢筋对回弹值的影响视混凝土保护层厚度、钢筋直径及其密集程度而定。

除以上所列影响因素以外，测试时的大气温度、构件的曲率半径、厚度和刚度以及测试技术等对回弹也有不同程度的影响。

三、回弹法测强曲线

（一）测强曲线的分类

测强曲线是指混凝土的抗压强度数值。一般规定，测强曲线可以分为以下三种类型。

1.统一测强曲线

由全国有代表性的材料、成型养护工艺配制的混凝土试件，通过试验所建立的曲线。此测强曲线适用于以下条件：

①普通混凝土采用的水泥、砂石、外加剂、掺和料、拌合用水符合现行国家有关标准；

②采用普通成型工艺；

③采用符合现行国家标准的模板；

④蒸汽养护出池后经自然养护7d以上，且混凝土表层为干燥状态；

⑤自然养护龄期为14～1000d；

⑥抗压强度为10～60MPa。

2.地区测强曲线

由本地区常用的材料、成型养护工艺配制的混凝土试件，通过试验所建立的测强曲线。

3.专用测强曲线

由与结构或构件混凝土相同的材料、成型养护工艺配制的混凝土试件，通过试验所建立的测强曲线。

地区和专用测强曲线只能在制定曲线时的条件范围内使用，如龄期、原材料、外加剂、强度区间等，不允许超出该使用范围。

(二)各类测强曲线的误差值规定

(1)统一测强曲线的强度误差值应符合下列规定：

平均相对误差(δ)不应大于±15.0%；

相对标准差(e_r)不应大于18.0%。

(2)地区测强曲线的强度误差值应符合下列规定：

地区测强曲线：平均相对误差(δ)不应大于±14.0%；

相对标准差(e_r)不应大于17.0%。

(3)专用测强曲线的强度误差值应符合下列规定：

平均相对误差(δ)不应大于±12.0%；

相对标准差(e_r)不应大于14.0%。

(三)测强曲线的选用原则

对有条件的地区和部门，应制定本地区的测强曲线或专用测强曲线，经上级主管部门组织审定和批准后实施。

各检测单位应按专用测强曲线、地区测强曲线、统一测强曲线的次序选用测强曲线。

四、检测技术及数据处理

(一)检测技术

1.检测技术的一般规定

采用回弹仪检测混凝土强度时应具有下列资料:工程名称、设计单位、施工单位;构件名称、数量及混凝土类型(是否泵送)、强度等级;水泥安定性,外加剂、掺合料品种;混凝土配合比;施工模板、混凝土浇筑、养护情况及浇筑日期;必要的设计图纸和施工记录;检测原因等。

回弹仪在工程检测前后,应在钢砧上做率定试验,并应符合要求,率定值为80±2。

2.检测类别

(1)单个检测。对于一般构件,测区数不宜少于10个,相邻两测区的间距不应大于2m,测区面积不宜小于0.04m^2,且应选在能够使回弹仪处于水平方向的混凝土浇筑侧面。

(2)批量检测。对于混凝土生产工艺、强度等级、原材料、配合比、养护条件一致且龄期相近的一批同类构件的检测应采用批量检测。按批量进行检测时,应随机抽取,抽检数量不宜少于同批构件总数的30%且构件数量不宜少于10件。当检验批构件数量大于30个时,抽样构件数量可适当调整,但不得少于国家现行有关标准规定的最少抽样数量。

3.测量回弹值

测量回弹值时,回弹仪的轴线应始终垂直于混凝土检测面,并应缓慢施压,准确读数,快速复位。

检测泵送混凝土强度时,测区应选在混凝土浇筑侧面。

每一测区应读取16个回弹值,每一测点(测区内的一个回弹检测点)的回弹值读数都应精确到1。测定宜在测区范围内均匀分布,相邻两测点的净距离不宜小于20mm;测点距外露钢筋、预埋件的距离不宜小于30mm;测点不应在气孔或外露石子上,同一测点应只弹击一次。

4.测量碳化深度值

回弹值测量完毕后，应在有代表性的位置上测量碳化深度值，测点数不应少于构件测区数的30%，应取其平均值为该构件每测区的碳化深度值。当碳化深度值极差大于2.0mm时，应在每一测区测量碳化深度值。

测量碳化深度值应符合下列规定：

(1)可采用工具在测区表面形成直径约15mm的孔洞，其深度应大于混凝土的碳化深度。

(2)应清除孔洞中的粉末和碎屑，且不得用水擦洗。

(3)应采用浓度为1%～2%的酚酞酒精溶液滴在孔洞内壁的边缘处，当已碳化与未碳化界线清楚时，应采用碳化深度测量仪测量已碳化与未碳化混凝土交界面到混凝土表面的垂直距离，并应测量三次，每次读数精确至0.25mm。

(4)应将三次测量的平均值作为检测结果，并应精确至0.5mm。

5.泵送混凝土

在旧标准中泵送混凝土是在非泵送混凝土强度换算的基础上加上泵送修正得到泵送混凝土强度值。

由于泵送混凝土在原材料、配合比、搅拌、运输、浇筑、振捣、养护等环节与传统的混凝土有很大的区别，为了适用于混凝土技术的发展，提高回弹法检测的精度，新标准把泵送混凝土进行单独回归。

按照最小二乘法的原理，通过回归得到的幂函数曲线方程为

$$f = 0.034488R^{1.9400}\ 10^{(-0.0173d_m)} \qquad \text{式 13－2}$$

式中 d_m——碳化深度平均值；

R——回弹平均值。

其强度误差为：平均相对误差为±13.89%；相对标准误差为17.24%。

(二)数据处理

1.回弹平均值的计算

应从该测区的16个回弹值中剔除三个最大值和三个最小值，余下的10个回弹值应按下式计算：

$$R_m = \frac{1}{10}\sum_{i=1}^{10} R_i \qquad \text{式 13－3}$$

式中 R_m——测区平均回弹值，精确至0.1；

R_i——第 i 个测点的回弹值。

2.角度修正

非水平状态检测混凝土浇筑侧面时，测区的平均回弹值应按下列公式修正：

$$R_m = R_{m\alpha} + R_{a\alpha} \quad \text{式 } 13-4$$

式中　$R_{m\alpha}$——非水平状态检测时的测区平均回弹值，精确至 0.1；

$R_{a\alpha}$——非水平状态检测时的回弹修正值。

3.检测面修正

水平方向检测混凝土浇筑顶面或底面时，测区的平均回弹值应按下列公式修正：

$$R_m = R_m^t + R_a^t \quad \text{式 } 13-5$$

$$R_m = R_m^b + R_a^b \quad \text{式 } 13-6$$

式中　R_m^t、R_m^b——水平方向检测混凝土绕筑表面、底面时，测区的平均回弹值，精确至 0.1；

R_a^t、R_a^b——混凝土浇筑表面、底面回弹值的修正值，测区的平均回弹值，精确至 0.1。

值得注意的是：当检测时回弹仪为非水平方向且测试面为混凝土的非浇筑侧面时，应先对回弹值进行角度修正，然后再对修正后的值进行浇筑面修正。即“先修角，后修面”。

五、结构混凝土强度的计算

（一）测区混凝土强度换算值

构件第 i 个测区混凝土强度换算值，由平均回弹值（R_m）和平均碳化深度值（d_m）查表得出。当有地区测强曲线或专用测强曲线时，混凝土强度换算值应按地区测强曲线或专用测强曲线换算得出。

（二）测区混凝土强度平均值、强度标准差的计算

构件的测区混凝土强度平均值应根据各测区的混凝土强度换算值计算。当测区数为 10 个及以上时，还应计算强度标准差。

平均值：$$m_{f_{cu}^c} = \frac{\sum_{i=1}^{n} f_{cu,i}^c}{n} \quad \text{式 } 13-7$$

标准差：$s_{f_{cu}^c}=\sqrt{\dfrac{\sum(f_{cu,i}^c)^2-n(m_{f_{cu}^c})^2}{n-1}}$　　式 13－8

式中　$m_{f_{cu}^c}$——构件测区混凝土强度换算值的平均值（MPa），精确到0.1 MPa；

$s_{f_{cu}^c}$——结构或构件测区混凝土强度换算值的标准差（MPa），精确到 0.1 MPa；

N——对于单个检测的构件，取该构件的测区数；对于批量检测的构件，取所有被抽检构件测区数之和。

（三）强度推定

构件的现龄期混凝土强度推定值（$f_{cu,e}$）是指相应于强度换算值总体分布中保证率不低于 95％的构件中混凝土抗压强度。此值应符合下列规定：

（1）当该结构或构件测区数少于 10 个时：

$$f_{cu,e}=f_{cu,min}^c \qquad \text{式 13－9}$$

式中　$f_{cu,min}^c$——构件中最小的测区混凝土强度换算值。

（2）当该结构或构件的测区强度值中出现小于 10.0 MPa 时，应按下式确定：

$$f_{cu,e}<10.0\ \text{MPa} \qquad \text{式 13－10}$$

（3）当该结构或构件测区数不少于 10 个时，应按下列公式计算：

$$f_{cu,e}=m_{f_{cu}^c}-1.645s_{f_{cu}^c} \qquad \text{式 13－11}$$

（4）当批量检测时，应按下列公式计算：

$$f_{cu,e}=m_{f_{cu}^c}-ks_{f_{cu}^c} \qquad \text{式 13－12}$$

式中　k——推定系数，宜取 1.645。当需要进行推定强度区间时，可按国家现行有关标准的规定取值。

（四）不能按批检测的情况

对按批量检测的构件，当该批构件混凝土强度标准差出现下列情况之一时，则该批构件应全部按单个构件检测：

（1）当该批构件混凝土强度平均值小于 25 MPa 时，标准差大于 4.5 MPa；

（2）当该批构件混凝土强度平均值不小于 25 MPa，且不大于 60 MPa 时，标准差大于 5.5 MPa。

参考文献

[1]张国栋. 建筑工程[M]. 北京:化学工业出版社, 2016.01.

[2]欧阳慜,彭丹松. 建筑工程[M]. 长沙:中南大学出版社, 2017.06.

[3]李志丹. 建筑工程[M]. 天津:天津大学出版社, 2009.08.

[4]龙炳煌;袁庆华,李柏霖,华明副主编. 建筑工程[M]. 武汉:武汉理工大学出版社, 2019.03.

[5]李新航,毛建光. 建筑工程[M]. 北京:中国建材工业出版社, 2018.06.

[6]张国栋. 建筑工程[M]. 北京:化学工业出版社, 2009.04.

[7]陈林,费璇. 建筑工程计量与计价[M]. 南京:东南大学出版社, 2019.02.

[8]本书编委会. 建筑工程[M]. 北京:知识产权出版社, 2007.03.

[9]钟汉华,董伟. 建筑工程施工工艺[M]. 重庆:重庆大学出版社, 2020.07.

[10]文桂萍. 建筑工程教学案例[M]. 重庆:重庆大学出版社, 2020.07.

[11]苑芳友. 建筑材料与检测技术[M]. 北京:北京理工大学出版社, 2020.06.

[12]连丽. 建筑材料与检测[M]. 北京:北京理工大学出版社, 2019.01.

[13]杨丛慧,张艳平,孙建军. 建筑材料检测技术[M]. 北京:阳光出版社, 2018.11.

[14]王光炎,季楠. 建筑材料与检测[M]. 天津:天津大学出版社, 2017.08.

[15]王景文. 建筑检测试验[M]. 武汉:华中科技大学出版社, 2009.01.

[16]丁百湛. 建筑工程检测技术必备知识[M]. 北京:中国建材工业出版社, 2020.07.

[17]路彦兴,杨永波,肖成志,黄河. 建筑工程检测评定及监测预测关键技术系列丛书·基桩检测与评定技术[M]. 北京:中国建材工业出版社, 2020.04.

[18]路彦兴,乔建,付士峰,雒振林. 测量不确定度在建筑工程检测与评定领域的应用[M]. 北京:中国建材工业出版社, 2020.04.

[19]赵北龙,王宙,宋延超,赵力副. 建筑工程检测技术[M]. 北京:中国建材工业出版社, 2014.07.